항해실습(Ⅳ)

윤귀호
김종성
박영수
배병덕
이형기
이윤석
정창현
김원욱 편저

도서출판 상 학 당

머리말

1995년에 대폭 개정된 국제해사기구(IMO)의 STCW 협약은 선원의 교육과 훈련목적 및 성취해야 할 자질의 향상, 해기사 시험 평가기준 설정 및 해기사 교육기관에 대한 내부 및 외부 감사제도 설정의 국내법 입법화 등이 추가되었으며, 특히 당직 해기사로서의 임무를 수행할 수 있는 능력의 평가를 강조하여 해기면허를 발급하는 주무관청이 승인한 훈련기록부에 실습생의 승선실습 내용을 기록하도록 하였다.

이에 따라 우리나라에서도 STCW 협약의 제 Ⅱ/1조 및 STCW 코드의 제 A-Ⅱ/1의 기준에 따라 훈련기록부가 만들어져 현재 실습생들은 교육받은 내용 및 훈련내용을 개개인의 훈련기록부에 기록하고 있다.

이 교재는 2006학번부터 졸업 이수 학점 상향에 따른 교과목의 변동으로 기존 실습 교육교재의 개정 필요성에 따라 3학년 교과목의 내용을 중심으로 편찬되었다.

이 교재의 주요 구성은 다음과 같다.

항해실습(Ⅰ) : 당직근무, 지문항해, 천문항해, 비상대응

항해실습(Ⅱ) : 전파항해 및 항해기기, 해사통신영어(SMCP)

항해실습(Ⅲ) : 선박조종 및 기상도, 선박 적화, 컨테이너선, 탱커선, 벌크선, LNG Carrier

항해실습(Ⅳ) : PSC, ISPS, ISM Code, 선체구조 및 유지, 항해기기의 유지

이 교재는 항해계열 학생이 정박과 항해중에 필요한 내용과 실습에 대해서 정리를 하여 실습생이나 수업에 임하는 교수 모두 편리한 교재가 될 것으로 예상한다. 또한 각 과목의 중간이나 마지막에 과목의 이해를 정리할 수 있는 문제를 추가하여 실습생들의 이해를 증진하도록 구성하였다.

부족한 교재이지만 아무쪼록 이 교재가 항해계열 실습생의 교육 및 훈련에 도움이 되길 바라며, 앞으로도 지속적인 개정 및 보완을 할 것임을 다짐하는 바이다.

끝으로 이 교재의 편집과 출판에 도움을 주신 도서출판 상학당 관계자분들에게도 감사의 말씀을 전하는 바이다.

2008. 2.

편저자 일동

차 례

제1장 PSC(Port State Control)

제2장 ISPS

제3장 ISM Code

제4장 선체구조 및 유지

제5장 항해기기의 유지

제1장

PSC

1.1 PSC

1.1.1 PSC

항만당국(Port Authority)이 자국의 항만 및 계류 시설에 있는 외국적 선박에 대하여 자국 연안에서의 사고를 방지하고 해운산업을 보호할 목적으로 선박의 상태를 점검하고 결함사항에 대하여 시정조치를 요구하는 행위를 PSC(Port State Control)이라 한다.

해양에서의 선박의 안전을 도모하고, 해양오염 방지 및 선원의 근로 환경을 개선할 목적으로 국제협약에서 요구하는 기준에 근거하여 기준미달선을 식별하고, 이들 선박에 대하여 출항통제 등의 직접적인 불이익을 행사하여 기준미달선을 제거함으로써 해양에서의 사고발생 위험을 최소화시키기 위한 활동이다.

이러한 활동을 보다 효과적이고 통일된 절차에 따라 시행하기 위해서 IMO에서는 Res. A.787(19) 및 Res. A.882(21)에서 PSC 절차를 수립하여 각 당사국에 회람하였으며, 각 항만당국에서는 지역별 협력 체제를 구축하고 Memorandum of Understanding(MOU)을 채택하였다.

전통적으로 선박이 관련협약에 만족하기 위하여 본선의 시설 및 설비에 대한 유지 의무는 선주에게 있고, 그 선박이 협약 준수를 잘 하고 있는지를 관리 감독하는 의무는 기국(Flag State)에 있다. 즉, 선박이 협약의 요구사항에 만족하고 있는지를 확인할 1차적인 책임(Primary Responsibility)은 기국에 있는 것이다. 불행히도 때때로 기국이 의무 이행에 대한 책임을 소홀히 할 때가 있으며, 이런 선박에 대하여 PSC Officer가 그 역할을 대행하는 것이다.

1.1.2 PSC 영향

PSC 검사가 활성화되기 이전에는 해난사고가 발생하면 사고 원인을 조사하기 위하여 본선에 승선하여 설치된 시설 및 설비들이 국제협약에서 요구하는 조건에 합당한지를 조사하였으나, 최근에는 해난사고의 유무에 상관없이 PSC라는 명목으로 주기적으로 점검하여 국제협약에 위배된 사항을 조사하고, 발견된 위배사항에 대하여는 결함사항(Deficiency)으로 처리하고 이에 대한 시정조치를 요구한다. 또한, 발견된 결함사항에 대하여 데이터를 선박별, 선주별, 기국별, 선급별로 분류하고 그 결과를 주기적으로 인터넷을 통하여 일반인에게 공개한다. 다시 말하면 과거에는 해난사고의 결과로서 협약준수 여부를 확인했으나, 현재는 PSC라는 도구를 이용하여 사고의 예방차원에서 자국항에 입항하는 선박에 대하여 협약준수 여부를 확인한다.

인터넷을 통해 발표된 결함사항 통계 자료는 해당 기관의 명성(Reputation)에 치명적인 영향을 줄 수 있다. PSC 성적이 나쁜 기국에게는 등록 선박의 감소뿐만 아니라 국제적으로 비난의 대상이 될 것이며, 화주가 선사를 선택하는데 선사의 PSC 출항정지율은 중요한 자료로 활용될 것이다. 또한 PSC 성적이 나쁜 선주는 PSC 점검 횟수가 증가함에 따른 직접적인 금전적 손해를 받을 것이다.

1.1.3 PSC 기원 및 역사

1. 편의치적선의 출현

2차 세계대전 후 전 세계적으로 선복량과 물동량이 증가함에 따라 신생 해운국가가 출현하기 시작하였다. 이들은 국가의 보호를 받으며 저렴한 세금, 값싼 노동력 등으로 자본국 선주를 위협하기 시작했다. 기존의 자본국 선주들은 과다한 세금, 자국선원의 고용 문제, 고임금 등을 피하기 위하여 세금이 거의 없고 싼 임금으로 외국선원을 고용할 수 있는 편의치적선을 탄생시켰다.

편의치적국은 대부분 후진국이며 자국에 등록된 선박을 관리할 수 있는 행정, 기술적 능력이 결여되었을 뿐만 아니라 기국의 역할을 수행할 의지도 없었다. 즉, 실질적으로 기국의 역할을 감당하지 못한다는 원천적인 문제점을 가지고 있었다.

2. 편의치적선의 규제

편의치적선의 문제점이 표면화됨에 따라 이를 규제하려는 최초의 움직임이 1958년 북미 주요항만에서 촉발된 전면적인 배척운동으로 구체화되었다. 국제운수 노동자 연맹에서 고용계약을 체결할 수 있는 단체협약을 미리 지정하고 각 선사로 하여금 이 기준에 입각하여 편의치적선 선원에 대한 임금이나 사회보장혜택을 선진국 선원과 동등한 대우를 부여하도록 요구하였으며, ITF와 임금협정을 맺고 국제선원 복지기금에 소정의 분담금을 지불하여 청색증명을 교부받은 경우에는 배척행위에서 제외하여 주고 그렇지 않은 선박에는 하역을 거부하였다.

국제노동기구(ILO : International Labor Organization)에서는 1958년 ILO 권고 제 107호 및 제 108호를 채택하여 외국선적의 선박에 근무할 선원의 고용조건이 전통 해운국에서 준수되고 있는 조건과 대체적으로 동등하게 규정하고 이 규정을 준수치 못할 경우에는 자국선원이 외구선적의 선박에 근무하지 못하도록 가입국에 요구하였으며 동시에 선박등록의 의무준수, 선원의 안전 및 복지를 위한 권한 및 시행, 국제적으로 승인된 안전기준, 적절한 검사와 고용 조건을 준수하는 필요한 입법조치를 취하도록 가입국에 요구하였다.

경제협력개발기구(OECD : Organization for Economic Cooperation and Development)는 1975년 보고서에서 편의치적선이 건전한 해운을 저해하고 기준미달선을 양산함으로써 크고 작은 해양사고에 미치는 영향이 크기 때문에 국제기구가 감독을 철저히 할 필요가 있음을 강조하였다.

3. 기준미달선의 출현

기국의 관리 감독이 소홀함에 따라 이윤 창출이 최우선인 선주는 운항에 지장이 없는 한 선체의 유지/관리에 비중을 두지 않았으며 더욱이 임금이 싸고 자질이 저하된 후진국 선원들의 진출로 말미암아 급변하는 해운기술을 따라잡기 위한 고도의 지식과 숙련도를 갖추지 못했다. 편의치적선은 Hard Ware 뿐만 아니라 Soft Ware도 급격히 저하된 선박 즉 기준미달선을 양산하는 모체가 된 것이다.

기준미달선이란 통상 선체, 기관, 의장, 설비 또는 운항관련 사항이 협약요건의 기준에 현저히 미달하거나 선원의 안전배승 기준에 만족하지 못한 선박을 의미한다. 따라서 물적 내지는 인적 해양사고의 잠재원인을 갖고 있는 선박을 기준미달선(Sub-Standard Vessel)이라 한다.

4. PSC 제도의 발전

실제적으로 항만국통제를 처음 실시한 것은 1972년 호주로 자국 내 입법조치를 근거로 시행했으며 미국은 1978년부터 자국법을 근거로 실시하였다.

이후 각국의 국내 입법 등에 의한 일방적인 규제 방식에서 벗어난 일정 권역에 속해 있는 항만당국들이 양해각서(MOU)를 체결하고 국제협약을 바탕으로 체계적으로 항만국통제를 실시하였다. 그 최초가 1982년 유럽 14개 회원국으로 참석한 Paris MOU이며 현재 세계적으로 시행중인 각 권역별 MOU의 태동이 되었다. 현재 9개 지역 MOU와 미국이 독자적으로 시행하고 있다.

5. PSC 검사의 특징

항만국통제는 일종의 국익을 담보하는 행위이다. 즉 기준미달 외국적 선박이 국내의 항만이나 연안에서 사고를 야기하면 양식장의 황폐화, 어로활동 불가, 친수 공간 상실, 수송로 상실 등 국가 경제에 막대한 손실을 초래할 수 있으므로 항만국통제는 국익의 손실을 방지하는 적극적 행위이고 수단이라 할 수 있다.

항만국통제는 외교적 속성을 가진다는 것이다. 항만국통제 검사 결과의 형평성 등이 문제시 될 수 있는 민감한 외교적 사안으로서 국가 간의 분쟁의 소지가 될 수 있다.

각국의 해양안전과 환경보호 방지를 위한 노력의 기준이 될 수 있다는 것이다. 이는 지역별 항만국통제 활동 및 실적이 각 항만국별로 매년 발표되기 때문에 1년 동안의 활동 결과를 알 수 있으며 각 지역 MOU에서는 입항선박에 대하여 최소 항만국통제 점검률을 정하고 활발한 활동을 유도한다.

1.1.4 각 협약별 PSC 시행의 근거

1. The International Convention an Load Lines, 1966(LOAD LINES 66)
2. The Protocol of 1988 relating to the International Convention on load lines, 1966(LL PROT 88)
3. The International Convention for the Safety of Life at Sea, 1974(SOLAS 1974)
4. The Protocol of 1978 relating to the International Convention for the Safety of Life at Sea, 1974(SOLAS PROT 78)
5. The Protocol 1988 relating to the International Convention for the Safety of Life at Sea, 1974(SOLAS PROT 88)
6. The International Convention for the Prevention of Pollution from Ships, 1973, as modified by the Protocol of 1978 relating thereto(MARPOL 73/78)
7. The International Convention on Standards of Training, Certification and Watchkeeping for Seafarers, 1978(STCW 78)
8. The Convention on the International Regulations for Preventing Collisions at Sea, 1972(COLREG 72)
9. The International Convention on Tonnage Measurement of Ships, 1969 (TONNAGE 69)
10. The Merchant Shipping (Minimum Standards) Convention, 1976(ILO Convention No. 147)(ILO 147)

1.2
항만국 점검

1.2.1 일 반

1. 적용협약의 규정에 의거 당사국의 항만국통제관은 자국 항만 내에 있는 외국적 선박에 대하여 점검을 시행할 수 있다.
2. 점검은 다음을 근거하여 시행할 수 있다.
   1) 당사국의 자발적 의지
   2) 타 주관청의 제보 및 요청
   3) 승무원, 전문단체, 협회, 노조 또는 당해 선박승무원 및 여객의 안전 또는 해양환경보호와 관련이 있는 자로부터의 제보
3. 당사국은 자국기를 게양한 선박의 점검과 검사를 동 목적을 위해 지명된 검사관 또는 인정된 단체에 위임할 수 있는 반면에 외국적 선박에 대하여 시행하는 항만국 통제를 위한 승선 및 점검, 시정조치, 출항정지에 대해서는 항만당국으로부터 정히 권한을 위임받은 공무원에 의해서만 시행되어야 함을 유념해야 한다. 항만국 통제관에 대한 이러한 위임은 일괄위임이거나 또는 사건별 구체적 위임일 수 있다.
4. 선박이 부당한 출항정지나 지연을 당하지 않도록 가능한 모든 노력을 기울여야 한다. 만일 선박의 부당한 출항정지나 지연으로 인해 손해가 발생할 경우 피해 보상을 받을 권리가 부여되어야 한다.

1.2.2 점 검

1. 대상선박에 대한 제보 등에 따라 관련협약의 절차에 의한 항만국통제 시행시 통제관은 승선 전에 선박의 수면상 외관 상태로부터, 도장상태 부식, 점식, 미

수리된 손상부분 등 당해선박의 정비 상태에 대하여 파악할 수 있다.

2. 항만국통제관은 최단 시간 내 선박의 건조년도 및 크기를 조사하여 어떤 협약의 규정을 적용해야 할 것인지를 파악해야 한다.
3. 항만국통제관은 승선시 선창 및 책임사관에게 신분을 밝힌 후 선박의 관련증서 및 서류를 점검해야 한다.
4. 증서가 유효하고 선박에 대한 전반적 인상 및 육안관측상 선박의 정비 상태가 양호하다고 판단될 시 통상적으로 항만국통제관은 제보 또는 관측된 결함에 대한 점검으로 한정해야 한다.
5. 그러나 선박에 대한 전반적 인상 및 관측 결과 선박, 설비 또는 승무원이 요건에 일치하지 않다고 믿을만한 명확한 근거를 확보한 경우 항만국통제관은 상세한 점검을 실시해야 한다.
6. 74SOLAS 제9장, ISM Code에 대한 점검절차에 있어, 항만국통제관은 3.7항의 지침을 활용하여야 한다.

1.2.3 명확한 근거

상세한 점검을 실시하기 위한 명확한 근거는 다음과 같다.

1. 협약이 요구하는 주요설비 및 장치의 미비
2. 선박증서가 유효하지 않다는 명확한 증거
3. 부록4에 열거된 협약 요구 서류의 미비, 불량 또는 허위비치의 증거
4. 항만국통제관의 전반적 인상 및 관측으로부터 선체 또는 구조상 심각한 변형 또는 결함이 존재하고 그 결함이 선박의 구조, 방수 또는 풍우밀 유지에 위험을 초래할 수 있다는 근거
5. 항만국통제관의 전반적 인상 및 관측으로부터 심각한 결함이 안전, 오염방지는 항해설비에 심각한 결함이 존재한다는 근거
6. 선장 또는 승무원이 선박안전 또는 오염방지에 관한 필수적인 선상작업에 능숙하지 못하거나 그러한 작업을 이행하지 않고 있다는 근거
7. 주요승무원이 상호간 또는 타 승선사와 의사소통이 원활치 못하다는 근거

1.3
상세 점검

1.3.1 일 반

1. 선박이 유효한 증서들을 소지하고 있지 않거나, 항만국통제관의 선박에 대한 일반적 인상이나 관찰의 결과 선박의 상태나 설비들이 증서상의 내용과 근본적으로 일치하지 않거나, 선장이나 승무원이 필수적인 선상절차에 익숙하지 않다고 믿을만한 명백한 근거가 있을 경우 이 장에서 기술하는 상세점검을 하여야 한다.
2. 선박의 상태 또는 선장과 승무원의 선내절차에 대한 숙지도가 불량하여 특별한 상세점검을 필요로 하지 않는 한, 이 장에 기술된 모든 설비와 절차가 한 항구의 단일 항만국통제 점검 중에 확인되어야 하는 것은 아니다. 더욱이 이 지침은 STCW 78 협약의 타 당사국 선박에 대하여 항만국의 승무원자격증명과정을 강요하거나 통제절차를 항만국이 자국선박에 대해 적용하는 것 이상으로 외국선박에 강제 적용하고자 하는 것은 아니다.

1.3.2 명확한 근거

항만국통제관이 자국관할내의 항만이나 해상에서 증서를 소지하여야 하는 외국선박을 점검할 때, 선박 또는 선박의 설비가 증서의 내용과 일치하지 않다는 명확한 근거가 없는 한, 이러한 점검은 유효한 증서 및 기타 관련서류가 비치되어 있는지 확인하는 것과 항만국통제관이 선박 설비 및 승무원에 대한 전반적인 인상을 파악하는 것으로 한정되어야 한다.

1.3.3 선체구조 및 설비요건에 관한 지침

1. 항만국통제관의 선박에 대한 일반적인 인상이나 관찰의 결과 기준미달선이라는 명백한 근거가 있다면 다음 사항을 고려하여 상세점검을 하여야 한다.
2. 선체구조 : 항만국통제관은 외판정비에 대한 인상, 갑판상의 일반상태 즉 현문사다리, 보호난간. 파이프 덮개 등의 상태 및 부식이나 점식의 범위 등을 고려하여 선박이 수면 상에 떠있는 상태에서 시행 가능한 구조에 대한 정밀검사의 필요여부를 판단한다. 감항성이나 국부하중에 대하여 강도에 영향을 미치는 선체, 갑판 및 관련 보강재의 상당한 범위의 손상이나 부식 또는 점식은 선박출항정지를 정당화할 사유가 된다. 수면하의 선체를 점검할 필요도 있을 수 있다. 항만국통제관은 최소 허용 치수를 상회하는 통상적 마손에 대하여 인정하여야 하며, 선령으로서가 아닌 감항능력유지여부로 최종판단을 시행해야 한다. 감항성에 영향을 미치지 않는 손상이나 또는 영구 수리를 목적으로 수리항까지 항해하기 위한 임시수리가 효과적으로 행하여진 경우 이는 선박의 출항정지근거가 되지 않는다. 그러나 손상이 미치는 영향을 평가함에 있어 항만국통제관은 승무원거주구역의 위치 및 손상이 실제로 거주여건에 영향을 미치는지 여부를 고려하여야 한다.
3. 항만국통제관은 벌크선과 유조선의 가항성 및 구조적 완성도에 대하여 특별한 주의를 기울여야 하고, 이러한 선박들은 검사시 74 SOLAS 제11장 제2규칙에 의한 ESP(선박검사강화 프로그램)의 대상선박임을 유의해야 한다.
4. 그러한 선박의 구조적 안전에 대한 항만국통제관의 평가기준은 본선에 보관된 검사보고서류철에 기초를 두어야 한다. 검사보고서류철에는 선체구조검사보고서, 상태평가보고서(영어로 번역되고 주관청에 의하거나 주관청을 대신하여 이서된), 두께계측보고서 및 수검계획서가 포함되어야 한다. 항만국통제관은 선박검사 종료 후 해당검사보고서 작성교부까지 다소 시간 지체가 있을 수 있음을 양지해야 한다. 요구된 검사의 이행여부가 의심스러울 경우, 항만국통제관은 인정단체로부터 확인을 받아야 한다.
5. 검사보고서철 점검결과 선박구조에 대한 상세점검이 필요하다고 판단되어지거

나 또는 그러한 보고서가 없다면 항만국통제관은 선체구조, 화물탱크 및 화물창의 배관, 펌프실(pump room), 코퍼댐(cofferdam), 배관통로, 화물구역내의 빈 공간 및 밸러스트 탱크에 특별한 주의를 기울여야 한다.

6. 항만국통제관은 벌크선 화물창의 주요 구조를 형성하는 부분에 있어서 인증되지 않은 수리부위가 있는지 점검하여야 한다.
7. 기관구역 : 항만국통제관은 추진기 및 보조 장치에 충분하고도 계속적인 동력을 제공할 수 있는지 기관 및 전기장치의 상태를 평가하여야 한다.
8. 기관구역을 점검하는 중에 항만국통제관은 본선의 정비 상태에 대한 나름대로의 느낌을 갖게 될 것이다. 닳거나 끊어진 비상차단밸브용 와이어, 끊어지거나 작동불가상태로 연결된 컨트롤 로드나 기관정지장치, 밸브 손잡이가 없는 경우, 스팀 또는 물이나 기름의 만성적 누출의 증거가 있는 경우, 탱크 상부가 더럽거나 기관의 받침대에 빌지가 존재하거나 심한 부식이 있는 경우 등은 관련기기의 유지체제가 만족스럽지 못하다는 지표가 된다. 파이프 클립 또는 시멘트 박스를 포함하여 임시수리를 한 곳이 많다는 것은 영구적 수리를 기피하고 있다는 증표이다.
9. 성능시험을 하지 않고 기관 상태를 알아보는 것이 불가능할 경우, 펌프 글랜드(gland)의 누수, 압력게이지의 고장, 녹슨 안전변(safety valve), 작동이 안 되거나 단락된 안전 또는 조종장치, 디젤엔진 스카벤지(scavenger) 벨트 또는 연돌의 누설 등 일반적인 결함의 정황으로 기관일지의 조사, 기관정지 및 사고기록의 조사 및 기관시운전 등을 정당하게 요구할 수 있다.
10. 발전기 하나가 작동 불능시, 항만국통제관은 주전원과 비상전원에 동력이 제공될 수 있는지 조사하고 시험해 보아야 한다.
11. 만일 태만의 증거가 확실하면 항만국통제관은 조사범위를 확대해야 한다. 예를 들면 주/보조 조타장치, Over speed trip 장치, 회로차단기 등이 해당된다.
12. 상기 중 한 개 또는 이상의 결함이 발견되면 기준미달 상태로 간주할 수는 있으나 실제 문제에 있어서는 각 경우마다 종합적인 전문적 판단에 의한다.
13. 흘수선 지정상태 : 항만국통제관이 선체에 대한 점검이 불요하다고 느낄지라도, 창구폐쇄 장치의 결함, 녹슨 공기관(air vent) 및 벤트 코우밍(coaming)의

부식 등 갑판상의 관찰결과가 불만족스러울 경우 폐쇄장치, 갑판 상에서의 배수설비 및 승무원보호에 관련된 장치에 특별한 관심을 가지고 흘수선 표시상태를 면밀히 조사해야 한다.

14. 구명설비 : 구명장비의 효율성은 승무원의 정비유지여부와 훈련시마다 규칙적으로 사용했는지 여부에 따라 크게 달라진다. 만일 승무원이 구명설비를 규칙적으로 점검해 오지 않았다면 안전설비증서 발급을 위한 최종 검사 후 경과한 시간은 설비의 상태저하와 중요한 관계가 있다. 협약에서 요구하는 설비의 미비치 또는 구멍(hole) 난 구명정과 같이 확실한 결함은 물론, 항만국통제관은 페인트의 응집, 회전축의 고착, 그리스(grease)칠 부족, 블록(block)및 폴의 상태를 포함한 보트강화장비를 사용하지 않은 흔적이나 보트강화장비에 대한 장애물 그리고 갑판적화물의 부적절한 고박이나 적재상태를 조사하여야 한다.
15. 만일 이러한 정황이 분명한다면, 항만국통제관이 모든 구명설비에 대하여 상세한 점검을 행하는 것은 정당화된다. 이러한 점검에는 생존정의 강하, 구명뗏목의 정비 여부에 대하여 조사, 구명동의와 구명부환의 수 및 상태 그리고 신호탄의 유효기간 초과 여부 등을 포함시킬 수 있다. 그 점검은 통상적으로 안전설비증서 갱신을 위한 검사처럼 상세하지는 않으며 안전한 퇴선을 위한 필수적 사항에 집중된다. 그러나 극단적인 경우에는 완전히 안전설비증서를 위한 검사처럼 진행시킬 수 있다. 효과적인 현측 조명설비의 비치작동, 승무원 경보장치 및 승정위치를 알려주는 조명된 통로의 마련 여부 등이 조사의 중요한 항목이 된다.
16. 일반선박 : 화재안전과 관련하여 소화주관 및 소화전의 상태가 불량하고 거주구역에 소화호스 및 소화기가 없다는 것은 모든 화재안전설비에 대한 세밀한 점검이 필요하다는 지표일 수 있다. 협약조건이행에 추가하여 항만국통제관은 통상적인 경우보다 더 화재위험성이 높은 증거를 찾아보아야 한다. 이것은 기관구역의 청결상태가 불량하여 야기될 수 있는데 고정식 또는 이동식 소화설비의 중대한 결함과 함께 기준 미달선으로 판단될 수 있다.
17. 여객선 : 항만국통제관은 기재된 내용, 특히 화재안전설비취급에 관한 내용을 근거로 화재안전장치에 대한 점검의 필요성 여부를 결정하여야 한다. 만일 항

만국통제관이 화재안전장치에 대하여 더 상세한 점검이 필요하다고 생각할 경우, 선내에 비치된 화재안전장치의 대한 전체적인 윤곽을 얻기 위하여 선내에 있는 화재 제어도를 검토하여야 하며 건조년도에 맞는 협약요건의 이행여부를 검토하여야 한다. 방화구조에 대한 의문사항은 기국에 통지되어야 하며 항만국통제관은 일반적으로 비치된 설비의 유효성을 조사하는 점검에 그쳐야 한다.

18. 화재의 확산은 방화문이 바로 작동하지 않을 경우 가속될 수 있다. 항만국통제관은 주요구획 격벽과 계단 폐쇄구역 및 주기관실과 취사실과 같은 화재위험이 높은 구역에 있는 방화문의 작동상태와 안전장치를 점검하여야 하며, 특히 열린 상태로 유지되고 있는 방화문에 주의를 기울여야 한다. 새로운 구조로 개조된 주요 수직구획에도 주의를 기울여야 한다. 화재발생시의 또 다른 위험은 통풍장치를 통한 연기의 확산이다. 작동상태를 확인하기 위해 댐퍼(damper) 및 스모그 플랩(smoke flap)에 대하여 선별조사를 할 수 있다. 항만국통제관은 송풍기가 중앙조절장치에서 정지되고 통풍장치 주흡입 및 출구의 폐쇄장치를 이용할 수 있는 것인지를 또한 확인할 수 있다.
19. 주요 문이 잠겨 있지 않고 통로 및 계단의 통행이 방해받지 않음을 확인해 봄으로써 탈출로가 유효한지에 주의를 기울여야 한다.

1.3.4 운항요건 통제절차

1. 항만국통제관이 점검 수행시 규정상 명백한 근거를 포착한 경우 다음 선상운항절차를 본 결의서에 따라 점검할 수 있다. 그러나 항만국통제관은 지침서에 권고된 통제를 수행함에 있어, 선장이 선박, 승무원, 여객, 당직사관 또는 화물의 안전에 위험을 초래할 수 있다고 판단하는 운항시험을 하거나 물리적 요구를 하여서는 안 된다.
2. 항만국통제관은 운항요건 통제 수행시 선장 책임 하에 진행되는 화물 적 · 양하 및 밸러스팅과 같은 선박 일상운항업무에 간섭하지 말아야 하며 또한 불필요하게 선박운항을 지연시킬 수 있는 운항측면의 시범을 요구하지 말아야 한다.
3. 운항요건의 적합성 정도를 평가함에 있어 항만국통제관은 승무원의 전체적인

운항요건 숙련도가 선박 또는 승무원에게 위험을 끼치지 않고 또한 해양환경에 불합리한 위협을 초래함이 없이 항해할 수 있을 만큼 충분한지 여부에 대하여 전문가적 판단을 내려야 한다.

4. 비상배치표 : 항만국통제관은 승무원들이 비상배치표에 명시되어 있는 그들의 임무를 잘 숙지하고 있는지를 판단할 수 있다.
5. 항만국통제관은 비상배치표가 선교, 기관실 및 승무원거주구역을 포함한 그 선박의 전 구역에 걸쳐 식별이 잘 되는 곳에 부착되어 있는지 확인할 수 있다. 비상배치표가 규정에 적합한지 여부를 판단할 때 항만국통제관은 다음 사항을 확인할 수 있다.
   1) 비상배치표상에 각 승무원들에게 부여된 임무가 명시되어 있는가?
   2) 비상배치표상에 구명 및 소화설비를 즉시 사용 가능토록 양호한 상태로 정비 유지하는 임무가 부여된 사관이 있는가?
   3) 주요 업무 담당자의 업무불능의 경우에 대비 업무대행자가 비상배치표상에 명시되어 있는가?
   4) 비상배치표상에 비상시 여객과 관련한 임무가 승무원에게 부여되어 있는가?
   5) 여객선에 사용된 비상배치표의 양식은 승인된 것인가?
6. 비상배치표의 최신화 여부를 판단시, 항만국통제관은 이를 조사하기 위해 이용 가능한 최신 승무원 명부를 요구할 수 있다. 다른 가능한 방법 즉 안전승무증서가 이 목적을 위해 사용될 수 있다.
7. 항만국통제관은 생존정(구명정 또는 구명뗏목) 배승 승무원에게 부여된 임무가 규칙에 적합한지 여부를 판단할 수 있으며 사용하여야 할 각 생존정의 책임자가 항해사관 또는 자격있는 자로 지정되어 있는지 여부를 조사할 수 있다. 그러나 주관청(기국)은 당 항해의 특성, 배승인원 및 그 선박의 특성을 정히 고려하여, 위에서 언급한 자격있는 담당자 대신에 구명뗏목의 취급 및 운전을 실습한 승무원이 구명뗏목 담당자로 지정되는 것을 허용할 수 있다. 또한 구명정의 경우에는 부담당자를 지정하여야 한다.
8. 항만국통제관은 비상배치표상에 승무원에게 부여된 임무를 승무원이 잘 알고 있으며 그들의 임무를 수행하여야 하는 위치를 숙지하고 있는가를 판단할 수

있다.

9. 의사소통 : 그 선박의 안전운항 특히, 비상 상황시 악영향을 끼치지 않을 정도로 주요 승무원상호간 및 승무원과 여객 간에 적절히 의사소통을 할 수 있는가를 판단할 수 있다.
10. 항만국통제관은 일상 업무 수행시의 사용언어를 선장에게 문의할 수 있다.
11. 항만국통제관은 주요승무원이 점검 또는 훈련시 상호 의사소통이 가능한지의 여부를 확인할 수 있다. 여객을 지원하도록 임무가 부여된 담당승무원은 비상사태시 여객에게 필요한 정보를 제공할 수 있어야 한다.
12. 소화 및 퇴선 훈련 : 소화 및 퇴선 훈련을 참관하는 항만국통제관은 승무원들이 그들의 임무와 그 선박의 설비 및 장비의 적절한 사용법을 숙지하고 있는지를 확인하여야 한다.
13. 소화훈련 : 항만국통제관은 비상배치표에 임무가 부여된 승무원에 의한 소화훈련을 참관할 수 있다. 선장과 상의하여 그 선박의 1개소 이상을 모의 화재장소로 선택할 수 있다. 임의의 승무원을 그 장소로 보내서 화재경보장치를 작동시키게 하거나 경보를 발하기 위한 다른 수단을 사용하도록 할 수 있다.
14. 그 위치에서 항만국통제관은 승무원에게 그 화재 내용을 설명할 수 있으며, 그 화재에 대한 보고가 어떻게 선교 또는 손상 복구 본부에 전달되는가를 관찰할 수 있다. 이 시점에서 대부분의 선박은 소화반을 지정된 장소에 소집시키기 위하여 경보를 울리게 될 것이다. 항만국통제관은 소화반이 현장에 도착하여, 장비를 풀어서 모의 화재를 진압하는 것을 관찰하여야 한다. 소화 작업반장은 해당 승무원에게 적절히 명령을 하달하여 그 명령을 상황에 따라 선교 또는 손상복구본부에 전달하여야 한다. 항만국통제관은 소화 작업반원들의 장비 사용방법 및 적절한 방화복 착용 상태를 관찰하여야 하고, 승무원들의 모든 장비가 완벽한지 확인하여야 한다. 승무원에게 장비만을 착용하는 비상소집은 아니된다. 부상자에 대한 승무원의 조치 요령은 모의사고로 승무원을 임의 선택하여 점검할 수 있다. 항만국통제관은 명령의 전달 방법 및 부상자 운반조 및 의료팀의 대처방법을 관찰하여야 한다. 좁은 통로, 출입문 및 계단을 통과하여 들 것을 적절하게 운반하는 것은 어려운 일이며 이는 평상시 훈련을 필요로 한다.

15. 실행 가능한 한 훈련은 마치 실제 상황처럼 이루어져야 한다.
16. 비상발전기, CO_2실, 스프링클러 및 비상소화펌프 등 훈련과 관련된 기타 임무를 지정받은 승무원들도 훈련에 참가하여야 한다. 항만국통제관은 이들 승무원들에게 자신들의 임무를 설명할 것을 요구할 수 있으며 가능한 경우 그들의 숙달정도에 대한 시범을 요청할 수 있다.
17. 여객선에는 수동으로 조작되는 출입문 및 방화 댐퍼(fire damper) 폐쇄를 담당하는 승무원의 임무에 특별한 주의를 기울여야 한다. 이들 폐쇄장치는 훈련 도중 모의화재 구역에서 책임있는 승무원에 의해 조작되어야 한다. 소화 작업반에 지명되지 아니한 승무원들은 일반적으로 여객의 탈출을 지원하기 위해 여객 거주구역의 전체에 걸쳐 배치된다. 이들 승무원들에게 그들의 임무 및 여러 가지 비상 신호의 의미를 설명하도록 요청하여야 하며 여객이 집합하여야 할 장소 및 그 구역으로부터의 탈출방법이 두 가지를 제시하도록 요구하여야 한다. 여객의 탈출을 지원하도록 임무가 부여된 승무원은 최소한 여객을 적절한 소집 및 탑승 장소로 인도할 수 있도록 충분한 정보를 알릴 수 있어야 한다.
18. 퇴선훈련 : 항만국통제관은 선장과 협의하여 한 개 이상의 생존정에 대한 퇴선 훈련을 요구할 수 있다. 이 훈련의 핵심사항은 생존정이 비상배치표에 임무가 부여된 승무원들에 의해 인원이 배치되고 작동되어야 한다는 점이다. 가능한 경우 항만국통제관은 이 훈련에 구조정을 포함시켜야 한다.
19. 이 훈련은 실행 가능한 한 실제 비상 상황인 것처럼 행해져야 한다.
20. 퇴선 훈련은 다음 사항들을 포함하여야 한다.
    1) 규정된 경보신호로 (여객과)승무원을 소집장소로 소집시키고 비상배치표에 기록된 퇴선절차를 숙지하고 있는지 확인한다.
    2) 소집장소로 출두하고 비상배치표에 기록된 책임 사항들을 준비한다.
    3) (여객과)승무원들이 적절한 복장을 착용하였는지 확인한다.
    4) 구명동의가 정확히 착용되었는지 확인한다.
    5) 진수에 필요한 준비를 행한 후 적어도 한 개의 구명정을 강하시킨다.
    6) 구명정 엔진을 시동하고 작동시킨다.
    7) 구명뗏목 진수용 데빗(davit)을 조작시킨다.

21. 훈련 중 강하시킨 구명정이 구조정이 아닌 경우 구조정 또한 강하되어야 하며, 이때 가능한 최단 시간 내에 인원이 승정하여 진수되는지를 염두에 두어야 한다. 항만국통제관은 승무원들이 퇴선훈련도중 자기들에게 부여된 임무에 대하여 익숙하였는지 여부와 생존정 담당 승무원이 생존정의 작동과 장비에 대한 완벽한 지식을 소유하고 있는지 확인해야 한다.
22. 각 생존정은 항상 준비된 상태로 적재되어 2명의 승무원이 5분 이내에 탑승 및 진수준비를 할 수 있도록 되어야 한다.
23. 여객선의 경우 구명정이나 데빗을 사용하여 진수되는 구명뗏목은 30분 이내에 진수될 수 있어야 한다.
24. 화물선의 경우, 구명정 또는 데빗을 사용하여 진수되는 구명뗏목은 10분 이내에 진수될 수 있어야 한다.
25. 손상제어도 및 선상오염비상계획(SOPEP) : 항만국통제관은 여객선에 손상 제어도를 보유하고 있고 승무원들이 그들의 책임 및 손상제어 목적의 각종 설비와 장비에 대한 적절한 사용법을 숙지하고 있는지 확인할 수 있다. 이는 SOPEP에 관련하여 모든 선박에 동일하게 적용된다.
26. 항만국통제관은 선박의 사관들이 그들이 보유하고 있는 손상제어 책자 또는 손상제어도의 내용을 숙지하고 있는지 확인할 수 있다.(손상제어계획 참조)
27. 사관들에게 각종 손상 상태에서 취하여야 할 행동에 대하여 설명하도록 요구할 수 있다.
28. 사관들에게 수밀 구획의 경계와 이 경계 내에 부속된 개구에 대한 폐쇄수단과 제어위치 그리고 침수시 횡경사 교정을 위한 설비들에 대하여 설명하도록 요구할 수 있다.
29. 사관들은 특정 구획의 손상과 손상으로 인한 침수시 본선의 트림 및 복원성의 영향과 대응방법에 대한 확실한 지식을 가지고 있어야 한다.
30. 화재제어도 : 항만국통제관은 본선에 화재제어도 또는 책자를 보유하고 있으며 승무원들이 그 도면 또는 책자에 포함된 정보를 숙지하고 있는지 확인할 수 있다.
31. 항만국통제관은 담당사관 특히 비상배치표에 관련 임무가 부여된 사관이 화

재제어도 또는 책자의 정보와 화재시 취할 행동에 대해서 숙지하고 있는지 확인할 수 있다.

32. 항만국통제관은 선박을 담당하고 있는 사관들이 여러 화재구역을 형성하고 있는 주요 구조부재들과 다른 구획으로 접근하는 수단을 숙지하고 있는지 확인할 수 있다.
33. 선교의 운용 : 항만국통제관은 당직항해사들이 선교제어 및 항해설비, 조타상태를 자동에서 수동으로 그리고 수동에서 자동으로 변경하는 법, 그리고 선박의 조종성능을 잘 알고 있는지를 확인할 수 있다.
34. 당직항해사는 모든 안전설비와 항해 설비의 설치장소 및 작동법을 숙지하고 있어야 한다. 또한 모든 상황에서 선박의 항해에 적용되는 절차들에 익숙해야 하고 이용 가능한 모든 정보를 알고 있어야 한다.
35. 항만국통제관은 또한 사관들이 본선의 조종 성능, 인명구조 신호, 최신화된 항해 간행물, 선교 절차에 관련된 점검표, 지침서, 매뉴얼 등과 같은 이용 가능한 모든 정보를 숙지하고 있는지 확인할 수 있다.
36. 항만국통제관은 사관들이 설비의 정기적 시험과 점검, 출입항의 준비, 조타방식의 변경, 신호법, 통신, 조종, 비상상황과 항해일지 기입들의 절차들을 숙지하고 있는지 확인할 수 있다.
37. 하역 : 항만국통제관은 화물 및 하역장비와 관련된 특정업무가 부여된 승무원이 그들의 직무와 화물로 인한 위험 및 위험 상황에서의 취할 조치들에 대하여 숙지하고 있는지 확인할 수 있다.
38. 고체 산적화물의 운송과 관련하여 항만국통제관은 적하 및 양하가 선박과 터미널간에 합의된 적하/양하 계획에 의거 수행되고 있는 적절히 확인하여야 한다.
39. 항만국통제관은 해당되는 경우, 책임있는 승무원이 고체 산적화물의 안전 취급에 관한 코드(BC Code)에 관련요건, 특히 습도 한계와 화물의 트리밍에 관하여 숙지하고 있는지, 또한 갑판적 목재 운반선에 대한 코드 및 화물의 저장과 고박에 관한 코드의 관련 요건들을 숙지하고 있는지 확인할 수 있다.
40. 산적으로 운송되는 고체 물질 중에는 그 화학적 특성과 물리적 성질로 인하여

운송 중 위험을 내포할 수 있다. BC Code의 제2편에 일반적인 주의 사항이 기술되어 있다. BC 코드의 제4편은 화물의 안전한 운송을 위한 모든 필요한 정보를 송하주가 제공할 의무가 있음을 밝히고 있다. 항만국통제관은 관련시험 증명서를 포함하여 모든 관련 상세들이 하주로부터 선장에게 제공되었는지 확인할 수 있다.

41. 액화될 수 있는 화물과 같은 몇몇 화물에 대하여는 특별한 주의가 요구된다. 但(BC 코드 7편 참조). 항만국통제관은 액화 가능한 화물과 산적고체 위험 폐기물의 운송에 종사하는 선박의 복원성에 관하여 특별히 고려된 모든 주의 사항들이 충족되는지 확인할 수 있다.
42. 화물의 취급 및 하역에 책임있는 사관과 유탱커 케미컬 탱커 및 액화가스 운반선의 핵심 승무원들은 화물과 화물장비 그리고 BC 및 IGC 코드의 관련분야에 명시되어 있는 안전 조치들을 숙지하고 있어야 한다.
43. 산적곡물의 운송에 대하여는 SOLAS 제6장과 국제곡물 운송 코드(International Grain Code)(Res. MSC. 23(59)) 및 C편을 참조한다.
44. 항만국통제관은 하역 및 적하 매뉴얼에 운송 상태뿐만 아니라 항구에서의 안전한 적재 및 하역을 위한 모든 정보가 포함되어 있는지 확인할 수 있다.
45. 항만국통제관은 사관들이 다음과 같은 필수적인 기관의 작동과 관련된 임무를 숙지하고 있는지 확인할 수 있다.
    1) 비상 및 예비 전력의 전원
    2) 보조 조타장치
    3) 빌지 및 소화 펌프
    4) 기타 비상시 필수적인 장비
46. 항만국통제관은 사관들의 특히 다음 사항들에 대한 숙지여부를 확인할 수 있다.
    1) 비상발전기
        ① 엔진 시동 전 필요한 조치
        ② 시동원과 조합하여 엔진은 시동하기 위한 다른 방법
        ③ 첫 번째 엔진 시동에 실패했을 때의 절차

2) 예비 발전기

① 자동 또는 수동으로 예비 엔진을 시동하는 방법

② 정전시 취할 절차

③ 부하 분담 시스템

47. 항만국통제관은 사관들의 특히 다음 사항에 대한 숙지여부를 확인할 수 있다.

1) 본선에 적용되는 보조 조타장치의 형태

2) 조타장치가 작동 중에 있음을 표시하는 방법

3) 보조 조타장치를 작동시키기 위해 필요한 조치

48. 항만국통제관은 사관들의 특히 다음 사항에 대한 숙지여부를 확인할 수 있다.

1) 빌지펌프(bilge pump)

① 본선에 설치된 빌지펌프의 수와 위치(비상 빌지펌프 포함)

② 모든 빌지펌프의 시동 절차

③ 빌지펌프를 작동시키기 위한 적절한 밸브

④ 발생 가능한 빌지펌프의 작동 실패 원인과 그 조치법

2) 소화펌프

① 본선에 설치된 소화펌프의 수와 위치(비상 소화펌프 포함)

② 모든 소화펌프의 시동 절차

③ 소화펌프를 작동시키기 위한 적절한 밸브

49. 항만국통제관은 사관들의 특히 다음 사항에 대한 숙지여부를 확인할 수 있다.

1) 구명정 및/또는 구조정의 엔진 및 정비유지

2) 통상적으로 선교에서 원격 조정되고 있는 장치들의 직접 조정 방법

3) 무선설비의 독립전원 및 비상전원의 사용

4) 배터리 정비유지 절차

5) 비상정지, 화재감지장치, 수밀문 및 방화문의 작동경보장치(저장된 동력장치)

6) 주기 및 보조기관의 냉각수 및 윤활유 시스템의 제어를 자동에서 수동으로 변환

50. 매뉴얼, 지침서, 기타 : 항만국통제관은 관련 승무원이 선박 및 기기의 안전

상태와 관련된 매뉴얼 지침서 등의 내용을 이해할 수 있고, 정비유지, 주기적인 시험, 교육, 훈련 및 일지의 기록에 대한 규정사항을 숙지하고 있는가를 확인할 수 있다.

51. 아래의 정보가 선박에 제공되어야 하며, 항만국통제관은 그 정보가 승무원이 이해할 수 있는 언어로 되어 있는지 그리고 관련 승무원이 그 내용을 숙지하고 있고 또 그 정보에 따라 대처할 수 있는지 확인할 수 있다.
   1) 소화 및 화재확산 억제를 위한 선내의 모든 설비 및 장치의 정비유지 및 조작에 관한 지침서가 한 권의 책자로, 접근 가능한 위치에 즉시 이용할 수 있도록 보관하여야 한다.
   2) 비상사태시 지켜야 할 명확한 지침서가 선내 모든 인원에게 제공해야 한다.
   3) 소집장소, 비상시에 여객들이 취해야 할 중요행동 및 구명동의 착용법을 알리기 위해 적절한 언어로 된 그림이나 지침서가 여객실에 부착되어야 하고 소집장소와 여객구역에 부착되어야 한다.
   4) 포스터나 표시는 생존정이나 그 진수 통제위치 또는 그 근처에 부착되어야 하며 설비를 작동하기 위한 제어의 목적과 절차를 예시하고, 해당 지침 또는 경고를 포함하여야 한다.
   5) 구명설비의 선내 정비유지를 위한 지침서
   6) SOLAS TRAINING MANUAL을 각 승무원식당과 오락실 또는 승무원의 각 방에 비치하여야 한다. 교육 매뉴얼은 여러 권으로 구성될 수 있으면 선내의 구명설비 및 생존을 위한 가장 적절한 방법에 대한 지침 및 정보를 포함하여야 하며, 가능한 이해하기 쉬운 용어로 예시되어야 한다.
   7) MARPOL 73/78의 부속서 1 규칙 26에 의거한 본선 기름오염 비상계획(SOPEP)
   8) 복원성 관련 도면 및 자료를 포함한 복원성 책자

52. 기관구역에서 발생하는 기름 및 유성 혼합물 : 항만국통제관은 다음 사항을 고려하여 MARPOL 73/78 부속서 1의 모든 운항 요건을 만족하는지 확인할 수 있다.
   1) 생성된 기름 잔유량의 량

2) 슬러지 및 빌지 저장탱크 용량

3) 유수 분리기의 용량

53. 항만국통제관은 기름기록부를 점검할 수 있으며, 수용시설을 이용하고 있는지를 판단할 수 있으며 이러한 수용시설의 추정된 부적합 사항을 알 수 있다.

54. 항만국통제관은 책임사관이 슬러지 및 빌지의 취급에 익숙한지 확인할 수 있다. 기관구역의 유성폐기물의 취급을 고려하여 항만통제국은 슬러지 탱크의 여유 용량이 다음 항차 중 발생 예상되는 슬러지에 대해 충분한지 판단할 수 있다. 항만국 통제관은 MARPOL 73/78 부속서 1 규칙16(1) 및 (2)의 요구조건을 주관청이 면제한 선박에 대해 모든 유성 빌지가 추후 수용시설에 배출하기 위해 본선에 보관되어 있는지 확인할 수 있다.

55. 타 항구의 수용시설이 부적합함을 이유로 사용되지 않고 있는 경우, 항만국통제관은 MEPC Circ. 215(1989.4.25)에 의거 선장에게 그 수용시설의 부적합함을 기국 정부에 통보하도록 주지시켜야 한다.

56. 포장된 형태의 위험화물 및 유해 화물 : 항만국통제관은 포장된 형태로 운송되는 유해물질을 운송하기 위해 필요한 선적 서류가 본선에 비치되어 있는지 그리고 위험화물 및 유해물질이 올바르게 적재되고 분리되어 있는지 그리고 이러한 포장된 화물과 관련된 비상사태 발생시 취해야 할 필수적 행동요령을 관련 승무원 숙지하고 있는가를 확인할 수 있다.

57. 1984년 9월 1일 이후 위험물 운송을 목적으로 건조된 선박은 다음의 요건이 협약의 다른 조항에 규정되어 있지 않는 한 선박의 형상 및 그 화물구역은 SOLAS 규칙 2 2/54의 요건, 화물선은 SOLAS 규칙 2 2/53, 여객선은 SOLAS 규칙 2 2/3 및 2-2/39의 요건에 일치해야 한다.

제한된 양의 위험 화물이 운송되는 경우에만 면제가 된다.

58. MARPOL 73/78 부속서 III은 IMDG Code에서 해양 오염물질로 판명된 포장된 형태로 운송되는 유해물질에 관한 요건을 수록하고 있다. 해양오염물질로 판명된 화물은 MARPOL 73/78 부속서 III에 의거 위험물 표식을 붙여 적재되어야 한다.

59. 항만국통제관은 적합증서가 본선에 비치되어 있는 지 그리고 구조 및 설비가

본 규칙의 요건에 적합함을 증거로 주관청이 발행하는 이 증서를 승무원이 숙지하고 있는지 확인할 수 있다. 추가통제는 다음과 같은 사항이 있을 수 있다.

1) 위험화물이 SOLAS VII에서 요구하는 위험화물 목록 또는 적하계획서를 사용하여 적합증서에 따라서 적재되어 있는지 여부에 대한 통제 : 상기 적하목록 및 적하계획서는 MARPOL 73/78 부속서 III에서 요구하는 것과 통합될 수 있다.
2) 이러한 물질이 갑판하부의 화물창에서 운송되는 경우 누설하는 인화성 또는 독성액체를 부주의하게 펌핑(pumping)하는 일이 없는지의 통제
3) 승무원이 응급처치지침 및 위험화물 운송선박의 비상절차의 관련조항을 숙지하고 있는지의 여부에 대한 판단

60. 폐기물 : 항만국통제관은 MARPOL 73/78 부속서 V의 모든 운항조건이 충족되고 있는지 확인할 수 있다. 항만국통제관은 수용시설을 사용하고 있는지를 확인하여 그러한 시설에 대한 추정된 부적합성을 인지할 수 있다.

61. MARPOL 73/78 부속서 V의 시행지침이 제29차 MPEC에서 승인되어 발간되었다. 동 지침의 목적 중 하나는 선박운항자가 부속서 V및 국내법에 명시된 요건을 따르는 데 도움을 주는 것이다.

62. 항만국통제관은 다음 사항을 확인할 수 있다.

1) 승무원이 동 지침 특히 제3편 "잠재적 폐기물양의 최소화" 및 제4편 "선내 폐기물 취급 및 보관절차"를 숙지하고 있는지 여부
2) 승무원이 MARPOL 73/78 부속서 V의 특별해역 내외에서 처분 및 배출요건을 숙지하고, MARPOL 73/78 부속서 V에서 특별해역을 설정된 해역을 잘 알고 있는지의 여부

63. 타 항구의 수용시설의 부적합함을 이유로 사용되고 있지 아니한 경우, 항만국통제관은 MPEC Circ. 215(1989.4.25)에 의거 선장에게 그 수용시설의 부적합함을 기국정부에 통보하도록 주지시켜야 한다.

1.3.5 최소승무원 기준 및 증서

1. 타국선박 승무원에 관한 항만국통제의 원칙

1) 기국의 안전승무정원 요건, 의심이 있을 경우 기국과 협의
2) 74 SOLAS, 78 STCW 및 결의서 A.481(VII)상의 국제지침

2. 승무원 통제

1) 만약 선박최소승무정원이 기국에서 발행한 최소승무정원증서 또는 이와 동등한 성격의 증서와 일치한다면 항만국통제관은 해당 선박이 안전하게 배승된 것으로 인정해야 한다. 다만, 증서가 협약의 원칙과 무관하게 발급되었음이 명백할 경우에는 그러하지 아니하다. 이 경우 항만국통제관은 3.6.4 항의 절차를 이행하여야 한다.
2) 실제 승선중인 승무원 수 및 구성이 승무증서와 일치하지 않는다면 항만국통제관은 기국에 실제 승무원수 및 구성원이 항해에 적합한지를 문의하여야 한다. 이와 같은 절차는 신속하게 서면으로 이루어져야 한다. 만약 실제 승무원수 혹은 구성원이 안전승무증서와 일치하지 않거나 기국으로부터 본선의 항해가능여부에 대한 확인이 없는 경우, 본선을 3.6.8항의 기준에 의거 출항금지를 고려할 수 있다.
3) 만약 안전승무증서 혹은 이와 동등한 성격의 증서를 가지고 있지 않다면 항만국은 기국에 필요한 승무원수 및 구성내역을 명시하여 가능한 빠른 시일 내에 증서를 발행할 것을 요구하여야 한다.
4) 승무원의 실 승선수 혹은 구성이 기국으로부터 접수한 명세와 일치하지 않는다면 3)항의 규정을 적용한다.
5) 기국이 이 요청에 응하지 않을 경우 이것은 승무원 수 및 그 구성이 1)항에 규정된 원칙에 일치하는지를 확인하기 위한 상세 점검의 명백한 근거로써 고려된다. 선박은 3.6.8항에 제시된 출항정지기준을 고려하여 항해에 안전할 경우에만 출항이 허용되어야 한다. 이러한 경우 적용할 최소 기준은 항만국이 자국선박에 적용하는 기준보다 상회하여서는 아니된다.

3. 78 STCW 규정하의 통제

1) 항만국통제관이 시행하는 통제는 다음 사항으로 한정되어야 한다.
   ① 자격증이 필요한 선내의 모든 승무원의 해당 자격증 또는 유효한 면제증서의 소지여부 또는 주관청에 이서 신청이 제출되었다는 서류상의 증거를 소지여부 확인
   ② 승선중인 승무원의 수 및 자격증서가 주관청의 안전승무요건과 일치하는지의 여부
   ③ 다음 사항의 발생으로 인해 협약에서 요구하고 있는 당직기준이 유지되지 않는다는 명백한 근거가 있는 경우 승무원의 당직기준 유지능력의 평가
      ㉮ 해당선박이 충돌, 혹은 좌주 및 좌초
      ㉯ 항해 중, 정박 중 혹은 접안 중 국제협약에서 불법으로 규정하고 있는 물질의 배출이 있을 경우
      ㉰ 선박이 IMO가 채택한 항로선정 방법이나 안전항해실무 및 절차에 따르지 않고 비정상적 또는 불안전한 방법으로 운용되었을 경우
      ㉱ 선박, 사람, 화물 혹은 환경에 위험을 끼치는 방식으로 운항할 경우
2) 최소승무정원 기준 및 증서에 관련된 출항금지
   ① 선박의 출항금지에 앞서 다음 사항을 고려하여야 한다.
      ㉮ 예정된 항해의 거리 및 특성 또는 운항형태
      ㉯ 결함사항이 선박, 승선중인 사람들 혹은 환경에 끼치는 위험을 내포하는지의 여부
      ㉰ 승무원의 적절한 휴식시간 준수 여부
      ㉱ 관련된 선박의 크기, 선종 및 장비
      ㉲ 화물의 특성

1.3.6 ISM Code에 관한 항만국통제 지침

1. 가능한 한 범위까지 항만국통제관은 회사에 발급된 적합증서(DOC) 사본과 선

박에 발급된 안전관리증서(SMC)를 확인해야 한다. SMC는 회사가 대상 선박의 선종에 대한 유효한 DOC를 소지하지 않고 있다면 무효하다. 항만국통제관은 특히, 대상선박의 선종이 DOC상에 포함되어 있으며 또한 DOC와 SMC상의 회사의 상세정보가 일치하는지를 확인해야 한다.

2. 각 선내 증서들을 확인함에 있어 항만국통제관은 다음의 사항을 식별하여야 한다.
   1) SOLAS/CONF.5/25 부속서, Resolution 6 상의 벌크선의 해석과 선급들의 자체 규정에 의해 정의된 선급증서상의 벌크선 지정 사이에는 차이가 있을 수 있으며, 1998년 7월 1일 이후 적용대상인지 여부는 전자의 정의에 따라야 한다.
   2) 심사를 통과한 이후, 주관청이나 그 인정 단체가 정상적인 증서를 발행하는 시점과 심사완료 시점의 차이를 보완하기 위하여 통상적으로 6개월의 유효기간을 넘지 않는 SMC와 DOC가 발행된다.
   3) 적절한 연차 이서가 된 현재의 유효한 DOC는 일반적으로 그 증서가 발급된 회사에서만 확인되며, 선박에 비치된 DOC의 사본은 연차 이서 사실을 즉시 반영하지 못할 수 있다.
3. 만약 선박에 임시증서(DOC와 SMC 각각 또는 모두)가 발급되었다면, 항만국통제관은 총회결의서 A.788(19) 제 3.3.2항 및 제 3.3.4항의 규정에 따라 발급되었는지를 점검하여야 한다.
4. 명확한 근거의 발견시, 안전경영시스템(SMS)에 대한 보다 상세한 점검이 실시되어야 한다. 명확한 근거는 ISM Code 증서의 부정확이나 미비 또는 다른 분야에서의 출항정지 결함(또는 다수의 비출항정지 결함)을 포함한다.
5. 상세점검을 실시할 때, ISM Code에 따르고 있는 정도를 확인하기 위하여 다음의 질문사항(ISM Code의 관련규정을 참조할 수 있도록 괄호 안에 공서체로 표기하였음.)을 이용할 수 있다. 그러나 반드시 동 질문사항으로 제한하는 것은 아니다.
   1) 회사의 안전 및 환경보호방침이 수립되어 있고, 선박의 관련자들이 이에 익숙해 있는가? (2.2)
   2) 안전관리문서(예; 매뉴얼)가 본선에 상시 이용 가능한가? (11.3)

3) SMS에 관한 관련 문서들이 상용 언어나 선박의 승무원들이 이해할 수 있는 언어로 되어 있는가? (6.6)

4) 선박의 고급사관들은 선박의 운항에 책임이 있는 회사를 식별하고 있으며, 동회사는 ISM Code 증서상의 내용과 일치하는가? (3)

5) 선박의 고급사관들은 안전경영책임자(DP)를 식별하고 있는가? (4)

6) 수립된 절차서들이 비상시 육상관리팀과의 연락망을 수립 및 유지하고 있는가? (8.3)

7) 비상사태에 대비한 훈련 및 연습의 프로그램들이 본선에서 시행되고 있는가? (8.2)

8) 신규 승선자들이 그들의 직무에 익숙하도록 하는 절차가 어떠하며, 출항 전 제공되어야 할 필수지침은 어떠한가? (6)

9) 선장은 자신의 책임과 최우선적인 권한을 포함한 권한에 관한 문서화된 증거를 제시할 수 있는가? (5)

10) 부적합 사항들이 회사에 보고되어졌으며, 회사로부터 이에 대한 시정조치가 취해졌는가? 통상적으로 항만국통제관은 내부심사결과에 의한 부적합사항보고서의 내용을 면밀히 검사하여서는 아니된다. (9.1, 9.2)

11) 선박에 유지보수 계획이 수립되어 있으며 그 기록이 유지되고 있는가? (10.2)

6. SMS에 관한 결함사항은 항만국통제관의 점검보고서에 기록되어야 한다. 필요하다면 항만당국은 SMS에 관한 결함사항을 기국에 통보하여야 한다. SMS 상에서 식별된 결함사항 중, 총회결의서 A.788(19)의 중요 부적합사항은 출항 전에 시정되어야 한다. 절차에 관하여는 제4장의 규정을 적용한다.

1.3.7 선박출항정지 지침

1. 서 론

1) 선박에서 발견된 결함이 출항정지를 하기에 충분하게 심각한 것인지를 결정함

에 있어서 항만국통제관은 다음 사항을 평가하여야 한다 :

① 선박이 유효한 관련 서류를 비치하고 있는가?

② 선박의 최소승무정원증서에 요구하는 승무원이 승선하고 있는가?

2) 점검중 항만국통제관은 선박 및/또는 승무원이 예정 항해 기간 중 다음 사항을 이행하기에 적합한지 평가하여야 한다.

① 안전한 항해

② 화물의 안전한 취급 운송 및 화물상태의 감시

③ 기관실의 안전한 운영

④ 적절한 추진 및 조타 유지

⑤ 유사시 선박 모든 부분의 화재에 효과적으로 대처

⑥ 유사시 신속하고 안전한 퇴선 및 효과적인 구조

⑦ 환경오염방지

⑧ 적절한 복원성 유지

⑨ 적절한 수밀성 유지

⑩ 유사시 조난상황에서의 통신가능 여부

⑪ 안전하고 쾌적한 선상상태 유지

3) 이러한 평가결과가 부정적인 경우에는 발견된 모든 결함을 고려하여 그 선박은 출항정지대상으로 적극 검토된다. 경미한 성질의 결함이라도 이들의 조합시 심각한 결함이 된다면 이 또한 출항정지의 선박이 된다. 항행하기에 불안전한 선박이라고 판단되면 동 선박의 실제 재항시간에 관계없이 초기점검 때에 출항정지되어야 한다.

2. 일 반

관련협약이 요구하는 유효증서의 미비는 선박출항정지의 정당한 사유가 될 수 있다. 그러나 협약 비소지할 의무가 없다. 그러므로 요구되는 증서의 미소지는 그 자체만으로 당해선박을 출항 저지할 근거가 되지 못한다. 그러나 "특혜금지" 조항을 적용하여 동선박이 출항하기 전에 본 서류에 규정된 조항 및 기준에 실질적으로 일치되도록 조치해야 한다.

3. 출항정지대상 결함

항만국통제관이 이 지침을 용이하게 이용하도록 해당 선박이 출항정지대상이 될 만한 결함목록을 관련협약 및/또는 규칙별로 구별하여 수록하였다. 이 목록은 완벽하진 못하나 관련 항목을 예시하는 데 그 의도가 있다.

1) SOLAS 협약 관련 결함항목

① 전기설비, 추진기 및 기타 필수 기계 작동불량
② 기관실 청결상태 미비 빌지에 유성혼합물량의 과다 기름에 오염된 기관실 배기관을 포함한 배관단절 및 빌지 펌핑 설비의 부적절한 작동
③ 비상발전기, 조명, 배터리 및 스위치 작동불량
④ 주/보조 조타장치 작동불량
⑤ 개인구명장비, 구명정 및 진수장치 미비
⑥ 화재탐지장치, 화재경보기, 소화 장비, 고정식 소화장치, 통풍밸브, 화재댐퍼 및 비상차단장치 부재 또는 사용목적과 일치할 수 없는 정도의 부적합 또는 실질적인 변형
⑦ 유조선 화물갑판구역 화재 보호 장치의 부재, 실질적 변형 또는 미작동
⑧ 항해등, 형상물 또는 음향신호기의 미비, 부적합 또는 심각한 변형
⑨ 조난 및 안전 통신용 무선설비의 미비 또는 작동불량
⑩ SOLAS V/12(O) 규칙 관련 항해장비의 미비 또는 작동불량
⑪ 당해 항해에 필요한 개정된 해도 및/또는 관련 항행간행물의 미비, 해도는 전자해도로 대체될 수 있음.
⑫ 화물펌프실용 스파크방지 배기통풍기 미비
⑬ 3.5.1 내지 3.6.6.9절에 수록된 운항 요건 상 심각한 결함
⑭ 승무원의 수, 구성 또는 증서가 최소승무원증서와 불일치
⑮ 결의서 A.744(18)에서 규정한 점검강화프로그램의 미적용

2) IBC Code 관련 결함목록

① 적합 증서에 기재되지 아니한 물질의 운송 또는 화물정보의 누락

② 고압안전장치의 미비 또는 손상

③ 근본적 안전성이 결여되거나 코드 요건과 일치하지 않는 전기설비

④ 위험구역에서의 발화원

⑤ 특별 요건의 위반

⑥ 탱크당 최대 허용 화물량의 초과

⑦ 민감 화물에 대한 불충분한 열보호

3) IGC Code 관련 결함항목

① 적합증세에 기재되지 아니한 물질의 운송 또는 화물정보의 누락

② 거주구역이나 사용공간의 폐쇄장치 미비

③ 기밀되지 아니한 격벽

④ 불완전한 air lock

⑤ 비상차단 밸브의 미비 또는 결함

⑥ 안전 밸브의 미비 또는 결함

⑦ 근본적 안전성이 결여되거나 코드 요건과 일치하지 아니하는 전기설비

⑧ 화물구역 통풍기 미작동

⑨ 화물탱크용 압력 정보 미작동

⑩ 가스탐지장치 및/또는 유독가스탐지 장치 불량

⑪ 유효한 반응억제증서 없이 억제가 필요한 물질의 운송

4) 만재흘수선협약 관련 결함항목

① 국부하중에 대한 강도나 감항성에 영향을 미치는 갑판과 선체의 보강재 및 철판이 상당한 범위에 걸쳐 손상, 부식 또는 점식된 경우, 영구수리를 목적으로 수리항까지 항해하기 위한 적정하게 허가된 임시수리가 시행되었을 경우에는 제외함

② 복원성 불량이 인지된 경우

③ 예정 항해 동안 다양한 상황하에서 복원성의 안전도가 유지되고 선체구조에 부적정한 응력을 유발하지 아니하는 방법으로 선장이 신속하고도 간단

한 방법으로서 적하 및 밸러스트를 조절할 수 있는 승인된 형식의 충분하고도 믿을만한 정보의 미비

④ 폐쇄장치, 화물폐쇄장치 및 수밀/풍우밀문의 부재, 실질적 변형, 또는 결함

⑤ 과적

⑥ 흘수표식 및 또는 만재흘수선표식의 부재 또는 판독 불능

5) MARPOL 협약 부속서 I 관련 결함 목록

① 유수필터링장치, 기름 배출 감시제어장치 또는 15ppm 경보장치의 미비, 심각한 변형 또는 미작동

② 예정 항해에 불충분한 슬롭 및/또는 슬러지탱크의 잔여 용량

③ 기름기록부 미비치

④ 허가되지 않은 선의 우회 배출장치 장착

⑤ 13G(4)의 요건이나 13G(7)에 규정된 대체요건을 충복하지 못하는 경우

6) MARPOL 협약 부속서 Ⅱ 관련 결함 목록

① P&A 매뉴얼 미비치

② 미분류 화물

③ 화물기록부 미비치

④ 요건에 충복하지 않는 유제품 운송

⑤ 허가받지 않은 선회 배출장치 장착

7) STCW 협약 관련 결함목록

① 승무원이 증서를 소지하지 않거나, 적절한 증서, 유효한 적용면제증서를 보유하지 않거나, 이서를 위한 신청자가 항만당국에 제출되었다는 서류상의 증거가 없는 경우

② 항만당국의 적용 가능한 안전승무요건과 일치하지 않는 겨우

③ 항만당국의 당해 선박에 대한 항만당국의 요건에 일치하지 않는 항해 또는 기관당직 배치

④ 안전항해, 안전무선통신 또는 해양오염방지에 필수적인 장비를 조작하기 위한 무자격 당직자 부재

⑤ 항해 개시 후 첫 당직과 그 다음 당직자가 충분한 휴식을 취하지 않았거나 당직수행에 적합하지 않은 경우

8) 항만국통제 관련 결함 CODE

1. Deficiency Action Code

10. deficiency rectified

15. rectify deficiency at next port

16. rectify deficiency within 14days

17. master instructed to rectify deficiency before departure

18. rectify non-conformity within 3 months

30. detainable deficiency

99. other(specify)

1.3.8 PSC Checklist

다음의 Checklist는 선박에서 PSC 점검을 대비하기 위해 행하여지는 여러 가지 준비 사항들을 Checklist로 정리한 것이다.

구성으로는 다음과 같다.

1. Checklist Ⅰ : For routine maintenance
2. Checklist Ⅱ : For PSC inspection (the most common deficiencies)
3. Checklist Ⅲ : For Safety Management System
4. Checklist Ⅳ : For International Ship and Port Facility Security

〈표 1-1〉 Abbreviations in the checklist

SS	Special Survey
IS	Intermediate Survey
AS	Annual Survey
MAS	Mandatory Annual Survey
ATS	Annual Thorough Survey
COW	Crude Oil Washing System
ODM	Oil Discharge Monitoring and Control System
GMDSS	Global Maritime Distress and Safety System
DSC	Digital Selective Calling
EGC	(INMARSAT) Enhanced Group Calling
GOC	General Operator's Certificate for GMDSS
COLREG	International Convention for Preventing Collisions at Sea 1972 (COLREG 72)
ILO	International Labour Organization
PLI	Periodical Load Line Inspection
ITU	International Telecommunications union Radio Regulations
ISM	International Safety Management (SOLAS Chapter Ⅸ, Regulation 1)
ISPS	International Ship and Port Facility Security (SOLAS Chapter Ⅺ-2)
MARPOL	International Convention for the Prevention of Pollution from Ship 1973, as modified by the Protocol of 1978 (MARPOL 73/87)
MSB	Main Switch Board
N.A.	Not Applicable
P & A	Procedure and Arrangement Manual
REC	Radio Electronic Certificate
NS	New Ship
ES	Existing Ship 81 ES : Existing ships constructed before 1 September 1984 (81 Amend.) 81 NS : New ships constructed on or after 1 September 1984 (81 Amend.) 83 ES : Existing ships constructed before 1 July 1986 (83 Amend.) 83 NS : New ships constructed on or after 1 July 1986 (83 Amend.) 88 ES : Existing ships constructed before 1 February 1992 (88 Amend.) 88 NS : New ships constructed on or after 1 February 1992 (88 Amend.) 00 ES : Existing ships constructed before 1 July 2002 (00 Amend.) 00 NS : New ships constructed on or after 1 July 2002 (00 Amend.)

1. Checklist Ⅰ

(For Routine Maintenance)

1) Certificate & documents

① General

Item	Issued date	Expiry date	Last endorsement	Remarks
Registry Certificate				
Radio Station License				
Class Certificate			AS	
			IS	

② Statutory certificates

Item	Issued date	Expiry date		Last endorsement	Remarks
		Conditional	Final		
Load Line Certificate					
Safety Construction Certificate					IS for tankers of more than 10 years of age only.
Safety Equipment certificate					
Safety Radio Certificate					
International Oil Pollution Prevention Certificate					
International Sewage Pollution Prevention Certificate				N.A.	MARPOL Annex IV Implementation for existing ships is waived by 26 sep. 2008
International Air Pollution Prevention Certificate					MARPOL Annex VI NS: Delivery on after 19 May 2005 ES: First periodical survey after 19 May 2005 within 3 years.
Bulk Chemical Fitness Certificate					for chemical tankers
Gas Fitness Certificate					for liquid gas carries

Item	Issued date	Expiry date		Last endorsement	Remarks
		Conditional	Final		
Noxious Liquid Substances Certificate					for carriage of Noxious Liquid Substance
Exemption Certificate				N.A.	if any.
Safety Management Certificate				Intermediate Audit	
Tonnage Certificate				N.A.	
Copy of document of Compliance				Annual Audit	
International Ship security Certificate					
Certificate of Fitness for ship Carrying Dangerous Goods					for carriage of dangerous goods for SOLAS 74/81 Reg. Ⅱ-2/54 SOLAS 74/00 Reg. Ⅱ-2/19
Certificate of International Convention of harmful Anti-fouling Systems on Ships					Based on voluntary (until AFS convention is entered in to force)

③ Miscellaneous Certificates

Item	Issued date	Expiry date	Remarks
Minimum Manning Certificate			
Officers Certificates			
Master & Chief mate			STCW Ⅱ/2 & Ⅵ/2(for GOC)
Chief Engineer & 2 Engineer			STCW Ⅲ/2
Officer			STCW Ⅱ/2 & Ⅵ/2(for GOC)
Engineer			STCW Ⅲ/1
Radio Personnel			STCW Ⅵ/2
Officer Certificate of Endorsement			
Tanker Familiarization			STCW95 Ⅴ/1_1+4
Tanker Special Training			STCW95 Ⅴ/1_2+4
Rating Certificate			
Watch-keeping			STCW Ⅱ/4 for deck, Ⅲ/4 for engine
Tanker Familiarization			STCW95 Ⅴ/1_1+4
Tanker Special Training			STCW95 Ⅴ/1_2+4
All crew			
Medical fitness Certificate			ILO Consolidated conv.

④ Documents and manuals for All ships

Item	Approved	Language	Understood by crew	Remarks
Stability Information				
Loading unloading for Bulk Cargoes				SOLAS 74 / 00 VI/7-2
Shipsboard Oil Pollution Evergency Plan (SOPEP)				

Item	Properly recorded	Remarks
Oil Record Book, parts I and II		
Log Book		SOLAS 74 Ⅱ, Ⅲ, Ⅴ
Garbage Record Book		
Garbage Control Plan		
Continuous Synopsis Record		

Item	Issued by	Surveyed by	Last endorsement	Remarks
Cargo Gear Booklet		ATS		

㉮ for oil tankers and chemical tankers

Item	Approved by	Language	Understood by crew	Remarks
Damage Stability Plan				
Operation Manual				
ODM Manual				
COW Manual				If any

㉯ for chemical tankers

Item	Approved by	Language	Understood by crew	Remarks
P & A Manual				

Item	Properly recorded	Remarks
Cargo Record Book		

㉰ for ships carrying Noxious Liquid substances

Item	Approved by	Language	Understood by crew	Remarks
Shipboard Marine Pollution Emergency Plan(SMPEP)				

㉱ for liquid gas carriers

Item	Approved by	Language	Understood by crew	Remarks
Operational Manual				

㉲ for grain loading vessels

Item	Issued by	Expiry date	Remarks
Grain Loading Certificate			

Item	Approved by	Language	Understood by crew	Remarks
Grain Loading Manual				

㉳ Other necessary documents

Item	Check	Remarks
Survey Report Files		for bulk carriers and oil tankers
Record of ODM		for oil tankers
Damage Control Plan(including (Damage control booklet)		for dry cargo ships constructed on or after 1 Feb. 1992 SOLAS 74/88 Reg. Ⅱ-1/23-1
Cargo Securing Manual		SOLAS 74/88 Reg. VI/5 and VII/5
Garbage Management Plan		
Bulk Carrier Booklet		SOLAS 74/88 Reg. VI/7
Reports of previous PSC inspection		
Loading Instrument (Computer)		SOLAS 74/88 Reg. XII/11 (for bulk carriers with length above 150m)
Maintenance record of Liferafts		
Maintenance record of EPIRB		
Service record of Fire Extinguisher (CO2 Gas Cylinder, Air foam, etc.)		

2) Nautical Publications and International Conventions

<table>
<tr><th>Item</th><th>Check Point</th><th>Satisfied/Not</th><th>Remarks</th><th>Reg.</th></tr>
<tr><td rowspan="2">Charts</td><td>Up-to date
(properly corrected)</td><td></td><td></td><td rowspan="11">SOLAS 74/88
Reg. V/20,21
SOLAS 74/00
Reg. V/21,27</td></tr>
<tr><td>Availability of operating areas</td><td></td><td></td></tr>
<tr><td>Sailing Directions</td><td>Up-do date (the last editions)</td><td></td><td></td></tr>
<tr><td>List of lights</td><td>Up-do date (the last editions)</td><td></td><td></td></tr>
<tr><td>Notice to Mariners</td><td>Up-do date (the last editions)</td><td></td><td></td></tr>
<tr><td>Tide Tables</td><td>Up-do date (the last editions)</td><td></td><td></td></tr>
<tr><td>International Code of Signals</td><td>Up-do date (the last editions)</td><td></td><td></td></tr>
<tr><td>International Aeronautical and Maritime Search and Rescue (IAMSAR Vol. Ⅲ)</td><td>Up-do date (the last editions)</td><td></td><td></td></tr>
<tr><td>International Conventions: SOLAS
COLREG
MARPOL
ILL
STCW</td><td>Available on board</td><td></td><td></td></tr>
<tr><td>Maritime Laws of Flag Administration</td><td>Available on board</td><td></td><td></td></tr>
<tr><td>Voyage Plan</td><td>Nest voyage plan to be prepared before departure</td><td></td><td></td><td>IMO Resolution A.893(21)</td></tr>
</table>

① Other Necessary Publications

Item		Remarks

3) Logbook Entries

Item	Check Points	Entry/Not	Remarks	Reg.
Steering gear testing and drills	within 12 hours before departure. Emergency steering drills to be carried out every 3 month.			SOLAS 74/88 Reg. /19-2 SOLAS 74/00 Reg. V/26
Abandon ship drills and fire drills	Each member of the crew every month. Within 24 hours after departure if more than 25% of the crew have not participated in drills in the previous month. each lifeboats to be launched and operated every 3 months. Rescue boats to be launched and operated each month as far as possible, but at least once every 3 month			SOLAS 74 Reg. Ⅲ/ 19.3
On-board training and instructions	Within 2 weeks after a crew member joins the ship, on-board training in the use of the ship life-saving appliances including survival craft equipment. instructions in the use of the ship life-saving appliances and in survival at sea to be given at the same interval as the drills. individual instruction in the use of the ship life-saving equipment and appliances to be given within a period of 2 months.			SOLAS 74 Reg. Ⅲ/ 19.4
weekly inspections	Visual inspection of all survival craft, rescue boats and launching Appliances. All engines in lifeboats and rescue boats to be run ahead and astern for 3 min. Testing of the general emergency alarm.			SOLAS 74 Reg. Ⅲ/ 20.6
Monthly inspection	Inspection of life-saving appliances and lifeboat equipment to be carried out using the check list required by Reg. III/20.7.			SOLAS 74 Reg. Ⅲ/ 20.7

4) Safety in General

<table>
<tr><th>Item</th><th>Check Points</th><th>Satisfied/Not</th><th>Remarks</th><th>Reg.</th></tr>
<tr><td rowspan="4">Fire control plans</td><td>Permanently exhibited in accommodation spaces.</td><td></td><td></td><td rowspan="4">SOLAS74/00
Reg. Ⅱ-2/15</td></tr>
<tr><td>Permanently stored in watertight cases outside the accommodation main entrances.(Port & Starboard)</td><td></td><td></td></tr>
<tr><td>Language understood by crew.</td><td></td><td></td></tr>
<tr><td>Kept up-to-date.</td><td></td><td></td></tr>
<tr><td rowspan="3">Muster List</td><td>Exhibited in W/H, E/R and crew accommodation spaces.</td><td></td><td></td><td rowspan="3">SOLAS74/88
Reg. Ⅲ/8,37</td></tr>
<tr><td>To show duties according to Re .III/37</td><td></td><td></td></tr>
<tr><td>Language understood by crew.</td><td></td><td></td></tr>
<tr><td rowspan="2">Training Manual</td><td>Provided in each crew mass room and recreation room, or in each crew cabin, complying with requirements of SOLAS 74/00 Reg. III/35 and II-2/15.</td><td></td><td></td><td rowspan="2">SOLAS74/88
Reg. Ⅲ/35
SOLAS74/88
Reg. Ⅱ-2/15</td></tr>
<tr><td>Language understood by crew.</td><td></td><td></td></tr>
<tr><td rowspan="2">Instructions for on-board Maintenance</td><td>Available on board and including all items showed by Reg. III/36.</td><td></td><td></td><td rowspan="2">SOLAS74/88
Reg. Ⅲ/36</td></tr>
<tr><td>Language understood by crew.</td><td></td><td></td></tr>
<tr><td rowspan="2">Posters or signs</td><td>Provided on or in the vicinity of lifeboats, liferafts, rescue boats and their launching controls.</td><td></td><td></td><td rowspan="2">SOLAS74/88
Reg. Ⅲ.9</td></tr>
<tr><td>Use of symbols according to IMO Res. A760(18).</td><td></td><td></td></tr>
<tr><td rowspan="2">Marking of stowage locations</td><td>Provided position of lifesaving appliances</td><td></td><td></td><td rowspan="2">SOLAS74/88
Reg. Ⅲ/20,10</td></tr>
<tr><td>Use of symbols according to IMO Res. A760(18).</td><td></td><td></td></tr>
<tr><td rowspan="2">Pilot ladders</td><td>Condition in good order, side ropes, rubber steps, wooden steps</td><td></td><td></td><td rowspan="2">SOLAS74/88
Reg. V/17
SOLAS74/88
Reg. V/23</td></tr>
<tr><td>Proper handholds available.</td><td></td><td></td></tr>
<tr><td rowspan="2">Fire Safety Operational booklet</td><td>Provided in each crew mess room and recreation room, or in each crew cabin, complying with requirements of Reg. Ⅱ-2/16</td><td></td><td></td><td rowspan="2">SOLAS74/88
Reg. V/17
SOLAS74/00
Reg. V/23</td></tr>
<tr><td>Written in the working language</td><td></td><td></td></tr>
<tr><td>Maintenance plan</td><td>Kept onboard, complying with requirements of Reg. II-2/14</td><td></td><td></td><td>SOLAS74/00
Reg. Ⅱ-2/14</td></tr>
</table>

5) Testing and drills

Item	Check Points	Satisfied/Not	Remarks	Reg.
Communication system between W/H and E/R, W/H and steering gear room,	Testing between each compartment.			SOLAS74/88 Reg. Ⅱ-1/29.10, 37, Ⅴ/12(f) SOLAS74/00 Reg. V/19.2.1.9
Emergency generator	Operational test.			SOLAS74/88 Reg. Ⅱ-1/43,44
	confirmation of FO tank level.			
	Condition of starting devices.			
	Ease of operation by crew.			
Discharge test of fire fighting system by operation of main fire pumps/emergency fire pump separately	Operational test of main fire pump / emergency fire pump separately.			SOLAS74/81 Reg. Ⅱ-2/4 SOLAS74/00 Reg. Ⅱ-210
	Sufficient delivery pressure. 600 GT and over : 0.27 N/mm under 6000 GT : 0.25 N/mm			
	Isolation valves operable.			
	No leakage of fire line.			
	Confirmation of F.O. tank level for emergency fire pump engine.			
	Ease of operation by crew.			
Steering gear(S/G)system (within 12 hours before departure)	Operation of main and Aux. S/G			SOLAS74/88 Reg. V/19-2 SOLAS74/00 Reg. V/26
	Remote control system.			
	Emergency power supply.			
	Rudder angle indicators in relation to actual position.			
	testing of alarms.			
	Automatic isolation arrangement.(if any)			
	Visual inspection of S/G and connecting linkage.			
	Operating instructions with block diagram in W/H, S/G room. No oil leakage from ram cylinder.			
Emergency steering gear drill (every 3 month)	Practice of emergency steering procedure (including direct control, communication, alternative power)			
Abandon ship drills (every month and within 24 hours of departure if 25% of	Summoning of the crew to muster stations with emergency alarm according to the muster list.			SOLAS74/88 Reg. Ⅲ/19
	Confirmation of the duties stated in the			

Item	Check Points	Satisfied/Not	Remarks	Reg.
the crew have not participated on board the ship in the previous month)	muster list.			
	Lifejackets worn correctly by crew.			
	Lowering of at least one boat (Different boats shall be lowered in turn at successive drills.)			
	Starting & operating the engine(s)			
	Emergency lighting test.			
	Each boat to be launched and maneuvered by the assigned crew in the water every 3 month.			
Fire drills (every month and within 24 hours of departure if 25% of the crew have not participated on board the ship)	Summoning of the crew to stations according to the muster list.			
	Starting a main and emergency fire pump in turn, and discharging test using the two jets of water.			
	Checking fireman outfits and other personal equipment, including fitting on crew member in turn.			
	Checking the communication equipment.			
	Checking the operation of fire door, watertight door, fire dampers and main inlets/outlets of ventilation system.			
	Operating shut-off valves of F.O. tanks and emergency stop of fans.			
SOPEP/SMPEP drill	Ship-related persons should be involved in the drill covering all parts of SOPEP/SMPEP which should be carried out at regular intervals.			SOPEP SMPEP
Magnetic compass	Clearly readable by the helmsman at the main steering position.			SOLAS74/88 Reg. V/12(b) SOLAS74/88 Reg. V/19.2.1
	Communication between the standard compass position and the main steering position.			

Item	Check Points	Satisfied/Not	Remarks	Reg.
	Bubbles are not in the compass			
	Table/curve of residual deviation(every 1 year) is available.			
	Bearing device is provided.			
	Spare Magnetic Compass(or Heading Gyro Repeater) is provided.			
Gyro compass	Clearly readable by the helmsman at the main steering position.			SOLAS74/88 Reg. V/12(d) SOLAS74/00 Reg. V/19.2.1
	Condition of the master gyro, and gyro repeaters for bearing with bearing device.			
Heading information to emergency steering position	Gyro compass repeater at emergency steering position is available for 00NS. Arrangement of portable repeater is available.			SOLAS74/88 Reg. V/12(f) SOLAS 74/00 Reg. V/19.2.1.9, 19.2.3
	Communication system between the main steering position and emergency steering position.			
Heading Control System(HCS) (Auto Pilot)	Working satisfactorily.			SOLAS74/00 Reg. V/19.2.8
	Versatile change-over between manual and automatic			
Track Control System(TCS, instead of HCS)	Working satisfactorily.			SOLAS74/00 Reg. V/19.2.8
	Versatile change-over between manual and automatic			
Radar	Working satisfactorily.			SOLAS74/88 Reg. V/12(g), (I) SOLAS74/00 Reg. V/19.2.1.3, 19.2.7
	Plotting facilities are available(00ES)			
ARPA	Working satisfactorily.			SOLAS74/88 Reg. V/12(g)j SOLAS74/00 Reg. V/19.2.8
ATA(Automatic Tracking Aid)	Working satisfactorily.			SOLAS74/00 Reg. V/19.2.5, 19.2.7
EPA(Electronic Plotting Aid)	Working satisfactorily.			SOLAS74/00 Reg. V/19.2.5, 19.2.7

6) Navigational Equipment

Item	Check Points	Satisfied/Not	Remarks	Reg.
Echo sounder	Working satisfactorily.			SOLAS74/88 Reg. V/12(k) SOLAS74/88 Reg. V/19.2.3
Speed and distance log through the water	Working satisfactorily.			SOLAS74/88 Reg. V/12(1) SOLAS74/00 Reg. V/19.2.3
Speed and distance log over the ground	Working satisfactorily.			SOLAS74/00 Reg. V/19.2.9
Indicators for rudder angle, Propeller RPM (Pitch & operational mode for CPP & side thrusters)	Working satisfactorily.			SOLAS74/88 Reg. V/12(m) SOLAS74/00 Reg. V/19.2.5
Rate-of-turn indicator	Working satisfactorily.			SOLAS74/88 Reg. V/12(n) SOLAS74/00 Reg. V/19.2.9
ECDIS	Electronic Navigation Charts are available and up-dated.			SOLAS74/00 Reg. V/19.2.1.4
	Back-up System(If provided instead of nautical charts)			
	Electronic Nautical publications			
GPS receiver	Working satisfactorily.			SOLAS74/00 Reg. V/19/2.1.6
AIS(Automatic Identification System)	Working satisfactorily.			SOLAS74/00 Reg. V/19/2.4
VDR(Voyage Data Recorder)	Working satisfactorily.			SOLAS74/00 Reg. V/19,20
	Annual test			SOLAS74/00 Reg. V/19.2.1.8
Transmitting Heading Device(THD) (ships of 300 GT to 500 GT)	Working satisfactorily.			SOLAS74/00 Reg. V/19.2.3.5
Sound Reception System(when the bridge is totally enclosed)	Working satisfactorily.			SOLAS74/00 Reg. V/16&18.8
Maintenance Records	Available on board.(including VDR annual test and compliance statement for 00NS)			SOLAS74/00 Reg. V/16&18.8
Pilot Card(All ship)	Available on board			Resolution A.601(15)

Item	Check Points	Satisfied/Not	Remarks	Reg.
Wheelhouse Poster	Available on board			
Maneuvering Booklet (Administration requirements)	Available on board			
Daylight signal Lamp	Working satisfactorily.			SOLAS74/88 Reg. V/11 SOLAS74/00 Reg. V/19.2.2
	Supplied from emergency power. Battery & charger for 00NS			
Navigation lights	Fore & aft masthead lights			COLREG
	Side lights			
	Stern lights			
	Anchor light			
	Not under command light			
	Distribution panel			
Forecastle bell	Available on board.			
Gong(ships of 100m and upwards in length)	Available on board.			
Whistle	Working satisfactorily.			
Black ball shapes	At least 3 sets available.			
Black diamond shape	for tug boat.			

7) Lifesaving Appliances

Item	Check Points	Satisfied/ Not	Remarks	Reg.
Lifeboat and/or rescue boat	Condition of hull inside & outside (no rust, no doublers.)			SOLAS74/88 Reg. Ⅲ/20,34 to 36
	Grab lines on both side in order.			
	bilge keel rails on both side.			
	Rudder stock, rudder and tiller and stern frame in order.			
	Thwarts, side benches, clutch holes, gunwales in good conditions.			
	Engine, foundation, exhaust pipe.			
	Propeller and shafting with clutch.			
	Reflective tape on hull.			
	Marking (Ship name, No of persons, Registry of port etc.),retro-reflective tapes.			
	Plug with packing and a chain with indication of position.			
	Bilge pump with hose (testing).			
Lifeboat inventory	Verification according to inventory list.			
	validity of provisions, pyrotechnics, portable fire extinguisher.			
	Watertight container.			
	Cover and stanchions(if any)			
Stowage of lifeboat and/or rescue boat	Visual condition of stowage.			
	Operation of limit switch or air cut-off valves.			
	Condition of lifting arrangement.			
Distress Flare	At least 12 parachute rocket signals available on board.			SOLAS74/88 Reg. Ⅲ/6.3
	Validity			
Lifebuoys for ships for 83 ES	At least 8 lifebuoy with marking and retro-reflective tapes vailable.			SOLAS74 Reg. Ⅲ/21
	Two buoys on bride wings with quick release gear provided for self-igniting light(SIL)&smoke signals Illumination of SILs Validity of smoke signals Operation of release gear.			
	A buoys with SILs on each side Illumination of SILs.			

Item	Check Points	Satisfied/ Not	Remarks	Reg.
	A buoy with buoyant line of 27.5 meters in length on each side.			
	A buoy without attachment on each side.			
Lifebuoys for ships of 83 NS L(m) No. of buoys less than 100m 8 less than 150m 10 less than 200m 12 200m and over 14	Proper No. of lifebuoys with marking and retro-reflective tapes.			SOLAS74/88 Reg. Ⅲ/7/1,32
	Two buoys with self-igniting lights(SIL) and smoke signals being capable of released by release gear, having a mass of at least 4Kg on bridge wings. Illumination of SILs. validity of smoke signals. Operation of release gear.			
	At least half of the total numver of buyous to be provided with SILs. Illumination of SILs.			
	At least one buoy with a buoyant line one each side.(30m or twice the height at stowage position above water level, whichever is the greater.)			
	The remaining buoys without attachment on both side.			
Launching arrangement of lift boat, rescue boat and liferaft	Condition of davits			SOLAS74/88 Reg. Ⅲ/20
	Condition of blocks, falls, padeyes, links, fastening and all other fittings.			
	Falls to be turned end for end at intervals of not more than 30 months.			
	Fall to be renewed at intervals not exceeding 5 years.			
	Condition of bake (Winch)			
	Brake (Winch)to be thorough examined at intervals not exceeding 5 years.			
	Condition of release gear			
	On-load release gear to be overhauled and tested under a load at intervals not exceeding 5 years.			
	Condition of skates and fenders			
	Condition of embarkation ladders, handholds, side ropes, steps and fitting shackles/padeyes			
	Condition of boat lights by emergency power			
Inflatable liferafts	To be serviced at intervals not exceeding 12			SOLAS74/88

Item	Check Points	Satisfied/ Not	Remarks	Reg.
	months with release gear except when extension is authorized by the flag state.			Reg. Ⅲ/20,34
	Container to be marked with; maker name, serial No, last service date, No. of persons, etc.			
	Fitting reflective tapes			
Stowage of lifefafts	Condition of stowage			
	Proper fitting of weak link (in case of a type without weak link, notice to be posted)			
	Condition of embarkation ladder			
Lifejackets	A lifejacket for every person on board with retro-reflective tapes.			SOLAS74/88 Reg. Ⅲ/7.2, 32
	Additional lifejackets for persons on watch and for use at survival craft stations.		For 83 NS	
	Each lifejacket with a whistle & light.			
Immersion suits	At least 3 sets for each open lifeboat on board the ship, and ready for immediate use			SOLAS74/88 Reg. Ⅲ/7.2, 32
Thermal protective aids	For persons on board not provided with immersion suits, and ready for immediate use.			SOLAS74/88 Reg. Ⅲ/32, 34
Two-way VHF radio-telephone apparatus	At least three sets complying with the standards.			SOLAS74/88 Reg. Ⅲ/6.2.1
	Operation of the apparatus			
Radar transponders	At least one radar transponder on each side of wheelhouse.			SOLAS74/88 Reg. Ⅲ/6.2.2
	In case of free-fall lifeboat, one is stowed in a free-fall lifeboat and the other is fitted in the wheelhouse.			
	Validity of battery			
On-board communications	Operation of two-way communications between emergency control station, muster and embarkation stations and strategic positions			SOLAS74/88 Reg. Ⅲ/6.2.4
General emergency alarm	Operation of alarm for summoning the crew to muster stations.			
Public address system	Operation of the system			
Line-throwing appliances	Four rockets capable of carrying line at least 230m.			SOLAS74/88 Reg. Ⅲ/18
	Proper instruction available.			
	Validity of rockets			

8) Fire Fighting Appliances

Item	Check Points		Satisfied/ Not	Remarks	Reg.
Fire integrity	Insulation on class bulkheads are decks in good condition.				SOLAS74/81 Reg. Ⅱ-2/42 SOLAS74/00 Reg. Ⅱ-2/9
	Penetrations of ventilation ducts cable penetration and pipes through class bulk heads and decks in good order.				
Fire door	Operate satisfactorily.				SOLAS74/81 Reg. Ⅱ-2/47 SOLAS74/00 Reg. Ⅱ-2/9
	Self-closing doors not to be fitted with hold-back hooks.			For 81 NS	
Skylights	Closing arrangements in good order.				SOLAS74/81 Reg. Ⅱ-2/11.2.2, SOLAS74/00 Reg. Ⅱ-2/9.5.2.2
	Skylights to be of steel and not contain glass panels.			For 81 NS	
Fire dampers	Operate satisfactorily				SOLAS74/81 Reg. Ⅱ-2/5.1.4 SOLAS74/00 Reg. Ⅱ-2/5.2
		Cargo holds			
		Engine room			
		Accommodation spaces			
		Control stations			
		Other spaces			
	Clear marking of lose-Open No hole/defection of dampers				
Main fire pumps	Operate satisfactorily.				SOLAS74/81 Reg. Ⅱ-2/4 SOLAS74/00 Reg. Ⅱ-2/10.2
	Proper pressure maintained.				
	Pressure gauges in good order				
Emergency fire pump	Operates satisfactorily.				
	Proper pressure maintained.				
	Pressure gauges in good order				
	Prime mover in good condition.				
	Exhaust gas piping in good order				
Fire main piping	No leakage, heavy wastage in line				
	No doublers, clamps, soft patches in line				
Isolation valves	Operate satisfactorily.				
Hydrants	Fire hoses easily coupled to hydrants				
	Satisfactory operation of valves.				
	Valve handles not broken				

Item	Check Points	Satisfied/ Not	Remarks	Reg.
Fire hoses	All hoses in good condition, without leakage.			SOLAS74/81 Reg. Ⅱ-2/4 SOLAS74/00 Reg. Ⅱ-2/10.2
	Checking the number of hoses acc. to the fire control plan			
	Complete with nozzle and couplings.			
Nozzles	All nozzles in good condition, without leakage.			
	Jet type nozzles, and jet/spray dual type in engine room. Operation of easy change mode and shut-off devices.		For 81 ES	
	Jet/spray dual type shut-off device for all nozzles.		For 81 NS	
Stowage boxes of fire hoses and nozzles	Stowed in good condition and easily usable.			
	Clearly painted (red color) boxes.			
Portable fire extinguishers (foam, dry power, CO2)	Checking the number of partable fire			SOLAS74/81 Reg. Ⅱ-2/6 SOLAS74/00 Reg. Ⅱ-2/10
	Regular checking of lines by air blow or water flow test at Class SS and IS.			
	Validity of the medium Foam : one year Dry powder : five year CO_2 : measure at Class SS and IS			
Portable foam applicator unit	Checking the air-foam nozzle, portable tank of foam making liquid, and one spare tank.			
	Testing the connection to fire main by a fire hose.			
	Condition of stowage container in good order.			
	Validity of foam making liquid: four years (impossible to extend by sampling)			
Foam type fire extinguisher of 135 litters capacity or equivalent in firing space of boiler and in spaces of fuel oil system	Visual condition in good order, without wastage.			SOLAS74/81 Reg. Ⅱ-2/7.1.3 SOLAS74/00 Reg. Ⅱ-2/10.5
	Easily usable condition.			
	Validity of the medium Foam : one year dry powder : five years CO2 : measure at Class SS and Is			

<table>
<tr><th>Item</th><th>Check Points</th><th>Satisfied/ Not</th><th>Remarks</th><th>Reg.</th></tr>
<tr><td rowspan="3">Foam type fire extinguisher of 135litters capacity or equivalent in firing space of boiler and in spaces of fuel oil system</td><td>Visual condition in good order, without wastage.</td><td></td><td rowspan="3">For 81NS</td><td rowspan="3">SOLAS74/81
Reg. Ⅱ-2/7.1.3
SOLAS74/00
Reg. Ⅱ-2/10.5</td></tr>
<tr><td>Easily usable condition.</td><td></td></tr>
<tr><td>Validity of the medium
Foam : one year
dry powder : five year
CO_2 : measure at Class SS and Is</td><td></td></tr>
<tr><td rowspan="3">Foam type fire extinguishers of 45 litters capacity or equivalent in engine room</td><td>Visual condition in good order.</td><td></td><td></td><td rowspan="3">SOLAS74/81
Reg. Ⅱ-2/7.2
SOLAS74/00
Reg. Ⅱ-2/10.5</td></tr>
<tr><td>Easily usable condition.</td><td></td><td></td></tr>
<tr><td>Validity of the medium
Foam : One year
dry powder : five years
CO_2 : measure at Class SS and IS</td><td></td><td></td></tr>
<tr><td rowspan="5">Fixed fire extinguishing arrangement in E/R, cargo space and cargo pump room (CO_2 or Halon, foam, water spray)</td><td>Piping in lines in good order, without leakage or no heavy corrosion.</td><td></td><td></td><td rowspan="5">SOLAS74/81
Reg. Ⅱ-2/7.1.1, 53
SOLAS74/00
Reg. Ⅱ-2/10.5.1.1, 10.7

*Cargo pump R/M:(For 00NS)
SOLAS74/00
Reg. Ⅱ-2/10.9</td></tr>
<tr><td>Regular checking of lines by air blow or water flow test at Class SS and IS.</td><td></td><td></td></tr>
<tr><td>CO_2 or Halon cylinders to be level/weight measured at Class SS and IS. Proper test certificate on board.</td><td></td><td></td></tr>
<tr><td>Validity of foam liquid (5 years.) After 5 years, effectiveness of foam liquid to be checked, and a sample test certificate available on board. (Flag special requirements to be referred.)</td><td></td><td></td></tr>
<tr><td>Testing the audible alarm for the release of gas (CO_2 or Halon)</td><td></td><td></td></tr>
<tr><td>Fire detection</td><td>Regular checking of the detection system and fire alarm.</td><td></td><td></td><td>SOLAS74/81
Reg. Ⅱ-2/13
SOLAS74/00
Reg. Ⅱ-2/4.2.2</td></tr>
<tr><td rowspan="2">Fuel oil tank shut-off valves; Over 500L: ships built on and after 1 July 1995 Over 1000L: ships built before 1 July 1995</td><td>All valves to be closed by remote control from outside of E/R. Satisfactory operation of valves.</td><td rowspan="2"></td><td rowspan="2"></td><td rowspan="2">SOLAS74/81
Reg. Ⅱ-2/15.2
SOLAS74/00
Reg. Ⅱ-2/4.2.2</td></tr>
<tr><td>In case that shu-off valves are operated by air, the air cylinder is always charged with correct pressure.
Pressure gauge in good condition.</td></tr>
</table>

Item	Check Points	Satisfied/ Not	Remarks	Reg.
Emergency stop of fans and fuel oil pumps in Engine room	Satisfactory operation of emergency stop.			
Means of isolating the fuel supply to individual engines	Satisfactory operation of means to isolate the fuel supply		For 00NS	SOLAS74/00 Reg. Ⅱ-2/4.2.2
Fireman's outfit	Two(2) sets for cargo ships four(4) for tankers			SOLAS74/81 Reg. Ⅱ-2/17 SOLAS74/00 Reg. Ⅱ-2/10.10
	Stowage condition in good order according to the fire control plan.			
	Protective clothing, boots and gloves, helmet, electric safety lamp, axe. Easily usable condition.			
	Breathing apparatus with a smoke helmet or smoke mask and air pump, with proper len호 of air hose, or a self-contained breathing apparatus.			
	200% spare air cylinders available on board or 100% + Air compressor.			
	A fireproof lifeline of sufficient length for each breathing apparatus is in accordance with fire			
Fire extinguishing arrangement in paint lockers	Fire fighting system in good order. (Typer of arrangement is in accordance with the requirements of the flag state. e.g portable fire extinguisher is acceptable for ships flying flag of Panama, Japan, etc.(00ES))			SOLAS74/81 Reg. Ⅱ-2/18.7 SOLAS74/00 Reg. Ⅱ-2/10.6.3
International shore connection	At least one (1) shore connection with standard flange dimensions available on board.			SOLAS74/81 Reg. Ⅱ-2/19 SOLAS74/00 Reg. Ⅱ-2/10.2
	Four sets of bolts and nuts, each of 16Φ in diameter, 50mm in length available on board.			
	One gasket packing available on board.			
Inert gas system	Operates satisfactorily.			SOLAS74/81 Reg. Ⅱ-2/62 SOLAS74/00 Reg. Ⅱ-2/4.5.5
	Alarms in the control panel function properly.			

Item	Check Points	Satisfied/ Not	Remarks	Reg.
Emergency lights	Satisfactory lighting condition in engine room, accommodation spaces, wheel house, control			SOLAS74/88 Reg. Ⅱ-I/43
	Bulbs and glasses without damage.			
Means of escapes	Ready for immediate use.			SOLAS74/88 Reg. Ⅱ-2/45 SOLAS74/00 Reg. Ⅱ-2/13
	Step and handrails without damage.			
	Lighting operates satisfactorily.			
Emergency Escape Breathing Devices (EEBD)	Stowage condition in good order according to the fire control plan. Easily usable condition.			SOLAS74/00 Reg. Ⅱ-2/13
	Suitable maintenance according to the Manufacturer's instruction.			
	Confirmation of Air-pressure			
Fixed Local Application fire-fighting System	Piping, pump, valves and nozzles in good order, without leakage, heavy corrosion or damage		For 00NS	SOLAS74/00 Reg. Ⅱ -2/10.5.6
	Regular checking or lines by air blow or water flow test at class SS and IS.		For 00NS	
	Operate satisfactorily at class SS and IS.		For 00NS	
Fire-fighting devices for Deep Fat Cooking Equipment	Visual condition id good order.		For new installation on or after 1 July 2002	SOLAS74/00 Reg. Ⅱ -2/10.6.4
	Operate satisfactorily at class SS and IS.			
Protection of Cargo Pump Room	Operate satisfactorily			SOLAS74/00 Reg. Ⅱ -2/4.5.10
Helicopter Facilities	Arranged in accordance with the plan for Helicopter Facilities.			SOLAS74/89 Reg. Ⅱ -2/18.8 SOLAS74/00 Reg. Ⅱ-2/18
	Fire-fighting appliances. in good order			SOLAS74/00 Reg. Ⅱ-2/18
Fixed fire extinguishing system for exhaust ducts from galley ranges	Visual condition in good order.			SOLAS74/81 Reg. Ⅱ 02/16.7 SOLAS74/00 Reg. Ⅱ -2/9.7.5
	Operate satisfactorily at class SS and IS.			

9) Radio Installation

Item	Check Points	Satisfied/Not	Remarks	Reg.
VHF Installation	Function satisfactorily. DSC to be checked.			SOLAS74/88 Reg. IV/7
MF installation	Function satisfactorily. DSC to be checked.			SOLAS74/88 Reg. IV/8,9,10,11
MF/HF installation	Function satisfactorily. DSC to be checked.			
INMARSAT-C	Function satisfactorily. Include EGC receiver			
NAVTEX receiver	Function satisfactorily.			SOLAS74/88 Reg. IV/7.1.4
Satellite EPIRB	Function satisfactorily.			SOLAS74/88 Reg. IV/15.9
	Validity of battery			
	Expiry date of free float sensor.			
	Annual onboard test			
	Shore-based maintenance			
Sources of energy	Main source in good order.			SOLAS74/88 Reg. IV/13
	Emergency source in good order.			
	Reserve source in good order. batteries in good condition as a result of measuring specific gravity of acid, liquid level and terminal voltage.			
Antenna	Satisfactory condition, without damage or missing components.			SOLAS74/88 Reg. IV/6
	Antenna masts and brackets in good condition, without heavy corrosion or wastage.			
Tools and spares	Available on board.			SOLAS74/88 Reg. IV/15
Maintenance records	Available on board.(including EPIRB on-board annual maintenance and shore based maintenance)			
Radio log book	Proper records in the log books. Daily/weekly/Monthly check			SOLAS74/88 Reg. IV/17
List of Call signs	Up-to date (the last editions)			ITU RR S20
List of Coast Stations	Up-to date (the last editions)			
List of Radio Determination and Special Service Station	Up-to date (the last editions)			
Manual for use by the Maritime Mobile and maritime Satellite	Up-to date (the last editions)			
Clock	Operates satisfactorily			
Lighting in radio space	Normal and emergency lights in good condition			

10) Load Line

Item	Check Points	Satisfied/ Not	Remarks	Reg.
Freeboard marks	Clearly marked on shell plating each side.			ILL AX 1 Reg. 5, 6
Superstructure end bulkhead	No heave wastage exceeding permissible limit.			ILL AX Reg. 11
Doors of all access opening in bulkhead at ends of enclosed superstructures.	Effective weathertightness.			ILL AX Reg. 12
	Hatch coamings in good condition without heavy wastage or hose.			
	Condition of gaskets and clamping devices in good order.			
Access hatches	Effective weathertightness.			ILL AX Reg. 13, 14
	Hatch coamings in good condition without heavy wastage or holes.			
	Condition of gaskets and clamping devices in good order.			
Cargo hatches	Effective weathertightness.			ILL AX Reg. 13 to 16
	Hatch coamings and stays in good condition without heavy wastage or holes.			
	Hatch covers in good condition without heavy wastage or holes.			
	Condition of gaskets and clamping devices in good order.			
	Battens and wedges available on board in good order.			
	Tarpaulins in good condition without holes.			
Machinery space openings	Effective weathertightness.			ILL AX Reg. 17
	Covers, casings and coamings in good condition without heavy wastage or holes			
Manholes, flush scuttles	Effective weathertightness.			ILL AX Reg. 18
	Covers and bolts in good condition without heavy wastage.			
Deckhouse, companionways with openings in freeboard deck	Effective weathertightness.			ILL AX Reg.18
	Bulkhead plating in good condition without heavy corrosion or holes.			
	Door in good condition without heavy corrosion or holes.			

Item	Check Points	Satisfied/ Not	Remarks	Reg.
Ventilators	Coamings in good condition without heavy corrosion, holes.			ILL AX Reg.19
	Closing covers in good condition, efficient weathertightness.			
	Gaskets, clamping devices in order.			
Air pipes	Coaming in good condition without heavy corrosion or holes.			ILL AX Reg.20
	Air pipe heads in good condition without heavy corrosion or holes.			
	Floats in pipe heads in good order.			
	Wire gauzes in good condition.		For oil tanks only	
Cargo ports and similar openings	Effective weathertightness.			ILL AX Reg.21
	Steel plating and attachments in good condition without heavy wastage.			
Scuppers, inlets, discharges	Distance pieces in good condition without heavy corrosion or holes.			ILL AX Reg.22
	Non-return valves in good order without heavy corrosion or holes.			
Side scuttles	Effective watertightness.			ILL AX Reg.23
	Deadlights in good order.			
Freeing ports	Draining arrangements in good order.			ILL AX Reg.24
Bulwarks and stays, guard rails	Condition in good order without heavy corrosion, holes or cracks.			ILL AX Reg.25
Life lines, gangways, passages	Condition in good order without heavy corrosion, missing components or holes.			
Uprights, lashings	Sockets, eye plates, stanchion in good condition without heavy corrosion, holes or cracks,		For timber carriers only	ILL AX Reg.44

11) Hull construction and piping on deck

Item	Check points	Satisfied/ Not	Remarks	Reg.
Main deck plating Cross deck plating	Condition in good order. No heavy wastage, corrosion, cracks.			
Forecastle deck plating Poop deck plating	Condition in good order. No heavy wastage, corrosion, cracks.			
All piping on deck with valves	Condition in good order. No heave wastage, corrosion , cracks.			
Electric cable conduit	Condition in good order. No heave wastage, corrosion, cracks.			
Cargo holds	Bulkheads, frames, tanktop plating in good condition. No heavy corrosion, wastage, holes or cracks			
	Access ladders, piping in good condition. No heave wastage, holes.			
Ballast tanks	No leakage, damage.			
	Bulkheads (tran/longl.), longitudinals, transvers rings, horizontal girders, other members in god condition. No heavy corrosion, wastage holes or cracks.			SOLAS74/88 Ch. Ⅱ-I Part B
	Access ladders, piping in good condition. No heave wastage, holes			
Cargo tanks	No leakage, damage.			
	Bulkheads(trans/longl.), longitudinals, transverse rings, horizontal girders, other members in good condition. No heave corrosion, wastage, holes or cracks.			
	Access ladders, piping in good condition. No heave wastage, holes			
Fuel oil tanks	No leakage, damage.			
	Bulkheads(trans/longl.), longitudinals, transverse rings, horizontal girders other members in good condition. No heavy corrosion, wastage, holes or cracks.			
	Access ladders, piping in good condition. No heavy wastage, holes			

<table>
<tr><th>Item</th><th>Check points</th><th>Satisfied/ Not</th><th>Remarks</th><th>Reg.</th></tr>
<tr><td>Other compartments (Bosun store, deck stores, etc.)</td><td>Bulkheads(trans/long.), longitudinals, transverse rings, horizontal girders, other members in good condition.
No heavy corrosion, wastage, holes or cracks.</td><td></td><td></td><td rowspan="4">SOLAS74/ 88
Ch. II-1
Part B</td></tr>
<tr><td rowspan="3">Pump room</td><td>Bulkheads, longitudinals, web frames, other members in good condition.
No heave corrosion, wastage, holes or cracks.</td><td></td><td></td></tr>
<tr><td>Access ladders, piping ind good condition.
No heave wastage, holes.</td><td></td><td></td></tr>
<tr><td>Particular are to be taken to ensure electrical equipment in good order, lights (explosion proof).</td><td></td><td></td></tr>
<tr><td>Water ingress alarm system
(for Bulk Carrier)</td><td>Working satisfactorily</td><td></td><td></td><td>SOLAS74/ 02
Reg.
XII-12</td></tr>
<tr><td>Remote pump control system
(F.P.T, bosun store)
(for Bulk Carrier)</td><td>Working satisfactorily</td><td></td><td></td><td></td></tr>
<tr><td>Ship identification number</td><td></td><td></td><td></td><td>SOLAS74/ 02
Reg. XI-3</td></tr>
</table>

12) Machinery in Engine room

Item	Check Points	Satisfied/ Not	Remarks	Reg.
Main engines	Operate satisfactorily.			SOLAS74/88 Ch. II-I Part C
	Safety devices function properly.			
	Remote control functions properly.			
	No leakage of oil/water			
	Jacketed Hight Press. FO pipes in good order			SOLAS74/88 Ch. II-2/15.2 SOLAS74/00 Ch. II-2/4
	FO leak alarm is good order			
Generator engines	Operate satisfactorily.			SOLAS74/88 Ch. II-1 Part C
	Safety devices function properly.			
	Remote and automatic control functions properly.			
	No leakage of oil /water			
	Jacketed Hight Press. FO pipes in good order			SOLAS74/88 Ch. II-2/15.2 SOLAS74/00 Ch. II-2/4
	FO leak alarm in good order			
Boilers	Operate satisfactorily.			SOLAS74/88 Ch. II-1 Part C
	Safety devices function properly.			
	Remote and automatic control function properly.			
	Pressure gauges in good order, and calibration is made every year.			
	No leakage of steam/water /oil			
	Water level gauges in good order.			
Stern Tube Seal	No leakage of oil / Sea water			
Essential machinery	Operate satisfactorily.			
	Safety devices function properly.			
	Remote and automatic control function properly.			
	No leakage from pump grand			
	Meters and gauges in good order.			
Piping	No heave corrosion or leakage.			
	No soft patches /doublers / cements box			
	All valves operate satisfactorily.			
Bilge lines	Bilge pumps, piping in good order.			
	Emerg. Bilge suction Valve operate satisfactorily			

Item	Check Points	Satisfied/ Not	Remarks	Reg.
Overall of E/R	Cleanliness of E/R Must be clean without rubbish or waste oil			SOLAS74/88 Ch. II-I Part C
	Guards and fencing Protection covers and/or guards			
	All Meters and Gauges			
	Self-closing device for sounding pipe of FO tank			SOLAS74/88 Ch. II-2/15.2
	Means to prevent oil spay provided on flange/ joint in oil piping			SOLAS74/88 Ch. II-2/15.2 SOLAS74/00 Ch. II-2/4
	Insulation for all surfaces of machinery with high temp. above 220			
Automatic Contorl System	Engine Telegraph			SOLAS74/88 Ch. II-I Part C
	Alarm Printer		(UMS)	
	Engine Console			
	Extension alarm		(UMS)	
	M/E operation from Bridge		(UMS)	

13) Electrical Equipment

Item	Check Points	Satisfied/ Not	Remarks	Reg.
Lighting in E/R	All lights in good order.			SOLAS74/88 Ch. II-I Part D
	Protection covers or guards in good order.			
Lighting in accommodation spaces	All lights in good order.			
	Protection covers or guards in good order.			
Lighting in control station, working room, steering room and other spaces	All lights in good order.			
	Protection covers or guards in good order.			
Emergency cables	All lights in good order. No broken covers and guards. Tightening handles available on board.			
Emergency lights	Condition in good order. No exposed wire, heavy corrosion, especially on weather deck.			
Anti-explosion lights in dangerous spaces, pump room, battery room, paint locker etc.	All lights in good order. No broken covers and guards. Tightening handles available on board.			
Insulating mats around MSB	Insulating mats available on board or insulation cement permanently laid up on the floor.			
Insulation resistance	No alarm of low insulation			
Penetration in fire resisting divisions	Filling material in good order (no clearance)			SOLAS74/88 Ch. II-2 Part C

14) Mooring Arrangements

Item	Check Point	Satisfied/Not	Remarks	Reg.
Anchor & chain cables	Condition in good order, no heavy wastage, missing components or damage.			
	Stowage condition in good order.			
Windlass	Winches in good condition.			
	Brake bands ins good condition, no abnormal wear.			
	Foundations, grating plates in good condition, no wastage, missing or broken sections.			
Mooring system	Winches in good condition.			
	Brake bands ins good condition, no abnormal wear.			
	Arrangements in good condition.			
	Sufficient ropes available on board and in good condition.			
	Sufficient ropes available on board and in good condition.			
	Capstans operate satisfactorily.			
Emergency Towing Arrangements(ETA)	Arrangements in good condition.		For tankers of not less than 20,000 DWT	SOLAS74/88 Reg. Ⅱ-1/3-4

15) Marine Pollution

Item	Check Points	Satisfied/ Not	Remarks	Reg.
Oily water separator with pump	Operates satisfactorily No visible oil in discharged water			MARPOL Ⅰ Reg. 16, 17, 19
	No heavy corrosion, holes on the outer casing.			
	Operation of valves in good order.			
	Pressure gauges in good order.			
	Sampling test for filtered water from test cook			
Discharge piping	No heavy corrosion, holes in lines.			
	All valves operate satisfactorily.			
	No discharge pipes installed without approval of Class.			
	No oil trace in piping.			
Sludge pump	Operates satisfactorily.			
Standard discharge	Fitted in good condition			
15 PPM alarm	Operates satisfactorily.		For ships of 10,000G/T and above	
	Alarm functions properly.			
	Automatic stopping device functions properly.			
Indicator	Operate satisfactorily.			
ODM	Operate satisfactorily.		For tankers only	MARPOL Ⅰ Reg. 15(3)(b)
	Regularly check by the service engineers.			
Oil/water interface detector	Available on board.			MARPOL Ⅰ Reg. 15(3)(b)
COW	Operation effective.			MARPOL Ⅰ Reg. 13
	COW machine and piping lines in good order.			
Garbage management	Pollution placard			MARPOL Ⅴ
	Garbage management plan on board.			
	Maintain a garbage log.			
Sewage treatment Plant/Sewage Holding Tank with pump	Operates satisfactory.			MARPOL Ⅳ Existing ships to comply by 26 Sep. '08
Standard discharge connection	Fitted in good condition.			

16) Cargo Handling Gear

<table>
<tr><th>Item</th><th>Check Points</th><th>Satisfied/Not</th><th>Remarks</th><th>Reg.</th></tr>
<tr><td>Masts, posts, booms, jibs including attachment
(eye plates, heel pieces, gooseneck)</td><td>Condition in good order.
No serious wear, heavy corrosion or damage.</td><td></td><td></td><td rowspan="7">ILO 152</td></tr>
<tr><td rowspan="3">Loose gear (blocks, sheaves, hooks, shackles, wire ropes, etc.)</td><td>Condition in good order.
No heavy wear, corrosion or damage.</td><td></td><td></td></tr>
<tr><td>Distinguishing numbers stamped on loose gear.</td><td></td><td></td></tr>
<tr><td>Test certificates available.</td><td></td><td></td></tr>
<tr><td rowspan="3">Periodical inspection by a competent person
(Class surveyors)</td><td>The annual thorough survey(every year) is not over due.</td><td></td><td></td></tr>
<tr><td>The 5 yearly load test is not over due.</td><td>Last survey date:</td><td></td></tr>
<tr><td>Correct endorsement of cargo hear booklet.</td><td>Last survey date:</td><td></td></tr>
<tr><td></td><td></td><td></td><td></td><td></td></tr>
<tr><td></td><td></td><td></td><td></td><td></td></tr>
<tr><td></td><td></td><td></td><td></td><td></td></tr>
<tr><td></td><td></td><td></td><td></td><td></td></tr>
<tr><td></td><td></td><td></td><td></td><td></td></tr>
<tr><td></td><td></td><td></td><td></td><td></td></tr>
<tr><td></td><td></td><td></td><td></td><td></td></tr>
</table>

17) Accommodation

Item	Check Points	Satisfied/Not	Remarks	Reg.
Toilets	Flushing of toilets in good condition. Toilets to be clean.			ILO 152
	Floor tiles in good condition without broken tiles. Floor to be clean.			
	Floor drainage in good condition.			
Shower rooms, washbasins, laundry room	Spaces in good condition. Rooms to be clean.			
	Hot water available for use.			
Air ventilating in accommodation spaces	Ventilation heating/cooling spaces in good condition.			
Medical equipment	Proper medical equipment available on board.			
	Proper medicines available and within validity dates.			
Sick bay	Clean and ready for emergency use.			
Galley	Clean and with no rubbish.			
	Floor tiles clean and not broken.			
	Range hoods, ventilating opening with wire net to be clean of oil.			
Mess rooms and crew cabins	Clean and with no rubbish.			
Provisions	Quantity and quality in good condition.			
	Cold room temperature & cleanliness in good condition.			

2. Checklist II

(For PSC inspection---Checklist for the most common deficiencies---)

PSC(Port State Control) 점검시 지적되어 확인된 공통의 사항들이 첨부의 Checklist에 나타내었다.

이러한 Checklist의 내용들은 항해 중이거나 항구에 기항하기 전에 선원들에 의해 쉽게 체크되어질 수 있다.

1) Check list for most common deficiencies

① Fire Safety Measures (Checked by:)

Item	Common deficiencies	Check items	Condition	Action
Fire-Dampers, Valves, Quick Closing Devices, Remote Control, etc	Inoperable closing devices, wasted fire damper.	No corrosion or wastage on the casing of ventilator for engine room?		
		Is the internal damper operating normally?		
	Seized Emergency shut-off valves on FO tanks	Are Emergency shut-off valves on FO tanks operating normally?		
Fire Pumps	Inoperable or low pressure emergency fire pumps	Are Emergency fire pumps operating normally?		
		Is delivery pressure normal?		
	Wastage or leaking of fire main	No corrosion or wastage of the Fire main?		
		No leakage from Fire main in running condition?		
Prevention (fire protection)	Damage to fire proof door	No damaged Fire door?		
	Damage to self-closing proof door	Is self-closing device of Fire doors operating normally?		
	Damage to fire protection on Escape trunk	No damaged fire protection for Escape trunk or door?		
	Damage/ missing to fire protection material	No damaged/missing parts of fire protection material in Engine room?		
	Defective explosive proof lamp	No damaged explosive proof lamp?		
Fixed fire extinguishing system	Wastage of CO2 bottles	No wasted CO2 bottles?		
	Missing service reports	Is there an effective service report kept onboard?		
	Wasted/holed CO2/Foam fixed fire extinguishing system	Is CO2/Foam tested by air blow or water spray?		
Fire Fighting Equipment	Missing Service report of Fire Extinguishers	Is there an effective service report kept onboard?		
	Defective hose/nozzle	No wasted Fire hose/nozzle?		
Jacketed piping system for high pressure fuel lines	Improper modification of drain line, leakage alarm system	Are the prevention measures correctly constructed? Are leakage alarm systems operating normally?		
Ready availability of Fire Fighting Equipment	Improper arrangement of portable fire	Is a potable fire extinguisher arranged as shown in the drawing?		
	Seized valvae of fire main hydrant	Are all hydrants operating normally?		
Personal equipment	defective Fireman's outfit	No wasted Fireman's outfit?		
	Unserviceable Breathing Apparatus	Is the cylinder for Breathing Apparatus serviced properly?		

② Life Saving Appliances

Item	Common deficiencies	Check items	Condition	Action
Life boats	Inoperable lifeboat engine	Is Lifeboat engine operating normally?		
	wasted/holed shell	No damage/ wastage of shell or equipment?		
Life boat Inventory	Inoperable 'on-road' release gear	Is load release gear operating normally?		
	Equipment missing / expired	No expired Lifeboat inventory or missing equipment?		
Embarkation Arrangements for survival Craft	Wastage of embarkation ladder	No wastage of Embarkation ladder?		
	Damaged light	No corrosion or wastage of sheaves or hooks?		
Launching Arrangements for Survival Craft	Wasted / holed davit	No corrosion or wastage of Lifeboat davit?		
	Wasted sheaves	No corrosion or wastage of sheaves or hooks?		
Inflatable Liferafts	Service certificate expired	Is there an effective service report kept onboard?		
	Unsatisfactory storage	Are Liferafts properly stored?		
Lifebuoys	Defective attachment	No wasted Lifebuoys?		
	Smoke signal / light unit expired	No expired smoke signal or light unit?		

③ MARPOL-ANNEX I

Item	Common deficiencies	Check items	Condition	Action
Oil Filtering equipment (Oily-Water Separating Equipment)	Inoperable separator	Is Oil filtering equipment operating normally?		
	wasted and holed separator casing	No corrosion or wastage of the casing of Oil filtering equipment?		
15ppm alarm arrangement	Wasted discharge line	No corrosion or wastage of the discharge line from Oil filtering equipment?		
	Failure of alarm	Is the 15ppm-alarm arrangement operated normally?		
	Inoperable automatic stopping device	Is the automatic stopping device for 15ppm-alarm arrangement operating normally?		

④ Propulsion & Auxiliary Machinery

Item	Common deficiencies	Check items	Condition	Action
Cleanliness of Engine Room	Excessive oil in Engine Room	Is the engine room dirty?		
Propulsion main engine	Leakage of fuel oil	No leakage of fuel oil from main engine or other pipes etc?		

⑤ Stability and Structure and Related Equipment

Item	Common deficiencies	Check items	Condition	Action
Emergency Lighting, Batteries & Switches	Deficient battery/emergency generator	Is emergency generator/battery operating normally?		
	Inoperable frames in cargo holds	Are all emergency lights operating normally?		
Beam,*Frames,*Floors-Corrosion	Wasted frames in cargo holds	No wastage of hold frames, beams, etc.?		
	Wasted longitudinals and transverse webs in WBTs	No wastage of longitudinals, transverse webs in WBT?		

⑥ Load Lines

Item	Common deficiencies	Check items	Condition	Action
Ventilators, Air Pipes, Casings	Wasted/holed ventilator, air pipes	No wastage/ holes in air pipes or ventilators?		
	Damaged float of air pipe head and closing device	No damage/ stuck floats of air pipe head and closing device?		
Hatch cover, Tarpaulins, Hatch coaming	Wasted/holed hatch cover, hatch coaming	No corrosion or wastage of hatch covers/coamings?		
	Securing device defective / missing	No damaged or missing cargo securing device?		
Weather tight doors	Defective weather tightness	Does the weather tight doors maintain weather tightness?		
	Wastage / defective doors & packings	No corrosion or wastage of doors or packings?		

⑦ Safety of Navigation

Item	Common deficiencies	Check items	Condition	Action
Charts	Navigation charts not updated/correct	Do the navigation charts weather tight doors maintain weather tightness?		
	Navigation charts for intended voyage not available	Are navigation charts for the intended voyage provided onboard?		
Nautical Publications	Nautical publications (tide table, list of lights, list of radio signals, etc.) not	Are latest nautical publications(tide table, list of lights, list of radio signals, etc.) provided onboard?		
	Nautical publications incomplete/missing	Are lasted corrected lights properly fitted as shown in the drawings?		
Lights, shape, sound-signals	Mis-fitting of navigation lights	Are navigation lights properly fitted as shown I the drawings?		
	Failure of daylight signaling light	Is daylight signaling light operating normally?		

⑧ Radio Communications

Item	Common deficiencies	Check items	Condition	Action
MF/HF Radio Installation	Not operable	Is MF/HF Radio operating normally?		
	Poor knowledge of GMDSS officer	Is GMDSS officer familiar with operation (including function test) of GMDSS equipment?		

⑨ Certification and Watchkeeping

Item	Common deficiencies	Check items	Condition	Action
Certification of Master & Officers	Invalid certificates onboard	Do all crew have valid certificates?		
	Validity of certificates expired	No expired officers certificates?		

⑩ SOLAS Operational defects

Item	Common deficiencies	Check items	Condition	Action
Abandon ship drills	Not familiar with the drill	Is the abandon ship drill and education, etc. executed?		
Fire drills	Not familiar with the drill	Is the fire drill and education, etc. executed?		

3. Checklist III

(For Safety Management System)

Item	Check points	Satisfied /Not	ISM Code
A copy of DOC	DOC is effective for ship. - The type of ship - Flag stage - Company name - Annual Verification within 3 month before and after the anniversary date		13
Policy	Ship personnel are familiar with a Company safety and environmental protection policy.		
Company responsibilities	Senior ship officers can identify the Managers responsible for the operation of the ship (is this the company stated on the ISM Code certificates?)		3.1
Company responsibilities	The crew is familiar with its responsibilities as derived from the SMS Manuals.		3.2
Designated Person	The crew know who the DP is Designated person:__________________ Name____________ Title____________ Phone No______________________ Senior officers can identify the DP.		4
Master	Master is the aware of his responsibilities and he is able to locate them in the SMS.		5
	He can point out the statement of his overriding authority as per ISM Code?		5.2
	The Master has reviewed the SMS and reported to the company. Last Report date:____________________		5.1.5
Resources/ Training	Master if fully conversant with the Company SMS.		6.1.1
	The ship is manned as per the minimum safe manning certificate.		6.2
	All crewmembers have the documentary evidence for Familiarization training in accordance with STCW A-VI/1-1.		6.3
	All crewmembers with designated safety or pollution prevention duties have the documentary evidence for basic training in accordance with STCW A-VI/1-2.		6.5
	Master ensures that all new personal are properly familiarized with the vessel and its equipment on joining. - in accordance with Essential Instruction - in accordance with STCW A-I/14. Such training records are kept on board.		6.3
	Pre-Join training have been followed in Company Office of Manning Agency according to Procedures. Such training records are kept on board		6.5

Item	Check points	Satisfied /Not	ISM Code
Non-conformity, Accident	Any on-conformities have been reported to the Company		9.1
	Company has investigated and analyzed the root cause of NC.		
	The Company has taken corrective action for the reported non-conformities		9.2
	Last Port State Control report dated. ______________________ All Non-conformities and findings in order		9.1/9.2
Maintenance	All vessel's certificates are valid and without any outstanding recommendations.		10.1
	The vessel Inspection Reports are completed at the required intervals		10.2.1
	Any problems have been reported to the Company in the past. If yes, the have been followed up properly and closed in time.		10.2.1
	Maintenance plans are available on board and have been practiced.		10.2.4
	Maintenance records re available on board.		
	Maintenance for Identified critical equipment and systems has been made properly.		10.3
	Any dangerous accident has not occurred on board at present. If not so, its have been reported to company and followed up properly.		10.2.1
Document Control	Controlled documents are identified.		11.3
	Effective Safety Management manuals readily are available on board? Last revision dated ______________________		11.2
	Obsolete document have been removed.		11.2
Review, verification	Office personnel carry out internal audit the vessel at the required intervals.		12.1
	The results of Internal audit are available on board. Last internal audit report dated. ______________		12.3
	There is not any pending Non conformities/observation from the previous audit.		12.6
	The results of Management Review are available on board.		12.5
External audit / PSC / FSC	Records of external audit are available on board. Corrective actions have been taken timely, if any.		-
	On board training in support of the SMS have been followed according to Procedures. Such training records are kept on board		6.5
Onboard Communication	Where the multi-national crew members are onboard: 1. Working language onboard is established. 2. Master order or job instructions in working language are clearly understood by crew. 3. All members of crew can communicate effectively in the		6.6/6.7

Item	Check points	Satisfied /Not	ISM Code
	execution of their duties. 4. Poster / Placard/ Relevant documentation on the SMS in a working language or language understood by the ship's personnel		
Key Shipboard Operation Common	Watch schedules are posted where they are easily accessible in accordance with STCW 95 A-VIII.		7
	The watch-keeping and rest hours has been kept as required.		7
	All officers are conversant with the documented procedure on their assigned duties.		7
	All officers know the key shipboard Operation shall be followed in accordance with plan.		7
	The crew is familiar with the garbage collection and disposal procedure.		7
	Personnel are familiar with procedure requirements for ENCLOSED SPACE ENTRY.		7
	The safe meetings are carried out at the required intervals. The safe meeting minute form properly is completed and filed.		7
Deck	All officers are familiar with the navigation equipment available onboard.		7
	Corrections of charts and Nautical Publications are up to date to the latest Notice to Mariners.		7
	The Master Standing Orders are posted on bridge and signed all officers.		7
Engine	The engineers are familiar with the engine maintenance routines.		7
	The engineers are familiar with the safe working		7
	The engineers are familiar with the critical equipment.		7
	The engineers are familiar with the Bunkering procedures.		7
Emergency Preparedness	All crewmembers were familiar with their designated muster stations.		8.2
	The Emergency Contact Numbers are updated.		8.3
	Muster lists are updated. Fire Control Plans are updated.		8.2
	The crews know its position in the muster list & the duties in case of emergency.		8.2
	Programs for emergency drills and exercise are available on board?		8.2
	the safety Drills reports are completed properly and forwarded to Head Office at the required intervals.		8.2

4. Checklist Ⅳ

(For International Ship and Port Facility Security)

	Information to be provided by ships prior to entry into port** *PSC-ISPS-CHK-1*	Requirements	Check
.1	Confirmation that the ship possesses a valid ISSC or a valid Interim ISSC and the name of its issuing authority.	XI-2/9.2.1.1	
.2	The security level at which the ship is currently operating	XI-2/9.2.1.2	
.3	The security level at which the ship operated in the previous then calls at port facilities.	XI-2/9.2.1.3	
	Any special or additional security measures that were taken by the ship in any previous port where it has conducted a ship/port interface within the timeframe specified 3 above, for example, a ship may provide, or be requested to provide, information, that might be recorded in the ship's log book or in another document such as the ship's security log book, related to:	XI-2/9.2.1.4	
	.1 Measures taken while visiting a port facility located in the territory of a state which is not a Contracting Government, especially those measures that would normally have been provided by port facilities located in the territories of Contracting Governments.	B/4.37.1	
	.2 Any Declarations of Security that were entered into with port facilities or other ships	B/4.37.2	
.5	Confirmation that appropriate ship security procedures were maintained during any ship-to-ship activity during the period covered by its previous ten calls at port facilities. For example, a ship may provide, or be requested to provide, information related to:	XI-2/9.2.1.5	
	.1 Measures taken while engaged in a ship-to-ship activity with a ship flying the flag of a State which is not a Contracting Government, especially those measures that would normally part A of the ISPS Code, such as a copy of any security certificate issued to that ship under other provisions	B/4.38.1	
	.2 Measures taken while engaged in a ship-to-ship activity with a ship flying the flag of a Contracting Government but not required to comply with the provisions of chapter XI-2 and part A of the ISPS Code, such as a copy of any security certificate issued to that ship under other provisions	B/4.38.2	
	.3 in the event that persons or goods rescued at sea are on board, all known information about such persons or goods, including their identities when known and the results of any checks run on behalf of the ship to establish the security status of those rescued. It is not the intention of chapter XI-2 or part A of the ISPS Code to delay or prevent the delivery of those in distress at sea to a place of safety. It is the sole intention of chapter XI-2 and part A of the ISPS Code to provide States with enough appropriate information to maintain their security integrity.	B/4.38.3	
.6	Other practical security related information(but not details of the ship security plan). For example, a ship may provide, or be requested to provide, information related to:	XI-2/9.2.1.6	
	.1 Information contained in the Continuous Synopsis Record(CSR);	B/49.3.1	

	Information to be provided by ships prior to entry into port** *PSC-ISPS-CHK-1*	Requirements	Check
	.2 Location of the ship at the time the report is made;	B/49.3.2	
	.3 Expected time of arrival of the ship in port;	B/49.3.3	
	.4 Crew list;	B/49.3.4	
	.5 General description of cargo aboard the ship;	B/49.3.5	
	.6 Passenger list;	B/49.3.6	
	.7 Information regarding who is responsible for appointing the members of the crew or other persons currently employed or engaged on board the ship in any capacity on the business of that ship;	B/49.3.7 & XI-2/5	
	.8 Information regarding who is responsible for deciding the employment of the ship;	B/49.3.7 & XI-2/5	
	.9 In Cases where the ship is employed under the terms of charter party(ies), who are the parties to such charter party(ies)	B/49.3.7 & XI-2/5	

	General Security Aspects *PSC-ISPS-CHK-2**	Requirements	Check
.1	Specific Security Aspects (See PSC-ISPS-CHK-3)		
.2	Check that the ISSC or the Interim ISSC is on board, valid and has been issued by the Administration, a recognized security organization authorized by its or by another Contracting Government at the request of the Administration		
.3	Check that the security level at which the ship is operating is at least that set by the Contracting Government for the port facility	XI-2/4.3	
.4	Identifying the ship security officer		
.5	When checking other documentation, ask for evidence that security drills have been carried out at appropriate intervals and seek information on any exercise involving the ship		
.6	Check the records of the last ten calls at port facilities, including the records of any ship-to-ship activities that took place ruing this period, which should include for each case	XI-2/9.2.1	
	.1 the security level at which the ship operated	XI-2/9.2.1.3	
	.2 Any special or additional security measure that were taken	XI-2/9.2.1.4	
	.3 That appropriate ship security measure were maintained, including the Declaration of Security, where issued	XI-2/9.2.1.5	
.7	Assess whether key members of the ship's security personnel are able to communicate effectively with each other on security-related matters.		

	Specific Security Aspects *PSC-ISPS-CHK-3**	Requirements	Check
Access to the ship when in port **			
1.1	for ships at security level 1, considerations may include		
	.1 Is there some form of control exercised y the ship on its access points?		
	.2 Is it noticeable that the identity of all persons seeking to board the ship is checked?	A/7.2.2	
1.2	Additionally for passenger ships at security level 1 if these aspects are observable when boarding the ship, considerations may include	B/9.14.1	
	.1 In liaison with the port facility, have designated secure areas been established for searching?	B/9.14.4	
	.2 Are checked persons and their personal effects segregated from unchecked persons and their effects?	B/9.14.5	
	.3 Are embarking passengers segregated from disembarking passengers?	B/9.14.7	
	.4 Has access been secured to unattended spaces adjoining areas to which passengers and visitors have access?		
1.3	For ships at security level 2, if the following aspects are observable while on board, considerations may include	B/9.16.2	
	.1 Has the number of access points been limited?	B/9.16.3	
	.2 Have steps boon taken to deter waterside access to the ship, thick may be implemented in conjunction with the port facility?	B/9.16.4	
	.3 Has a restricted area on the shore-side of the ship boon established, which mat be implemented in conjunction with the port facility?	B/9.16.6	
	.4 Are visitors escorted on the ship?	B/9.16.8	
	.5 Have full or partial searches of the ship been carried out?	B/9.16.7	
	.6 Have any additional security briefings been carried out?		
Access to restricted areas **			
2.1	For ships at security level 1, if the following aspects are observable while on board, considerations may include		
	.1 Are restricted areas marked?	B/9.20	
	.2 Are the bridge and engine room, capable of being locked or secured?	B/9.21.1	
	.3 Are the bridge and engine room, locked or is access otherwise controlled (e.g. by being manned or using surveillance equipment to monitor the areas)?	B/9.22.2	
	.4 Are does to restricted areas locked (e.g. steering gear, machinery spaces, air conditioning plants, etc.)?	B/9.21.1to9.21.9	
2.2	Additionally for passenger ships at security level 2, have restricted areas been established adjacent to access points in order to avoid a large number of persons congregating in those areas?	B/9.23.1	
Monitoring the security of the ship**			
3.1	For ships at security level 1, if the following aspects are observable while on board, considerations may include		

	Specific Security Aspects *PSC-ISPS-CHK-3**	Requirements	Check
	.1 Are deck watches in place during your visit or is surveillance equipment being used to monitor the ship?	B/9.42.2	
	.2 Can the ship monitor both landward and seaward approaches?	B/9.42.2, 9.46.1 & 9.46.2	
3.2	For ships at security level 2, if the following aspects are observable while on board, considerations may include		
	.1 If surveillance equipment is being used is it being monitored at frequent intervals?	B/9.47.2	
	.2 Have additional personnel been dedicated to guard and patrol restricted areas in place?	B/9.47.3	

Delivery of ship's stores **		Requirements	Check
4.1	For ships at security level 1, if the following aspects are observable while on board, considerations mat include		
	.1. Are ship's stores being checked before loaded for signs that they have boon tampered or interfered with?		
	.2 Are checks made to ensure stores match the order prior to being loaded?	B/9.33.3	
	.3 Are stores securely stored once loaded?	B/9.35.1	
Handling of cargo **		B/9.33.2	
5.1	Checking of cargo by the ship may be undertaken by (bearing in mind that arrangements may have been made for checking and sealing of cargo ashore)		
	.1 Visual and physical examination	B/9.28.1	
	.2 Using scanning/detection equipment, mechanical devices ,or dogs	B/9.28.2	
5.2	For cargo ships, including car carriers, ro-ro and passenger ships at security level 1, if the following aspects are observable while on board, considerations may include		
	.1 Is cargo and are cargo transport units and cargo spaces being checked prior to, and during, cargo handling operations?	B/9.27.1	
	.2 Is cargo being checked against its documentation?	B/9.27.2	
	.3 Are vehicles subject to search prior to loading?	B/9.27.3	
	.4 Are seals, and other anti-tampering methods, being checked?	B/9.27.4	
5.3	For cargo ships, including car carriers, ro-ro and passenger ships at security level 2, if the following aspects are observable while on board, considerations may include		
	.1 Is detailed checking of cargo, cargo transport units and cargo spaces being undertaken?	B/9.30.1	

Delivery of ship's stores **		Requirements	Check
	.2 Are detailed checks taking places to ensure only intended cargo is being loaded?	B/9.30.2	
	.3 Are vehicles being searched more intensively prior to loading?	B/9.30.3	
	.4 Are there frequent and detailed checks of seals and other anti-tampering methods?	B/9.30.4	
Handling of unaccompanied baggage**			
6.1	Unaccompanied baggage may be screened and/or searched by either she ship or the port facility. The following considerations apply if the screening/searching is being undertaken by the ship		
	.1 At security level1, if observable while on board, is unaccompanied baggage being screened and/or searched?	B/9.39	
	.2 At security level2, if observable while on board, is all unaccompanied baggage being screened and/or searched?	B/9.40	

실 습 NOTE

1 PSC의 목적에 대해 기술하라.

2 PSC의 도입 배경에 대해 기술하라.

3 **PSC 검사의 특지에 대해 기술하라.**

4 **PSC 검사를 행하는데 있어서 근거가 되는 협약들은 어떠한 것이 있는가?**

5 PSC 점검시 검사관들이 상세한 점검을 실시하기 위한 명확한 근거에는 어떠한 것이 있는가?

6 비상배치표가 규정에 적합한지 여부를 판단할 때 항만국통제관은 어떤 사항을 확인할 수 있는가?

7 **퇴선 훈련을 하는 데 있어서 어떠한 사항들이 포함되어야 하는가?**

8 **PSC 검사관들이 항해사나 선장에게 선교 근무시 어떠한 점을 숙지하고 있어야 하는지를 인터뷰 하게 되는가?**

9 PSC 검사관은 사관들이 필수적인 기관의 작동과 관련된 임무를 숙지하고 있는지 확인할 수 있는데 그러한 것들에는 어떤 것이 있는가?

10 MARPOL 73/78 부속서 1의 기관구역에서 발생하는 기름 및 유성 혼합물과 관련하여 PSC 검사관은 어떠한 사항을 점검하는가?

11 PSC 점검시 ISM Code 관련 상세점검을 실시할 때 예상되는 질문 사항은 어떠한 것이 있는가?

12 PSC 검사관은 선박의 출항정지 지침 중 선박 및/또는 승무원이 예정 항해 기간 중 어떠한 사항을 이행하기에 적합한지를 평가하는가?

13 출항정지대상 결함 중 SOLAS 협약 관련 항목에는 어떠한 것이 있는가?

14 출항정지대상 결함 중 IBC Code 관련 항목에는 어떠한 것이 있는가?

15 출항정지대상 결함 중 IGC Code 관련 항목에는 어떠한 것이 있는가?

16 출항정지대상 결함 중 만재흘수선 협약 관련 항목에는 어떠한 것이 있는가?

17 출항정지대상 결함 중 MARPOL 협약 부속서 I 관련 항목에는 어떠한 것이 있는가?

18 출항정지대상 결함 중 MARPOL 협약 부속서 II 관련 항목에는 어떠한 것이 있는가?

19 출항정지대상 결함 중 STCW 협약 관련 항목에는 어떠한 것이 있는가?

20 명백한 근거가 존재할 시 취해지는 통제조치에 대해 기술하라.

21 상세 점검항목에는 어떠한 것이 있는가?

22 ISPS 관련 점검시 문서 및 기록 점검 항목에는 어떠한 것이 있는가?

23 ISPS 관련 점검시 현장 점검 항목에는 어떠한 것이 있는가?

24 ISPS 관련 점검시 주요 질문 사항은 어떠한 것이 있는가?

25 보안 등급이란?

26 선박보안계획서란?

27 선박보안책임자란?

제2장

ISPS

2.1 개 요

2.1.1 ISPS Code의 개요

■ 국제선박 및 항만시설보안규칙

- □ 영문 : International Code for the Security of Ships and of Port Facilities (ISPS Code)
- □ 목적 : 당사국 정부, 정부기관, 주관청과 해운 및 항만산업 간에 해상보안 관련 국제적 협조체제를 구축하고 보안등급의 변화에 대응하기 위한 계획과 절차를 수립함으로써 보안위협에 대한 예방조치 및 적절한 보안조치에 대한 신뢰성을 보장
- □ 시행방법 : 선박보안평가를 실시하여 선박보안계획서를 수립 후 승인을 받아야 하며, 승인된 선박보안계획서에 따른 선내보안업무 시행 후 심사를 통하여 동 규칙에 적합한 경우 국제선박보안증서 교부

1. ISPS Code의 도입 배경

1) 2001. 9. 11. 미국에서 발생한 항공기 테러사건 이후 LNG 선박 및 LPG 선박 등을 포함한 해상화물 운송선박 및 항만시설에 대한 해상 테러 가능성에 대비하기 위한 해상분야 보안강화 규정을 해상인명안전협약에 추가하게 됨.

2) ISPS Code의 채택 경과

① 2001. 11 : IMO 22차 총회에서 Res.A.924(22)(승객, 선원 및 선박의 안전을 위협하는 테러행위 방지대책 및 절차의 검토에 관한 결의서) 채택

② 2002. 02 : MSC 중간 작업반 1차 회의를 개최하여 미국이 제안한 해상 보안강화 대책방안의 대부분을 해상인명안전협약 11장의 개정안으로 채택

③ 2002. 05 : MSC 75차 회의에서 MSC 중간 작업반 1차 회의 결과로 발의된 ISPS Code Part A의 초안을 검토

④ 2002. 09 : MSC 중간 작업반 2차 회의를 개최하여 해상인명안전협약의 개정안 검토 및 ISPS Code Part B 초안 작성

⑤ 2002. 12 : 해상인명안전협약 당사국 외교회의 개최를 통하여 개정안 심의 및 채택

2. ISPS Code의 발효시기 및 적용범위

1) 발효시기 : 2004년 7월 1일

2) 적용범위

① 다음의 국제항해에 종사하는 각 선박에 대하여 적용한다.

- 고속 여객선을 포함한 모든 여객선
- 고속 화물선을 포함한 총톤수 500톤 이상의 화물선
- 이동식 해상구조물

② 상기 국제항해에 종사하는 선박이 이용하는 항만시설

2.1.2 ISPS Code 관련 PSC 동향

1. PARIS MOU의 동향

1) 이미 지난 2004년 1월 1일부터 PARIS MOU 역내에 기항하는 선박에 대해 국제선박보안증서(ISSC)가 없거나 선박에서 보안활동이 시행되지 않는 선박에 대해서는 경고장(Letter of Warning)을 발행할 것임을 발표.

2) PARIS MOU는 PSC 임검시 다음 사항에 주목할 것을 요구하고 상세한 점검지침 초안을 작성하였으나, 금번 MSC 78차 회의에서 동 초안이 첨부의 "해상보안 관련 항만국통제 잠정지침"에 반영되어 7월 1일부터 시행 예정

① 유효한 국제선박보안증서(ISSC)의 보유여부

② 선박으로의 출입통제(Access Control) 여부

③ 선박 내 보안 민감 지역에 대한 출입통제 여부

④ 선박이 항만시설과 같거나 보다 높은 보안등급으로 운항되는지의 여부

⑤ 최근 10회의 선박/항만인터페이스 또는 선박 대 선박 활동기록 보유여부

⑥ 선원의 교대를 포함하여 요구되는 보안 훈련과 연습의 시행 여부

⑦ 선장과 본선 선원이 필수적 보안절차에 익숙한 지의 여부

⑧ 선박 내 주요 인원 간의 효과적인 의사소통 여부

⑨ ISPS Code의 완전한 이행을 회피하기 위해 연속적으로 임시보안증서를 보유하고 있는지의 여부

⑩ 선박식별번호가 눈에 잘 띄는 장소에 영구적으로 표시되어 있는지의 여부

2. TOKYO MOU의 동향

1) TOKYO MOU도 PARIS MOU와 같이 해상보안 관련 집중점검 캠페인(Concentrated Inspection Campaign, CIC)을 실시하고 있음.
2) 단, 보안 점검시 CHECKLIST는 PARIS MOU의 점검표를 공동 사용하기로 발표

3. USCG의 동향

1) 지난 2003년 12월 이미 미국에 입항하고자 하는 총톤수 300톤 이상(곧 100톤 이상으로 강화 예정)의 선박은 국립선박이동통제센터(National Vessel Movement Center, NVMC)에 도착 통보(Notice of Arrival, NOA)를 하여야 하며 NVMC에서는 해당 선박이 미국 항만에 위협을 가할 수 있는 선박인가를 위험성에 기초한 의사결정시스템(Risk-Based Decision Making, RBDM)에 따라 관리할 것임을 발표
2) 기존의 Targeting Matrix 시스템에 ISPS Code 관련 사항을 연계하여 안전관리와 보안 관리에 대한 종합적 Targeting Matrix를 운영할 것임을 공포
3) 또한, 2004년 7월 1일 이후에 미국에 입항하는 선박은 반드시 국제선박보안증서(ISSC) 또는 임시국제선박보안증서(Interim ISSC)를 보유하여야 하며, 미비치 선박에 대해서는 강력한 항만국 통제를 시행할 것임을 발표

2.1.3 ISPS Code의 인증절차

1. 보안책임자 지정

1) 회사는 보안업무를 수행할 담당직원을 지정하여야 하며, 최소한 다음의 직원이 지정되어야 한다.

① 육상 : 회사보안책임자(CSO)

② 선박 : 선박보안책임자(SSO), 선박별로 지정되어야 함.

2) 회사보안책임자는 회사의 선종 또는 선복량에 따라 다수 인원이 지정될 수도 있으나, 이 경우 어떠한 선박의 책임을 맡고 있는지 명확하게 식별되어야 함.

2. 선박보안평가(Ship Security Assessment) 수행

1) 회사보안책임자(CSO)는 선박보안평가 수행의 책임이 있으며, 선박보안평가는 선박별로 수행되어야 한다.

2) 선박보안평가는 현장조사(On-scene Security Survey)를 반드시 포함하여야 하며, 평가결과는 문서화되어야 한다.

3) 선박보안평가는 코드에서 요구하는 사항(ISPS Code A 제8.4항)을 포함하여야 하며, 주요 요소들은 다음과 같다.

① 시행중인 보안조치, 절차 및 활동에 대한 식별

② 중요하게 보호되어야 하는 주요 선상작업의 식별 및 평가

③ 보안조치의 수립 및 우선순위를 선별하기 위하여 주요 선상작업에 대해 발생할 수 있는 위협 및 발생 가능성의 식별 및 평가

④ 기반시설, 정책 및 절차에 있어서 인적 요소를 포함한 취약점의 식별

4) 선박보안평가는 새로운 보안위협을 반영할 수 있도록 정기적으로 검토되어야 함.

3. 선박보안계획서(Ship Security Plan) 작성

1) 선박보안계획서의 작성 책임은 회사보안책임자에게 있다.

2) 선박보안계획서는 선박보안평가를 근거로 작성되어야 한다.

3) 선박보안계획서는 코드에서 요구하는 18가지의 항목(ISPS Code A 제9.4)을 포함하여야 하며, 주요 요소들은 다음과 같으며 보안등급 1, 2 및 3에 따른 각각의 보안조치를 수립하여야 한다.

① 조직 및 선박보안 임무

② 선박출입통제

③ 선박에서의 제한구역

④ 화물 및 선용품의 취급

⑤ 미휴대 수화물(Unaccompanied baggage)의 취급

⑥ 선박보안감시

⑦ 내부 심사절차 등

4) 선박보안계획서는 영어, 불어 또는 스페인어 중의 하나로 번역되어야 한다.

5) 선박보안계획서는 정기적으로 검토되어 환경변화를 수용하여야 한다.

4. 선박보안계획서 승인 요청 및 승인

1) 선박보안계획의 승인을 위한 제출의 책임은 회사보안책임자에게 있다.

2) 선박보안계획서의 승인은 각 지방해양수산청(외국선박의 경우 기국 주관청 또는 주관청이 인정한 RSO)에서 시행한다.

3) SSP의 승인요청을 할 경우에는 선박보안평가서를 첨부하여야 한다.

4) 승인된 선박보안계획서 또는 동 계획서에 명시된 보안장비 중 주관청이 특별하게 결정한 사항에 대해서는 관련 개정이 주관청의 승인 없이 시행되어서는 아니된다.

5. SSP에 따라 선박보안시스템 활동 시행

선박보안책임자는 선박보안계획서에 따라 선박에서 보안활동이 시행되도록 하여야 한다.

6. 최초선박보안심사(Verification)

1) 선박보안심사는 각 지방해양수산청(외국선박의 경우, 기국 주관청 또는 기국이 인정한 RSO)에서 수행한다. 다만, 외국 항에서의 보안심사는 한국선급에서 수행한다.

2) 선박보안심사는 보안시스템 및 관련 보안장비가 협약 및 코드의 요건에 완전히 적합하며, 만족한 상태에 있음을 확인하는데 있다.

3) 선박보안심사가 완료된 후에는 주관청의 승인 없이 보안시스템 및 관련 보안장비가 변경되어서는 아니된다.

4) 최초선박보안심사를 신청하기 위해서는 보안시스템 활동을 시행한 객관적 증

거가 있어야 하며, 기국에 따라서는 일정기간의 보안시스템 활동실적을 요구하고 있다.

7. 국제선박보안증서 발급(International Ship Security Certificate, ISSC)

1) 최초보안심사에 합격한 선박에 대하여 선적항 관할 지방해양수산청장(외국선박의 경우, 기국 주관청 또는 주관청이 인정한 RSO)은 국제선박보안증서를 발급한다.
2) 국제선박보안증서의 유효기간은 5년이다.
3) 2004년 7월 1일 이후에는 신조선, 선박의 국적변경 또는 회사의 변경 등이 발생할 경우, 임시국제선박보안증서(Interim International Ship Security Certificate)를 발급할 수 있으며 유효기간은 6개월이다.

8. 선박보안시스템 유지

1) 선박보안계획서에 등재된 주요 활동(ISPS Code Part A, 제10.1 참조)은 기록유지되어야 한다.
2) SSP에 따른 훈련은 최소한 매 3개월마다 1회 이상 시행되어야 하며, 항만시설보안책임자, 회사보안책임자 및 당사국 정부가 참여하는 합동훈련이 최소한 매년 1회 이행되어야 한다.
3) SSP의 규칙적인 검토 및 내부 심사가 수행되어야 한다.

9. 중간보안심사(Intermediate Verification)

국제선박보안증서의 유효기간 이내에 최소 1번의 중간보안심사가 실시되어야 한다. 중간보안심사가 한 번만 실시되는 경우에는 두 번째와 세 번째 연차일 사이에 실시되어야 한다.

10. 갱신보안심사(Renewal Verification)

현 증서의 만료일 전 3개월 이전부터 증서의 유효기간 내에 갱신 심사를 실시하여야 한다.

〈표 2-1〉 선박보안 (ISPS CODE 인증 절차)

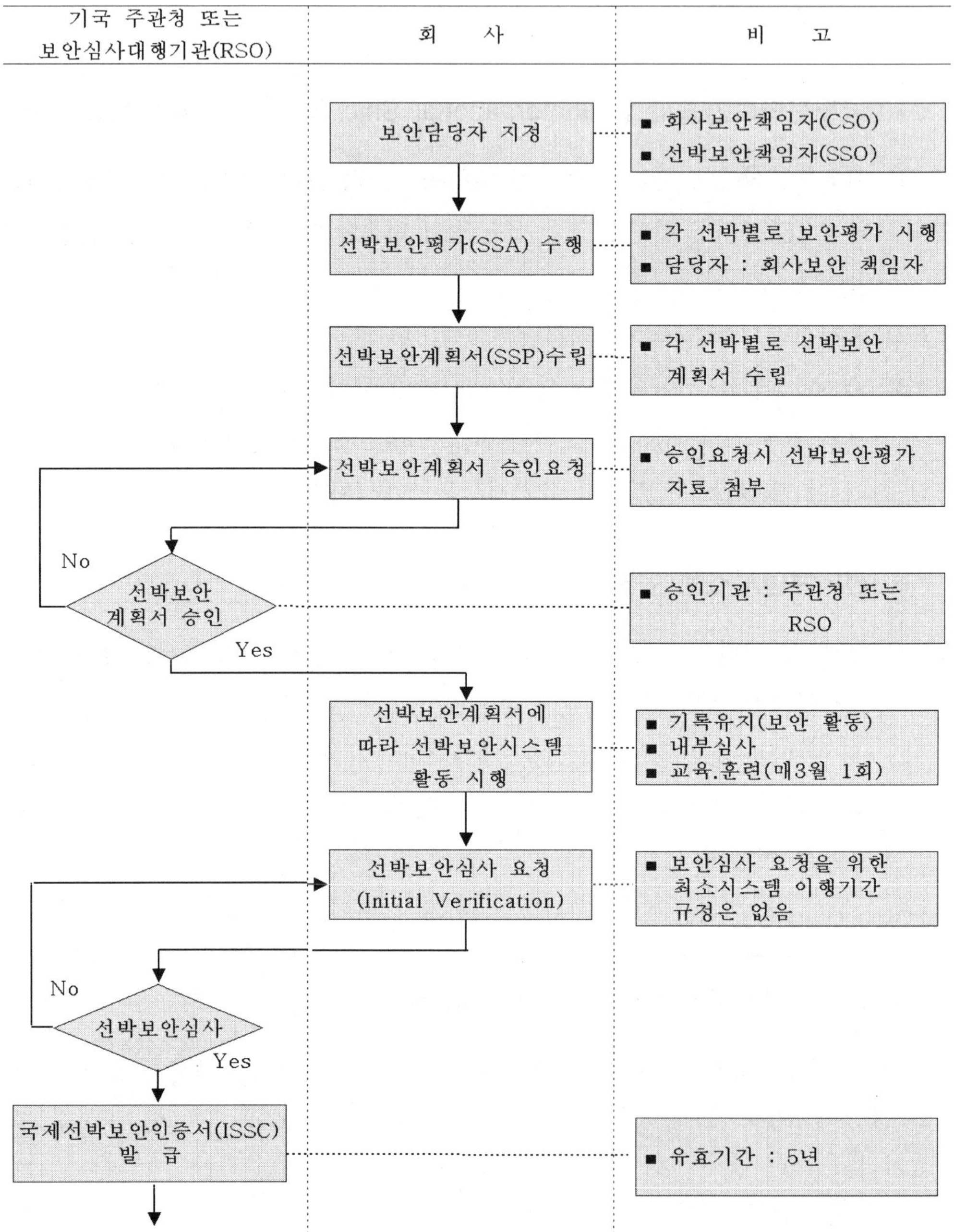

〈표 2-2〉 선박보안 (ISPS CODE 인증 절차) - 계속 -

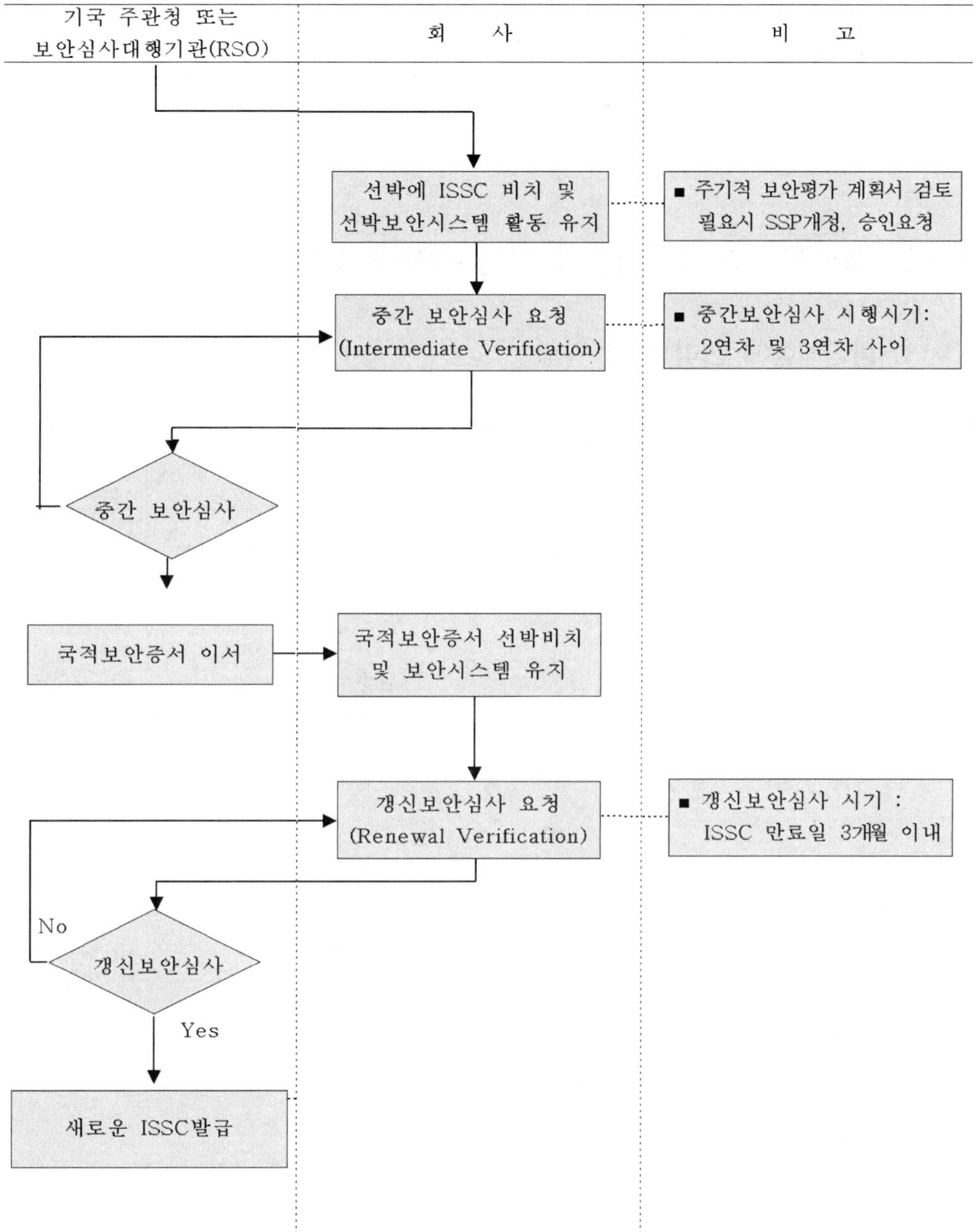

2.2

해상보안 관련 항만국통제 지침 및 해설

2.2.1 항만시설에 입항하고자 하는 선박의 조치사항

1. 항만시설에 선박 입항 과정

선 박	항만 당사국 정부	비 고

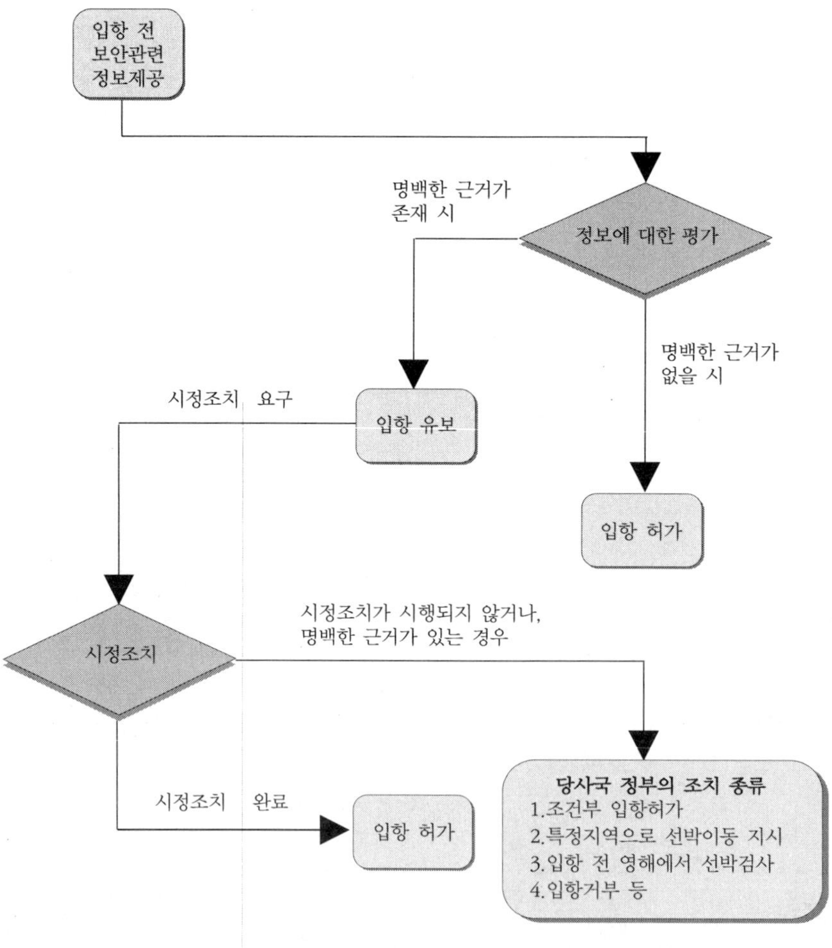

비 고

- 선장은 입항전 정보제공을 거부할 수 있음(단, 정보제공 거부는 입항 거부를 초래할 수 있음)
- 당사국 정부는 명백한 근거 발견시 선박/주관청/RSO에게 정조치를 위한 연락 필요
- 입항거부 시 당사국정부는 주관청/RSO에게
  - 입항거부사실
  - 입항거부이유

  서면통보
- 당사국 정부가 취할 수 있는 의도를 선박에게 통보시, 선장은 입항의도를 철회할 수도 있음.

2. 입항 전 선박에서 제공하여야 하는 보안정보

1) ISSC(또는 Interim ISSC) 소지 여부 및 증서 발행기관
2) 선박의 현재 보안등급
3) 지난 10회 동안 항만시설에 기항했을 때의 선박의 보안등급
4) 상기 기간 동안 선박/항만 인터페이스가 수행되었던 항만에서 취해졌던 특별(또는 추가적인)조치[1)]
5) 지난 10회의 항만시설에 입항기간 동안 적절한 선박보안절차가 '선박 대 선박 활동' 동안 유지되었는지에 대한 확인[2)]
6) 기타 실제 보안관련 정보[3)]

3. 입항 전 선박 관련 정보에 대한 평가

1) 다른 당사국 정부의 항만에 입항하고자 하는 선박(ISPS Code 적용 대상 선박)은 그 정부에 의해 권한이 부여된 자에게 상기 '입항 전 선박에서 제공하여야 하는 정보'를 제공하여야 한다. 다만, 선장은 동 정보의 제공을 하지 않는 경우

---

1) 다음과 같은 사항이 포함될 수 있다.
- 당사국이 아닌 나라의 항만시설 입항 시 취해진 조치
- 당사국 내의 항만시설에 의해 통상적으로 제공된 조치
- 보안선언서(DoS)

2) 다음과 관련된 정보를 제공하거나 제공하도록 요구될 수 있다.
- 당사국 정부가 아닌 기국 선박과의 '선박대선박활동'에 종사하는 동안 취해진 조치
- 당사국 정부의 국적선에 의해 취해진 조치
- 당사국 정부의 기국 선박이지만, SOLAS협약 XI-2장 및 Part A의 규정을 따를 것이 요구되지 않는 선박을 대상으로 '선박 대 선박활동'에 종사하는 동안 취해진 조치
- 해상에서 구조된 인원이나 물품이 본선에 있는 경우, 그러한 인원 또는 물품에 알려진 모든 정보

3) 다음과 관련된 정보를 제공하거나 제공하도록 요구될 수 있다.
- 선박이력기록부(CSR)에 포함되어 있는 정보
- 선박위치(보고서 작성 시점)
- 선박의 항구 도착예정시간
- 선원명부
- 화물명세
- 여객명부
- 선원 또는 승무원의 고용 책임자에 대한 정보
- 선박의 운항 결정 책임자에 대한 정보
- 선박이 용선되는 경우 용선관계자

입항거부를 초래할 수도 있다는 인식하에 그러한 정보제공을 거절할 수도 있다.

선박의 입항이 거부된 경우, 당사국은 선박의 입항이 거부된 사실과 그 이유를 주관청에 즉시 서면으로 통보하여야 하며, 증서를 발급한 보안인증 심사대행기관(RSO)에게도 통보하여야 한다.

2) 선박관련 정보의 평가에서 선박이 SOLAS XI-2장 혹은 ISPS Code Part A를 준수하지 않는다는 명백한 근거가 없는 경우에는 당사국 정부는 선박의 입항을 허가할 수 있다.

4. 입항하고자 하는 선박의 평가에 명백한 근거가 있는 경우

1) 당사국 정부는 시정조치를 위한 다음의 기관에 연락을 하여야 한다.
   ① 선박
   ② 주관청
   ③ 보안심사대행기관(RSO)
2) 상기의 연락으로도 시정조치가 이루어지지 않았거나, 선박이 SOLAS XI-2 혹은 ISPS Code Part A를 준수하지 않는다는 명백한 근거가 있다고 판단하는 경우, 당사국 정부가 할 수 있는 조치[4]는 다음과 같다.
   ① 명백한 근거의 존재를 알리지 않고 입항 허가[5]
   ② 선박이 당사국 정부의 영해 또는 내수면에 구체적으로 명시되어진 장소로 이동할 것을 요구
   ③ 입항 전 영해에 있는 선박을 점검 : 또는
   ④ 입항거부

---

4) 각 조치는 최종적으로 선박의 추방 또는 입항거부로 이어질 수 있다.
5) 입항을 허가하는 경우라도, 당사국 정부는 다음 사항의 조치를 한 가지 혹은 그 이상의 통제조치를 할 수 있다.
   • 선박의 임검;
   • 선박의 출항지연;
   • 선박의 출항정지;
   • 항내에서의 이동을 포함한 운항제한; 및/또는
   • 추가적인 혹은 대체안적인 사소한 행정상 조치 또는 시정조치들

3) 당사국 정부는 상기 조치를 취하기 전에, 그 의도를 선박에게 통보하여야 한다. 선장은 이러한 정보의 접수시 입항의도를 철회할 수도 있다.

5. 입항 전 선박보안정보관련 예상되는 명백한 근거(Clear Grounds, IMO MSC/ Circ.1111/제3.7항)

1) 보안장비, 문서 또는 SOLAS협약 제11-2장 및 ISPS PART A에 의해 요구된 배치(ARRANGEMENT)에 심각한 결함이 존재한다는 증거 또는 신뢰할만한 정보
2) 정식으로 권한을 위임받은 자의 전문적인 판단으로 선박이 SOLAS협약 제 11-2장 또는 ISPS PART A의 요건에 적합하지 아니함을 나타내는 신뢰할 만한 정보를 포함한 보고서나 불만사항
3) 선박이 SOLAS협약 제11-2장 또는 본 ISPS PART A에 위배되는 항만시설 또는 다른 선박으로부터 인원, 선용품 또는 화물을 선적하여 의혹이 제기되는 동 선박이 보안선언서를 완성하지 아니하였거나 적절한 특별 또는 추가보안조치를 취하지 아니하였거나 또는 적절한 보안절차를 유지관리하고 있지 아니하다는 증거 또는 신뢰할만한 정보
4) 선박이 SOLAS협약 제11-2장 또는 ISPS PART A를 따르도록 요구되지 아니하는 항만시설 또는 기타 공급원(예를 들어, 다른 선박 또는 헬리콥터 수송)으로부터 인원승선, 선용품 또는 화물을 선적하고, 동 선박이 적절한 특별 또는 추가보안조치를 취하지 아니하였거나 또는 적절한 보안 절차를 유지관리하고 있지 아니하다는 증거 또는 신뢰할만한 정보
5) 만약 선박이 연속적으로 발행된 Interim ISSC를 소지하고 있으며 정식으로 권한을 위임받은 자의 전문적인 판단으로 선박 또는 회사가 그러한 증서를 요구하는 목적이 규정된 최초 임시증서의 유효기간을 넘어서 SOLAS협약 제11-2장 및 ISPS Code Part A에 대하여도 완전한 적합성을 피하기 위한 것일 경우
6) 요구한 정보를 제공하지 않는 선박의 경우

2.2.2 정박 중의 선박보안조치

1. 항내 보안관련 선박통제와 관련된 일반사항

SOLAS협약 XI-2장의 적용을 받는 모든 선박은 항만당사국 정부로부터 정당하게 권한을 부여받은 자(항만국통제관)에 의해 입항 중에 통제를 받는다.

통제는 SOLAS협약 제11-2장 및 ISPS Code PART A의 요건들을 준수하고 있지 않다는 명백한 근거(Clear Grounds)가 없다면, ISPS Code PART A 규정에 맞게 발행된 국제선박보안증서(ISSC) 또는 임시국제선박보안증서(Interim ISSC)가 본선에 비치되어 있는지 여부 및 증서의 유효성을 검증하는 정도로 제한된다.

2. 항내 보안관련 선박통제 점검관의 점검 기준

1) 일반보안측면

항만당사국 정부로부터 정당하게 권한을 부여받은 자(항만국통제관)의 선박의 전반적인 보안배치에 대한 일반적인 인상 판단 고려사항

① 선박접근, 승선 및 선박에 순찰하는 동안, 선박 및 항만시설의 보안등급을 고려하여 선박보안조치의 보안측면

② ISSC(또는 Interim ISSC)의 비치 여부 및 유효성과 증서 발급기관

③ 선박보안등급이 항만시설 보안등급보다 낮은지 여부
(선박보안등급이 항만시설보안등급보다 낮아서는 아니 됨)

④ 선박보안책임자(SSO) 확인

⑤ 보안훈련이 적절한 주기로 이행되는지 여부

⑥ 보안관련 지난 10회의 항만시설 입항기록
(각 기록은 각각 다음 사항이 포함되어 있어야 한다)
- 선박의 보안등급
- 특별히 또는 추가적으로 취해진 조치들
- 보안선언서(발행된 경우) 및 유지되었던 보안조치들

⑦ 보안관련 선내 주요 인원들 간의 효과적인 의사소통 가능여부

2) 구체적인 보안측면

항만당사국 정부로부터 정당하게 권한을 부여받은 자(항만국통제관)는 선박보안과 관련하여 명백한 근거(Clear Grounds)가 존재하는지 결정하는데 있어 아래 사항의 측면을 고려할 것이지만, 자신이 전문적인 판단을 하여야 하며 반드시 아래 사항에 제한되지만은 않는다.

① 정박 중인 선박으로의 접근

- 보안등급 1에서의 고려사항
  - 선박으로의 접근점(Access Points)에서의 선박에 의해 이루어지는 통제가 있는지 여부
  - 선박에 승선하려는 자의 신원확인 시행 여부

※ 여객선에서 추가로 고려하는 사항
- 항만시설과 연계하여 검색을 위한 장소의 지정 여부
- 점검받은 사람과 소지품을 점검받지 않은 사람과의 분리
- 승선여객과 하선여객과의 분리
- 여객 및 방문객이 출입하는 출입로 주변의 무인구역의 폐쇄

- 보안등급 2에서의 고려사항
  - 접근점(Access points) 수의 제한
  - 해상으로부터의 접근을 방지하기 위한 조치가 항만시설과 연계하여 취해졌는지 여부
  - 선박의 육지 쪽에 대한 제한구역이 항만시설과 연계하여 설정되었는지 여부
  - 방문객의 호위
  - 전체적 또는 부분적 선내 수색 시행 여부
  - 추가적인 보안브리핑 시행여부

② 제한구역으로의 접근

- 보안등급 1에서의 고려사항
  - 제한구역 식별표시

- 선교 또는 기관실의 폐쇄 또는 고박 가능 여부
- 선교 또는 기관실이 폐쇄되거나 또는 다른 수단으로 통제되고 있는지 여부(예 : 인원의 배치 또는 감시 장비를 통한 모니터링)
- 제한구역의 출입문 폐쇄여부(예 : 조타실, 기관실, 에어콘실 등)

• 보안등급 2에서의 여객선에서 출입로에 많은 사람이 혼잡하게 되는 것을 방지하기 위하여 추가로 인근구역에 제한구역이 설정되어 있는지 여부

③ 선박보안의 감시

• 보안등급 1에서의 고려사항
- 갑판당직 배치 또는 모니터링용 감시 장비 유무
- 육상측과 해상측 양쪽 모두 모니터링 가능여부

• 보안등급 2에서의 고려사항
- 감시 장비가 이용되는 경우 짧은 주기로 모니터링하고 있는지 여부
- 제한구역의 순찰 및 경비를 위하여 추가인원 배치

④ 선용품의 인도

• 보안등급 1에서의 고려사항
- 선용품의 조작 또는 변형되었는지 확인하기 위한 선적 전 점검
- 선적 전 주문량과 일치 여부 확인 점검
- 선적 후 창고에 즉시 입고

⑤ 화물의 취급

• 화물조사방법
- 육안점검 및 외형점검
- 점검/탐지 장비, 기계적 장비 또는 탐지견을 이용

• 보안등급 1에서 자동차운반선, 로로 여객선을 포함한 화물선에서 고려사항
- 화물, 화물운송수단 및 화물창의 선적 전과 선적 중 점검 여부
- 화물과 적화목록의 비교점검 여부
- 수송차량에 대한 선적 전 검색 여부

－봉인/기타 화물조작방지 수단에 대한 점검 여부

• 보안등급 2에서 자동차운반선, 로로여객선을 포함한 화물선에서 고려사항

－화물, 화물운송수단 및 화물창에 대한 상세 점검 여부

－계획된 화물만을 적재하기 위한 상세점검 여부

－수송차량에 대한 선적 전 광범위한 검색 시행 여부

－봉인/기타 화물조작방지 수단에 대한 빈번하고 상세한 점

⑥ 미휴대 수화물의 취급

• 보안등급 1의 고려사항(관찰이 가능한 경우)

－미휴대 수화물의 검색 및/또는 수색 여부

• 보안등급 2의 고려사항(관찰이 가능한 경우)

－모든 미휴대 수화물의 검색 및/또는 수색 여부

3) 명백한 근거(Clear Grounds)

① 입항 후 선박보안점검시 예상되는 명백한 근거의 예

• ISSC(또는 Interim)가 유효하지 아니하거나 유효기간이 경과한 증거

• 보안장비, 문서 또는 SOLAS 제11-2장 및 ISPS PART A에 의해 요구되는 보안배치에 심각한 결함이 존재한다는 증거 또는 신뢰할만한 정보

• 정식으로 권한을 위임받은 자의 전문적인 판단으로 선박이 협약 제11-2장 또는 ISPS PART A의 요건에 적합하지 아니함을 나타내는 신뢰할만한 정보를 포함한 보고서나 불만사항의 접수

• 정식으로 권한을 위임받은 자의 전문적인 판단으로 선장 및 선박 근무자가 필수적인 선박보안절차에 익숙하지 못하거나 선박보안과 관련된 훈련을 시행할 수 없거나 그러한 절차 또는 훈련이 시행되지 않았다는 증거 또는 관찰사항

• 정식으로 권한을 위임받은 자의 전문적인 판단으로 선박 근무자 중 핵심요원이 선박보안의 책임을 지는 선박 근무자 중 다른 핵심요원과 적절한 연락을 할 수 없다는 증거 또는 관찰사항

- 선박이 협약 제11-2장 또는 ISPS PART A에 위배되는 항만시설 또는 다른 선박으로부터 인원, 선용품 또는 화물을 선적하여 의혹이 제기되는 동 선박이 보안선언서를 완성하지 아니하였거나 적절한 특별 또는 추가보안조치를 취하지 아니하였거나 또는 적절한 보안절차를 유지관리하고 있지 아니하다는 증거 또는 신뢰할 만한 정보
- 선박이 협약 제11-2장 또는 ISPS PART A를 따르도록 요구되지 아니하는 항만시설 또는 기타 공급원(예를 들어 다른 선박 또는 헬리콥터 수송)으로부터 인원승선, 선용품 또는 화물을 선적하고, 동 선박이 적절한 특별 또는 추가보안조치를 취하지 아니하였거나 또는 적절한 보안절차를 유지관리하고 있지 아니하다는 증거 또는 신뢰할만한 정보
- 만약 선박이 연속적으로 발행된 Interim ISSC를 소지하고 있으며 정식으로 권한을 위임받은 자의 전문적인 판단으로 선박 또는 회사가 그러한 증서를 요구하는 목적이 최초 임시증서의 유효기간을 넘어서 제11-2장 및 ISPS code Part A에 대해서도 완전한 적합성을 피하기 위한 것일 경우

② 명백한 근거 존재시 통제조치

명백한 근거가 발견된 경우, 상세점검이 시행될 것이다. 항만국통제관은 이와 관련하여 선장 또는 선박보안책임자(SSO)와 부적합사항들에 대하여 의논하고 부적합사항의 시정을 위하여 노력하지만, 만족할 만한 시정조치가 이루어지지 않은 경우에는 다음과 같은 통제조치를 취할 수 있다.

- 부적합사항이 시정될 때까지 출항지연
- 선박운항의 제한(아래와 같은 사항들이 포함될 수 있다)
  - 항내 다른 위치로의 이동
  - 화물작업의 변경 또는 일시 중단
  - 항구로부터의 추방
- 부적합사항이 시정될 때까지 선박의 출항정지

〈표 2-3〉 정박 중 선박에서 이행하여야 할 최소 보안조치 점검표

선박보안조치 점검표
Ship Security Checklist

선명(Ship's Name) : 점검자(Checked by) :
IMO식별번호(IMO No.) : 점검일(Date) :

항 목 (Items)		관련규정 ISPS Part/Section Reference	점검 사항(Checking Points)		결과(Results) 만 족 (Satified)	불만족 (Unsatified)
일반보안측면(General Security Aspects)						
	1	SOLAS XI-2 9	ISSC(또는 Interim ISSC)의 비치여부 및 유효성 Is the ISSC(or Interim ISSC) on board and valid?		☐	☐
	2	SOLAS XI-2 4.3	선박보안등급은 항만시설보안등급보다 낮지 않은가? Is the ship security level lower than that set by the Contracting Government for the port facility?		☐	☐
	3	ISPS A/9.4.13	선박보안책임자 식별 Is the ship security officer identified?		☐	☐
	4	ISPS A/13.4	적절한 주기로 보안훈련 시행 Have the security drills been carried out at appropriate interval?		☐	☐
	5	SOLAS XI-2 9/2.3	보안관련 지난 10회의 항만시설 입항기록 If the records of the last ten calls at port facilities ,including the records of any ship-to-ship activities kept on board?		☐	☐
			1.	선박의 보안등급 The security level at which the ship operated.	☐	☐
			2.	특별히 또는 추가적으로 취해진 조치들 Any special or additional measures taken	☐	☐
			3.	보안선언서(발행된 경우) 및 유지되었던 보안조치들 Appropriate ship security measures were maintained, including the DoS, where issued.	☐	☐
	6		보안관련 선내 핵심인원들 간의 효과적인 의사소통 가능 여부 Can the key members of the ship's security personnel communicate effectively?		☐	☐
구체적인 보안측면(Specific Security Aspects)						
정박 중인 선박으로의 접근(Access to the ship when in port)						
보안등급 1 security level 1	1	ISPS A/7.2.2	선박으로의 접근점에서 선박에 의해 이루어지는 통제시행 Are there some forms of control exercised by the ship on its access points?		☐	☐
	2	ISPS B/9.14.1	선박에 승선하려는 모든 인원에 대한 신원확인 시행 Is the identity of all persons seeking to board being checked?		☐	☐

<table>
<tr><th colspan="6">선박보안조치 점검표
Ship Security Checklist</th></tr>
<tr><th colspan="2" rowspan="2">항 목
(Items)</th><th rowspan="2">관련규정
ISPS
Part/Section
Reference</th><th rowspan="2">점검 사항(Checking Points)</th><th colspan="2">결과(Results)</th></tr>
<tr><th>만 족
(Satified)</th><th>불만족
(Unsatified)</th></tr>
<tr><td rowspan="4">보안등급 1의 여객선
passenger ship at security level 1</td><td>1</td><td>ISPS
B/9.14.2</td><td>항만시설과 연계하여 검색을 위한 장소의 지정
Have designated secure areas been established for searching, in liaison with the port facility?</td><td>☐</td><td>☐</td></tr>
<tr><td>2</td><td>ISPS
B/9.14.4</td><td>점검받은 사람과 소지품을 점검받지 않은 것과의 분리 시행
Are checked persons and their personnel effects segregated from the unchecked?</td><td>☐</td><td>☐</td></tr>
<tr><td>3</td><td>ISPS
B/9.14.5</td><td>승선여객과 하선여객과의 분리
Are embarking passengers segregated from disembarking passengers?</td><td>☐</td><td>☐</td></tr>
<tr><td>4</td><td>ISPS
B/9.14.7</td><td>여객 및 방문객이 출입하는 출입로 주변의 무인구역의 폐쇄
Has access been secured to unattended spaces adjoining areas to which passengers and visitors have access?</td><td>☐</td><td>☐</td></tr>
<tr><td rowspan="6">보안등급 2
Security level 2</td><td>1</td><td>ISPS
B/9.16.2</td><td>접근점 수의 제한
Has the number of access points been limited?</td><td>☐</td><td>☐</td></tr>
<tr><td>2</td><td>ISPS
B/9.16.3</td><td>해상으로부터의 접근을 방지하기 위한 조치가 항만시설과 연계하여 설정
Have steps been taken to deter waterside access to the ship, which may be implemented in conjunction with the port facility?</td><td>☐</td><td>☐</td></tr>
<tr><td>3</td><td>ISPS
B/9.16.4</td><td>선박의 육지 쪽에 대한 제한구역이 항만시설과 연계하여 설정
Has a restricted area on the shore-side of the ship established, which may be implemented in conjunction with the port facility?</td><td>☐</td><td>☐</td></tr>
<tr><td>4</td><td>ISPS
B/9.16.6</td><td>방문객의 호위
Are visitors escorted on the ship?</td><td>☐</td><td>☐</td></tr>
<tr><td>5</td><td>ISPS
B/9.16.8</td><td>전체적 또는 부분적 선내수색 시행
Have full or partial searches of the ship been carried out?</td><td>☐</td><td>☐</td></tr>
<tr><td>6</td><td>ISPS
B/9.16.7</td><td>추가적인 선내 브리핑 시행
Have any additional security briefings been carried out?</td><td>☐</td><td>☐</td></tr>
<tr><th colspan="6">제한구역으로의 접근(Access to restricted areas)</th></tr>
<tr><td rowspan="4">보안등급 1
security level 1</td><td>1</td><td>ISPS
B/9.20</td><td>제한구역 식별표시
Are restricted areas marked?</td><td>☐</td><td>☐</td></tr>
<tr><td>2</td><td>ISPS
B/9.21.1</td><td>선교 또는 기관실의 폐쇄 또는 고박 가능여부
Are the bridge and engine room capable of being locked or secured?</td><td>☐</td><td>☐</td></tr>
<tr><td>3</td><td>ISPS
B/9.22.2</td><td>선교 또는 기관실이 폐쇄되거나 또는 다른 수단으로 통제 시행
Are the bridge and engine room locked or is access otherwise controlled ?</td><td>☐</td><td>☐</td></tr>
<tr><td>4</td><td>ISPS
B/9.21.1~9</td><td>제한구역의 출입문 폐쇄
Are doors to restricted areas locked?</td><td>☐</td><td>☐</td></tr>
</table>

선박보안조치 점검표 Ship Security Checklist					
항 목 (Items)		관련규정 ISPS Part/Section Reference	점검 사항(Checking Points)	결과(Results) 만 족 (Satified)	결과(Results) 불만족 (Unsatified)
보안등급2의 여객선 passenger ship at security level 2		ISPS B/9.23.1	출입로에 많은 사람이 혼잡하게 되는 것을 방지하기 위하여 추가로 인근구역에 제한구역 설정 Does restricted areas have been established adjacent to access points in order to avoid a large number of persons congregating in those areas?	☐	☐
선박보안의 감시(Monitoring the security of the ship)					
보안등급 1 security level 1	1	ISPS B/9.42.2	갑판당직 또는 모니터링용 감시장치 배치 Are deck watches in place during your visit or is surveillance equipment being used to monitor the ship?	☐	☐
	2	ISPS B/9.46.2	육상측과 해상측 양쪽의 접근에 대하여 모니터링 시행 Can the ship monitor both landward and seaward approaches?	☐	☐
보안등급 2 Security level 2	1	ISPS B/9.47.2	감시장비가 이용되는 경우, 짧은 주기로 모니터링 시행 If surveillance equipment is being used, is it being used at frequent intervals?	☐	☐
	2	ISPS B/9.47.3	제한구역의 순찰 및 경비를 위하여 추가인원 배치 Have additional personnel been dedicated to guard and patrol restricted areas in place?	☐	☐
선용품의 인도(Delivery of ship's stores)					
보안등급 1 security level 1	1	ISPS B/9.33.3	선용품의 조작 또는 변형되었는지 확인하기 위한 선적 전 점검시행 Are ship's store being checked before loading for signs that have been tampered or interfered with?	☐	☐
	2	ISPS B/9.35.1	선적 전 주문량과 일치여부 확인 점검 시행 Are checks being made to ensure stores match the order prior to being loaded?	☐	☐
	3	ISPS B/9.35.2	선적 후에는 창고에 즉시 입고 Are stores securely stored once loaded?	☐	☐
화물의 취급(Handling of cargo)					
보안등급 1 자동차운반선, 로로여객선, 화물선 cargo ship, including car carriers, ro-ro and passenger ship at security level 1	1	ISPS B/9.27.1	화물, 화물운송수단 및 화물창의 선적 전 선적 중 점검 시행 Are cargo, cargo transport units and cargo spaces being checked prior to, and during, cargo handling operations?	☐	☐
	2	ISPS B/9.27.2	화물과 적화목록 비교점검 시행 Is cargo being checked against its documentation?	☐	☐
	3	ISPS B/9.27.3	수송차량에 대한 선적 전 검색 Are vehicles subject to search prior to loading?	☐	☐
	4	ISPS B/9.27.4	봉인/기타 화물조작감지 수단에 대한 점검 Are seals, and other anti-tampering methods, being checked?	☐	☐

선박보안조치 점검표 Ship Security Checklist					
항 목 (Items)		관련규정 ISPS Part/Section Reference	점검 사항(Checking Points)	결과(Results)	
				만 족 (Satified)	불만족 (Unsatified)
보안등급2 자동차운반선, 로로 여객선, 화물선 cargo ship, including car carriers, ro-ro and passenger ship at security level 2	1	ISPS B/9.30.1	화물, 화물운송수단 및 화물창에 대한 상세점검 Is detailed checking of cargo, cargo transport units and cargo spaces being undertaken?	□	□
	2	ISPS B/9.30.2	계획된 화물만을 적재하기 위한 상세점검 Are detailed checks taking place to ensure only intended cargo is being loaded?	□	□
	3	ISPS B/9.30.3	수송차량에 대한 선적 전 광범위한 검색 시행 Are vehicles being searched more intensively prior to loading?	□	□
	4	ISPS B/9.30.4	봉인/기타 화물조작방지 수단에 대한 빈번하고 상세한 점검 Are there frequent and detailed checks of seals and other anti-tampering methods?	□	□
미휴대수화물의 취급(Handling of unaccompanied baggage)					
보안등급1 security level 1	1	ISPS B/9.39	미휴대 수화물의 검색 및/또는 수색 시행 Is unaccompanied baggage being screened and/or searched(if observable while on board)?	□	□
보안등급2 security level 2	1	ISPS B/9.40	모든 미휴대 수화물의 검색 및/또는 수색 시행 Is all unaccompanied baggage being screened and/or searched(if observable while on board)?	□	□
				□	□
				□	□
				□	□
				□	□
				□	□
				□	□
				□	□

〈표 2-4〉 선박보안계획서(SSP) 승인 CHECK LIST

점 검 내 용	ISPS Code 관련규정	
	Part A	Part B
보안 선언(서) (Declaration of security)	5	
□ 선박보안계획서에 보안선언(서)의 필요성이 설명되어 있는지 여부		5.1.2
회사의 의무 (Obligations of the company)	6	
□ 선박보안계획서에 선장의 권한과 관련하여 명확한 규정 보장	6.1	
□ 선장이 선박의 보안과 관련하여 결정을 내리고 회사나 체약국정부의 도움을 요청할 수 있는 최우선적인 권한과 책임을 갖고 있다는 것을 선박보안계획서에 규정	6.1	
선박보안평가 (Ship security assessment)	8	
□ 선박보안평가에서 발견된 요구사항이나 발견된 취약성에 대한 보완사항이 선박보안계획서에 반영여부		
선박보안계획서 (Ship security plan)	9	
□ 보안조직구조 설명		9.2
□ 회사, 항만설비, 다른 선박 및 보안책임이 있는 관련당국과의 관계설명		9.2
□ 선박과 외부간의 효과적이고 지속적인 통신을 가능하게 하는 통신시스템에 대한 설명		9.2
□ 항상 유지하여야 하는 보안등급 1에서의 기본보안조치 설명		9.2
□ 하위보안등급에서 상위로 진행하는데 필요한 추가보안조치 설명		9.2
□ 정기적인 검토와 심사와 관련된 내용과 수정/보완 관련한 내용 설명		9.2
□ 적절한 당사국 정부의 담당자에 대한 보고절차		9.2
□ 선박보안평가서의 첨부	9.3	
□ 선박보안계획서 작성에 영어, 불어, 스페인어중 하나의 번역본 포함	9.4	
선박보안계획서의 구성내용상 포함되어야 할 사항 □ 인원, 선박 또는 항만을 대상으로 사용될 의도가 있는 무기, 위험물질 및 장치와 선상에서 허가되지 아니한 운송을 방지하기 위해 계획되는 조치(들) □ 제한구역의 식별 및 동 구역으로의 비인가 접근을 방지하기 위한 조치(들) (Part B의 9.18, 9.19, 9.20 참조) □ 선박에 대한 비인가 접근을 방지하기 위한 조치(들) □ 선박 또는 선박/항만 인터페이스의 중요작업을 유지하기 위한 규정을 포함하여, 보안위협 또는 보안침해의 대응절차	9.4	

<table>
<tr><th rowspan="2">점 검 내 용</th><th colspan="2">ISPS Code
관련규정</th></tr>
<tr><th>Part A</th><th>Part B</th></tr>
<tr><td>□ 보안등급 3에서 당사국 정부가 내릴 수 있는 보안지시사항의 대응절차 (Part B 9.17참조)
□ 보안위협 또는 보안침해의 경우 대피절차
□ 보안국면(들)에 대한 선박보안책임자 및 기타 선상근무자의 임무
□ 보안활동들의 심사를 위한 절차
□ 선박보안계획서와 연계된 교육, 훈련 및 연습을 위한 절차
□ 항만시설의 보안활동과의 인터페이스를 위한 절차
□ 동 계획서의 정기적 검토 및 최신화를 위한 절차
□ 보안사건의 보고를 위한 절차
□ 선박보안책임자의 식별
□ 24시간 가능한 연락 세부사항을 포함하여 회사보안책임자의 식별
□ 선상 보안장비의 검사, 테스트, 검교정 및 유지의 보장을 위한 절차
□ 본선에 비치된 보안장비의 테스트 또는 교정주기
□ 선박보안경보장치의 작동개소가 설치된 위치의 식별
□ 誤경보발생을 제한하기 위한, 선박보안경보장치 사용상의 테스트, 작동, 해제 및 재설정을 포함한 절차, 지시사항 및 지침</td><td>9.4</td><td></td></tr>
<tr><td>모든 보안 등급과 관련된 다음 사항의 수립여부
□ 보안책임을 맡은 모든 선박 인원의 임무와 책임
□ 항시 지속적인 통신을 유지하기 위한 절차 또는 보호책
□ 장비 또는 시스템 실패, 고장에 대한 대응 및 식별 절차
□ 보안절차와 보안 감시 장비 및 시스템의 유효성 평가 절차
□ 서류 또는 전자문서 형식의 보안관련 민감한 정보를 보호하기 위한 절차나 수단
□ 필요시, 보안 감시장비 및 시스템의 형태 및 정비요구사항
□ 보안 또는 보안 관련 사항의 위반과 관련된 보고서의 적절한 제출 및 평가를 보장하기 위한 절차
□ 선박에 운송되는 위험화물 및 유해물질의 위치를 포함한 목록을 수집, 유지 및 최신화를 위한 절차</td><td></td><td>9.7</td></tr>
<tr><td>모든 보안등급과 관련된 다음 사항에 대한 보안조치 기술여부
□ 선원, 여객, 방문객 등에 의한 선박의 출입
□ 선박의 제한구역
□ 화물의 취급
□ 선용품의 인도
□ 미휴대 수화물의 취급
□ 선박보안의 감시</td><td></td><td>9.8</td></tr>
</table>

점 검 내 용	ISPS Code 관련규정	
	Part A	Part B
선박보안평가에서 식별된 모든 방식의 선박접근에 대한 보안조치 수립 □ 출입사다리(access ladder) □ 현측 출입 갱웨이(access gangway) □ 출입 램프(access ramp) □ 출입문(access door), 현창(side scuttle), 창문(window), 하역구(port) □ 계류삭(mooring rope), 앵커체인(anchor chain) □ 크레인, 호이스트 기어		9.9
□ 각 보안등급에 따라서 접근 제한되거나 금지되는 장소 식별여부		9.10
□ 각 보안등급에 따른 접근 제한 또는 접근금지의 종류 및 그러한 조치를 실행하는 수단 수립여부		9.10
□ 각 보안등급에 있어 선박으로의 출입을 허가하는데 요구되는 신원 확인수단 수립여부		9.11
□ 각 보안등급에 있어서 개인이 선박에 있는 동안 확인 없이 재선하는 방법수립여부		9.11
□ 출입허가시스템의 규칙적인 최신화를 보장하는 내용 수립여부		9.11
□ 만일 선박접근통제가 임시적이고 무작위로 행하여질 경우, 선박출입통제의 적용빈도 수립여부		9.13
□ 선박과 입항하려는 항구의 항만시설에 적용되는 보안등급이 상이할 경우의 절차 수립		9.50
ISPS Code가 적용되지 아니하는 다음의 경우에 있어서 절차와 보안조치의 세부사항 수립여부 □ 당사국 정부가 아닌 국가의 항구에 있을 경우 □ 본 코드가 적용되지 않는 선박과의 인터페이스 □ 고정 또는 부유중인 플랫폼 또는 작업 중인 이동식 해상구조물과 인터페이스하는 경우 □ 협약 11-2장 및 본 코드에 따를 것이 요구되지 아니하는 항만 또는 항만시설과 인터페이스 하는 경우		9.51
□ 항만시설로부터의 보안선언서의 요청에 대한 취급방법 및 선박 자체적으로 보안선언서를 요청하여야 하는 상황에서의 취급방법 등에 대한 설명여부		9.52
□ 회사보안책임자와 선박보안책임자가 선박보안계획서에 대하여 지속적인 효율성을 심사하는 방법설립 여부		9.53
□ 선박보안계획서의 검토, 최신화 또는 수정시 준수되어야 하는 절차수립 여부		9.53

2.2.3 상세 점검사항

1. 일반사항

항만국통제관의 전문적 판단으로 선박이 SOLAS 협약 및 ISPS Code에 따르지 않고 있거나 선장 또는 선박 근무자가 필수적 선박보안대책과 절차에 익숙지 않을 경우 하기의 상세 점검이 시행될 수 있다. 상세 점검을 하고자 할 때에는 항만국통제관은 선장에게 이를 통보하여야 하며 SOLAS 협약 관련 조항이나 ISPS Code A편이 점검의 기준이 된다.

2. 상세 점검항목

상세 점검항목은 하기 사항을 포함할 수 있다.

1) 선장은 선장의 최우선적 권한을 포함하여 문서화된 자신의 책임과 권한을 제시할 수 있는가?
2) 선박보안책임자(SSO)가 지정되어 있으며 선박보안계획서(SSP)에 명시된 자신의 직무를 이해하고 있는가?
3) SSP는 선박의 사용언어로 작성되어 있는가? 그 언어가 영어가 아니라면 영어, 불어 또는 스페인어 중 하나로 번역되어 있는가?
4) 선박 근무자들은 선박 주변지역, 제한구역 및 화물구역을 포함한 선박을 감시할 수 있는 능력을 가지고 있는가?
5) 선박의 구성원들은 선박보안직무를 만족스럽게 수행할 수 있으며 선박보안통신절차를 알고 있는가?
6) 출입자 및 그들의 소지품을 포함하여 출입통제가 시행되고 있는가? 출입자에 대해서는 승선허가를 식별하는 수단이 있는가?
7) 선박 근무자들은 화물과 선용품의 취급을 감독할 수 있는 능력을 가지고 있는가?
8) 선박의 사관들은 SSO가 누구인지 식별할 수 있는가?
9) 선박의 사관들은 CSO가 누구인지 식별할 수 있는가?
10) 본선에 교육, 훈련 및 연습 기록이 유지되고 있는가?
11) 본선에 보안등급의 변화에 대한 기록이 유지되고 있는가?

12) 보안훈련이 시행된다면 선박 근무자들은 그들의 임무와 보안장비의 적절한 사용법에 익숙한가? PSC 통제관은 선장 및 SSO와 협의하여 선형, 선원교대 현황, 항만시설 등을 고려하여 훈련의 종류와 장소를 결정하여야 한다. 그러한 훈련은 가능한 한 실제 보안위협을 가정하여 시행하여야 하며 하기 사항이 포함될 수 있다.
   ① 보안위협 또는 보안사건에 대한 대응
   ② 선박보안등급의 변화에 대한 대응
   ③ 밀항자를 포함, 허가되지 않은 접근의 탐지
   ④ 부적합의 명백한 증거로써 식별될 수 있는 성질의 기타 사건들
13) 선박 근무자들 중 주요 인원들은 상호간, 항만시설 및 CSO와 의사소통할 수 있는가?
14) 본선은 보안등급의 변화를 당사국 정부로부터 통보받을 수 있는 능력이 있는가?
15) 본선이 선박보안경보를 발신할 능력이 있는지를 확인할 수 있는가?
16) SSO는 적절한 교육을 이수하고 선박보안계획서 및 절차, 선박의 구조와 선박보안장비 및 시스템의 작동에 대한 적절한 지식을 보유하고 있는가?
17) 특정 보안임무를 가진 선박의 근무자들은 그들의 직무를 수행하기에 충분한 지식과 능력을 보유하고 있는가? 또한 그들은 선박보안계획서에 기술된 선박보안과 관련한 자신의 책임을 이해하고 있는가?
18) 직접적인 관찰을 통하여 자동침입탐지장치, 감시 장비, 검색장비, 조명 및 경보장치 등의 본선에 설비된 장비가 제대로 작동하는가?

3. 선박보안계획서에 대한 점검

항만국통제관은 선박이 SOLAS 협약 및 ISPS Code에 따르지 아니하여 이러한 부적합사항을 검증 또는 시정하기 위한 수단이 선박보안계획서의 관련 요건을 검토하는 것이라는 명백한 근거가 있을 때에는 선박보안계획서의 제한된 열람을 할 수 있다. 단, 이 경우에도 ISPS Code A편의 9.8.1항에 규정된 사항에 따라야 한다.

상세 점검에 있어서 항만국통제관은 식별된 부적합사항을 시정하기 위해 선장 및/또는 SSO와 협의하여야 하며, 부적합사항의 시정조치를 확인하여야 한다.

2.3

ISPS 관련 수검요령 및 질의응답 예시

2.3.1 ISPS 관련 PSC 임검시 수검요령

1. 첫 인상이 중요

본선의 임검하는 항만국통제관은 첫인상이 나쁠 경우 미리 항만국 통제 조치를 결정할 수도 있다. 따라서

1) 점검관이 승선할 지라도 선박보안계획서에 기술되어 있는 바와 같이 신분 확인 및 출입명부 작성 등의 조치를 취한다.
2) 현문 당직자는 현문을 비우지 말고 본선에 출입하는 사람들의 출입통제를 철저히 하는 인상을 주어야 하며 가급적 깨끗한 복장상태를 유지한다.
3) 갑판구역 및 거주구역 내부의 제한구역은 경고문을 붉은색 페인트 등으로 명료하게 경고문이 부착되어 있도록 조치하여야 하며, 순찰 또는 경비원이 배치되지 않은 지역은 반드시 잠금장치가 설치되어 있는지를 확인한다.
4) 선체 외판에 식별되어야 하는 선박식별번호 등도 지워지거나 흐릿해진 부분이 없는지 점검하고 명확히 식별되도록 조치한다.

2. 본선의 점검준비

1) 국제선박보안증서(또는 임시국제선박보안증서) 포함 선박의 증서철 사전 확인, 준비
2) 선박보안기록부 등 선박보안 활동 기록철 사전 준비(단, 기록의 열람은 비밀사항이므로 Clear ground에 해당되어 항만국통제관이 강력히 요구하는 경우에만 열람을 허용토록 한다.)

3) 선박보안계획서 사전 준비(단, 선박보안계획서는 비밀문서이므로 선박보안계획서에 명시된 경우에만 항만국통제관에게 열람을 허용토록 한다.)
4) 선박보안장비의 사전 점검 및 작동 시험(특히, 선박보안경보장치, 휴대용 금속탐지기, 조명설비 등에 대해서는 점검을 철저히 하여야 한다.)
5) 선박의 각 담당자별 선박보안계획서에 따른 보안업무가 무엇인지 명확히 이해하도록 하여야 하며, 보안등급의 변화에 따른 보안활동에 대해서도 사전에 충분히 이해하도록 교육을 실시한다.
6) 항만국통제관이 보안훈련 실시 등을 요구할 수 있으므로 평소 반복된 훈련을 통하여 각자의 임무에 익숙하도록 조치한다.

3. 본선 선원의 바람직한 자세

PSC 지적사항의 발생과정을 살펴보면 선원의 역할이 얼마나 중요한지를 알 수 있다. 항만국통제관 역시 사람인지라 본선에서 적극적인 자세로 임검에 임하고 결함사항에 대해서 즉각적인 시정조치를 취하는 자세를 견지하는 것이 적절한 대응이라 판단되며 아래의 사항을 참조한다.

1) 선장 및 선박보안책임자(SSO)는 본선의 선박보안계획서의 내용뿐만 아니라 보안설비 상태 등에 대해서도 사전에 철저히 파악하여 임검에 임한다.
2) 해당 항만당국의 최근 성향 및 담당 항만국통제관의 성향을 미리 파악하여 둔다.
3) 지적사항 발생시는 첨부의 "해상보안 관련 항만국 통제 잠정 지침"에 따른 처리 및 후속절차 등을 숙지하여 대처토록 한다.
4) 모든 질의응답은 영어로 이루어지므로 질문을 정확하게 이해하여야 하고 충분히 이해할 수 없을 때에는 천천히 질문해줄 것을 요구한다.
5) 답변은 가급적 간단하게 그러나 정확하게 하여야 하며 외국어로 대화하고 있으므로 유창한 설명은 필요 없으며, 단지 항만국통제관의 질문에 맞는 요지의 답변이면 된다.

다음 사항은 PSC 임검중 식별될 수 있는 ISPS Code와 SOLAS를 위배하고 있다는 명백한 증거(Clear Ground)의 예이며 이에 따라 항만국 통제조치가 취해질 수 있으므로 주의하여야 한다.

1) 국제선박보안증서 또는 임시 국제선박보안증서가 유효하지 않거나 유효기간이 초과된 경우
2) 보안장비, 문서 또는 SOLAS 협약 및 ISPS Code의 요구사항에 심각한 결함이 존재한다는 증거 또는 신뢰할만한 정보가 있는 경우
3) 항만국통제관의 전문적 판단으로 선박이 SOLAS 협약 및 ISPS Code에 따르지 않고 있다는 신뢰할 만한 정보를 포함한 보고서나 불만사항을 접수한 경우
4) 항만국통제관의 전문적 판단으로 선장 및 선박 근무자가 필수적인 선박보안절차에 익숙하지 못하거나 선박 보안훈련을 실시할 수 없거나 선박보안절차 또는 훈련이 시행되지 않았다는 증거 또는 관찰사항이 발견된 경우
5) 항만국통제관의 전문적 판단으로 선박 근무자 중 핵심요원이 선박보안의 책임을 지는 선박 근무자 중 다른 핵심 요원과 적절한 의사소통을 할 수 없다는 증거 또는 관찰사항이 발견된 경우
6) SOLAS 협약 및 ISPS Code에 위배되는 항만시설 또는 다른 선박으로부터 인원, 선용품 또는 화물을 선적한 선박이 보안선언서를 작성하지 않았으며 적절한 특별 또는 추가보안조치를 취하지 아니하였거나 또는 적절한 보안절차를 유지하지 아니하였다는 증거 또는 신뢰할만한 정보가 있는 경우
7) SOLAS 협약 및 ISPS Code를 따르도록 요구되지 아니하는 항만시설 또는 기타 공급원(선박 또는 헬리콥터 등)으로부터 인원, 선용품 또는 화물을 선적한 선박이 보안선언서를 작성하지 않았으며 적절한 특별 또는 추가 보안 조치를 취하지 아니하였거나 또는 적절한 보안절차를 유지하지 아니하였다는 증거 또는 신뢰할만한 정보가 있는 경우

2.3.2 USCG에 의한 사전점검 결과

다음은 2004년 4월중 미국에 기항하는 한국적선에 대해 USCG가 ISPS 관련 사전

점검을 시행한 결과로서 주요 점점항목과 대응방안을 기술한 것이다.

1. 문서 및 기록 점점항목

1) 선박보안계획서(SSP) 및 국제선박보안증서(ISSC)의 보유 여부
2) ISPS Code 책자, 선박이력기록부(CSR) 및 SSO 교육증서 보유 여부
3) 선박보안기록부 비치 및 기록사항(출입자, 순찰, 훈련 및 교육) 확인
4) 회사보안책임자(CSO)의 비상연락망 식별

2. 현장 점점항목

1) 제한구역 식별 및 구역 내 출입구의 잠금장치 확인
   모든 출입구(브리지, 기관실, 침실창문, 화물창, 선수미 창고, 선용품 창고 등)에 대한 잠금장치 설치 및 Seal 확인
2) 정박 중 엘리베이터 작동여부 및 콤파스 데크의 해치 Seal 확인
3) 미휴대 수화물의 보관 장소 확인
4) 금속탐지기의 사용방법 시연
5) 다이버 투입으로 수중 선체 점검
6) 현장점검 중 SSO와의 연락방법 문의 및 실제 연락가능여부 확인
   통신 가능여부를 확인하기 위하여 미국과의 시차에도 불구하고 야간에 휴대폰 연락 시도
   ※ 미국항 기항 해운선사 CSO는 야간에도 연락 가능토록 항시 휴대폰 휴대
7) 선수 Anchor chain hawser pipe의 커버 상태
8) 현문에 방문객에 대한 안내문 게시 여부
9) 기관실에서 타기실을 통해 탈출시, 타기실에서 외부출입문의 개폐 가능 여부

3. 주요 질문사항

1) 현재 본선의 보안등급은 몇 등급인가?
2) CSO/SSO는 누구인가?

3) SSP의 관리장소 및 관리방법은?

4) 선박보다 항만의 보안등급이 높을 경우 본선의 조치사항은?

5) 보안등급 I에서 보안등급 II로 변경 시 대처방법 및 사례는?

6) 보안등급별 항해중 / 부두에 접안중일 때 보안조직(순찰/인원배치)는 어떻게 하는가?

  • Lifeboat 내부 확인도 포함

7) 보안침해를 당했을 경우 본선의 조치사항은?

8) 보안과 안전이 충돌할 경우 어떻게 대처하는가?

9) 접근 제한구역 내 Locking 제외구역의 안전성 여부는 어떻게 확인하는가?

10) 선박보안장치에 대한 규정이 보안계획서상에 명시되어 있는가?

11) 본선에서 실시하는 SSP상의 훈련은 어떤 종류가 있는가?

12) 본선 열쇠(Key) 관리는 누가 하는가?

13) 하역인부에 대한 신원 확인 절차는?

14) 해적 및 무장강도 공격 시 본선 조치사항은?

15) 수리업자가 승선하여 선교 접근 시까지 본선 조치사항은?

16) 기관실에서 선원 이외 수상한 사람 발견 시 조치요령은?

17) 해상강도 출몰지역에서의 본선 대응요령은?

4. 주요 지적사항

1) 항만국통제관(PSCO, USCG 등) 승선 시 신분증 미확인

  • 점검관이 PSCO 또는 USCG라고 표시된 작업복 차림으로 승선함에 따라 신분을 확인하지 않고 출입자 기록 및 방문증 발급

    ⇒ 모든 승선자에 대한 신분 · 휴대품 철저히 확인 후 출입자 기록부에 기재 및 방문증 발급(휴대품에 모형 폭발물 소지)

2) 보안침해 시 본선 조치사항의 답변 미숙

  • 본선이 보안침해를 당한 경우 이에 대한 조치사항에 대하여 질의받고 답변을 제대로 하지 못함

    ⇒ SSO에 대한 보안교육 철저

3) Elevator escape hatch 및 각 Scuttle에 대한 내부 잠금장치 미설치
   - Lifeboat 장치장소 주변 침실의 창문 미잠금
   ⇒ 정박 중 엘리베이터의 운행을 중단하고, 탈출해치 및 모든 침실 스커틀에 대하여 내부 장금장치 설치
4) 화물창 Man hole의 시건장치에 대하여 내부에서 개폐 불가능
   - 장금장치가 설치된 화물창 내에 사람이 있는 경우 비상시 탈출 경로가 없음.
   ⇒ 화물창 내 별도의 탈출경로가 없는 경우 맨홀의 시건장치는 안에서도 열 수 있는 잠금장치 설치
5) Pilot ladder control box에 대한 Seal 혹은 Locker 설치 고려
   - 무단 승선자가 이를 이용하여 다른 외부인의 승선을 의도할 수 있으므로 잠금장치 등의 설치를 권고함
6) 기관실에서 2nd Deck 화물창으로의 통로 출입구 잠금장치는 외부보다는 내부에 잠금장치 등의 설치를 권고함
   - 기관실 화재 등 비상상황 발생시 탈출경로 확보를 위해 2nd Deck의 기관실에서 화물창으로서의 통로 출입구 잠금장치는 기관실쪽에 설치 고려

5. 특기사항

1) 점검관 승선 시 현문당직자(당직사관 및 당직부원)에 대해서 본선의 보안 사항을 우선 질의함
   ⇒ 현문당직자에 대한 보안 교육 철저 필요
2) 선장 및 SSO에 한정하지 않고 전 선원에 대하여 보안지식 보유여부 확인함
   ⇒ 전선원에 대한 보안교육 및 훈련 실시 필요
3) 모든 출입구의 폐쇄 및 Lock 상태에 대하여 전반적으로 확인함
   ⇒ 거주 및 갑판구역의 모든 출입구 폐쇄 및 잠금장치 설치 필요
4) 미국항만 하역인부에 대한 신원 확인관련 절차
   ⇒ 모든 방선자에 대하여 현문에서 신원확인 및 소지품 외부검사를 시행하고 방선자 리스트에 기재 후 방문증을 지급하고 있음.
   다만, 하역인부에 대해서는 특별한 신원확인 절차는 시행하지 않으나, 정박

타수일지에 인원수 및 시간 반드시 기재

※ 현재 미국항에서의 하역인부는 출입증(방문증) 착용 거부 및 강행시 작업 거부 등 USCG에서도 통제가 어려운 실정임을 감안하여 하역인부들의 거부시 무리하게 강행하지 말고 관할 USCG에 보고

5) 외부 방문자가 여러 명이 동시에 승선할 경우

⇒ 다소 시간이 걸리더라도 한명씩 순서대로 진행하고, 출입증을 부여받지 아니한 자의 이동에 대하여는 반드시 통제

※ 출입증이 없는 자가 불응 시는 하선하여 대기토록 지시

6) 본선 보안침해 발생시 보고하여야 하는 곳

⇒ 회사보안책임자(CSO) 및 미국의 경우 National Response Center에도 통보 (미국 해상운송보안법시행규칙 33 CFR 104.205)

6. 기타 사항

1) 통상적으로 4명이 승선하여 갑판구역 2명, 기관구역 2명으로 점검한다.

2) 선장의 인터뷰는 약 2시간 정도이며, 각 점검관이 순차적으로 질문한다.

3) 현장점검 도중 동행자에 대하여 지속적으로 질문한다.

2.3.3 각 사항별 질의응답 예시

1. 선박보안책임자에 대한 질문(To the Ship Security Officer)

예시 1

문 귀선은 국제선박보안증서(또는 임시국제선박보안증서)를 가지고 있습니까? 그리고 국제선박보안증서(또는 임시국제선박보안증서)는 누가 발행한 것인가?
Do you have the International Ship Security Certificate(ISSC) (or Interim ISSC) on board and which body has issued the ISSC(or Interim ISSC)?

〈한국정부가 발행한 경우〉

답 예, 우리는 국제선박보안증서(또는 임시국제선박보안증서)를 가지고 있으며 대한민국 정부에서 발행하였습니다.
Yes, we have the ISSC(or Interim ISSC) issued by the Government of the Republic of Korea on board.

〈파나마 당국이 발행한 경우〉

답 예, 우리는 국제선박보안증서(또는 임시 국제선박보안인증서)를 가지고 있으며 파나마 당국이 발행하였습니다.
A. Yes, we have the ISSC(or Interim ISSC) issued by Panama Maritime Authority on board.

예시 2

문 항만시설의 보안등급이 선박보다 높을 경우 어떻게 하여야 하는가?
What do you do if the port is at a higher security level than the ship?

답 항만시설의 보안등급에 맞추어 보안활동을 시행하여야 하며, 기타 DOS 작성 등 항만시설의 요구사항을 따른다.
A. We implement security activities as same as port facility's security level and follow the port facility's instructions such as completion of DOS.

예시 3

문 회사보안책임자로 누가 지정되어 있으며, 연락처는 어떻게 되는가?
Who is the Company Security Officer and do you have 24 hour contact details of him?

답 전무(부장) OOO 씨이며 24시간 연락처는 선박보안계획서 부록에 명시되어 있다.

Position and name of the CSO is General Director, OOO, and 24 hour contact details is described in Annex to the Ship Security Plan.

예시 4

문 보안위반이나 보안사건 발생 시 어떻게 대처하여야 하는가?
What action shall be taken, when the breach of security or security incident is identified?

답 보안위반 사실을 관계기관(주관청 및 항만당국), 항만시설보안책임자 및 회사보안책임자에게 보고하고, 경우에 따라 비상 대응하며 관련 사실을 보안기록으로 유지한다.

We report the breach of security to the interested parties such as port authority, flag Administration, Port Facility Security Officer, and the Company Security Officer, take emergency response actions and maintain relevant facts as a security record.

※ **참고**

- 보안위반 : 선박보안경보장치의 誤작동, 비상연안국의 誤호출
  선박보안계획서 관리상의 중대한 잘못 및 운용상의 위반
  예) 제한구역 내 비인가 자의 출입. 출입자 통제를 받지 않은 방문자 선내 발견(방문증 미착용) 등
- 보안사건 : 화물/선용품에 대한 조작, 허가받지 아니한 접근(밀항자 포함), 무기 또는 설비의 밀수, 선박 자체를 무기로 사용, 해상으로부터 공격 등
  예) 폭발장치에 의한 손상 및 파괴, 선박 또는 승선 인원에 대한 납치 또는 강탈

예시 5

문 선장의 최우선적 권한을 설명하여 주시고, 그것은 어디에 규정되어 있습니까?
Could you explain Master's overriding authority and where is it described?

답 선장은 선박의 안전 및 보안과 관련된 결정을 하고 필요한 경우 모든 당사국 정부 또는 회사에 지원을 요청할 경우 최우선의 책임 및 권한을 갖고 있으며 이는 SSP에도 명시되어 있다.
The Master has the overriding authority and responsibility to make decisions with respect to the safety and security of the ship and to request the assistance of the Company or of any Contracting Government as may be necessary and these facts are described in the Ship Security Plan (SSP).

예시 6

문 보안장비의 유지관리절차를 말씀해 주시겠습니까?
Could you tell me the maintenance procedure for the security equipment?

답 보안장비의 관리는 제조자의 지침서에 따라서 [A]간격으로 점검 및 정상작동 여부 테스트를 시행하고 있고, 테스트 결과는 [B]정비 기록부에 기록유지하고 있다.
We maintain the security equipment by carrying out examination and operational test in accordance with the maker's instruction at an interval of [A] month(s). The results of test are recorded in the [B] maintenance record book.

※ **참고**

보안장비의 유지 관리에 관한 절차는 "비밀정보"에 해당하는 사항으로 자세한 설명을 요청하는 경우 기국 주관청의 승인 후에 설명이 가능하다고 답변하여야 한다.

예시 7

문 주관청이 보안등급 2 또는 보안등급 3을 설정시 선박에서는 어떠한 조치를 취하여야 하는가?
What action shall be taken when security level 2 or security level 3 is set by the flag Administration?

답 선박은 보안등급의 변경에 따른 지침을 접수하였음을 주관청에 통보하여야 하고, SSP에 규정된 관련 보안활동을 실시하여야 한다.
We shall report the receipt of the instructions due to change of the security level to the flag Administration and implement security activities in accordance with the relevant security level prescribed in the SSP.

※ **참고**
보안등급의 변화를 보안기록으로 작성 유지한다.

예시 8

문 항해중 보안등급별 선내 순찰주기와 특별사항은?
Could you explain about patrol interval and special requirements per each security level during the navigation?

답 선박보안계획서에 따라 보안등급 1에서는 1인이 4시간 간격으로, 보안등급 2에서는 2인이 2시간 간격으로 순찰하며 보안등급 3에서는 3인이 지속적인 순찰을 실시한다.
At security level 1, the security patrol is conducted by 1 person at the intervals of 4 hours; at case of level 2, by 2 persons in the intervals of 2 hours; and in case of level 3, by 3 persons on a continual basis.

※ **참고**
상기 답변은 예로 제시한 답변이며 SSP에 규정된 순찰자수와 순찰주기를 설명한다.

예시 9

문 보안활동을 항만시설과 어떻게 맞추어 가는가?
How do you coordinate security activities with the port facility?

답 기본적으로는 항만시설보안책임자와 긴밀히 협조하고 선박보안계획서에 충실하며 항만시설의 보안요구 사항을 준수한다. 입항 전 보안관련 정보를 항만시설에 통보하며 필요시 DOS 등을 작성한다.

We closely cooperate with Port Facility Security Officer (PFSO) and live up to the security requirements of Ship Security Plan and port facility security plan. Prior to entering the port, we notify security related information to port facilities and complete the DOS, where necessary.

예시 10

문 선박의 제한구역을 설명하고, 제한구역으로의 접근 통제방법은?
Please explain about vessel's restricted area and how do you restrict access to these areas?

답 선박보안계획서 상에 지정되어 있으며, 출입이 허가된 사람만이 출입할 수 있도록 관리한다. 기본적으로는 Locking하여야 하나, 개방되어 있는 곳은 순찰, 경비 또는 감시 등의 방법으로 접근을 통제한다.

Restricted areas are identified in the SSP and only authorized personnel are permitted to enter. The doors of those areas shall be kept locked in general. However, where locking is not possible, such areas shall be controlled by patrolling, safeguarding or monitoring.

예시 11

문 테러리스트들이 즐겨 사용하는 폭발물의 종류는?
Which explosives are often used by terrorists?

답 다이너마이트, TNT, C-4와 같은 고성능의 폭탄

High explosives such as Dynamite, Trinitrotoluene(TNT), Composition

C-4 etc. are preferred by terrorists.

예시 12

문 SSAS 장비는 어디에서 작동시킬 수 있나?
Could you explain where one can activate the Ship Security Alert System?

답 SSAS의 작동개소(Activating Points)는 선교 및 기타 장소에 있으며, 정확한 장소는 기국 정부의 승인이 있어야 알려줄 수 있다. 참고로, SSAS 작동 시 직접 기국정부의 보안담당기관(파나마 선박의 경우 CSO 경유)에 전달된다.
The ship security alert system can be activated from the navigation bridge and other location(s) and we can tell you the specific location(s) of the SSAS can only be given under the approval of flag Administration. For your information, when the SSAS is activated, it will be informed to the flag Administration directly or via CSO in case of Panama flag ships.

※ **참고**

작동 : 보안경보시스템(SSAS)은 보안위협에 대해 외부의 지원이 필요할 경우 SSO 또는 본선 선원에 의해 작동될 수 있다.

작동시 : 경보신호는

한국적 선박 : 본선 ⇨ 한국정부 ⇨ 본선이 위치하고 있는 가까운 연안국에 전달되어 본선을 지원하게 되며,

PANAMA 선박 : 본선 ⇨ CSO ⇨ 기국 ⇨ 본선이 위치하고 있는 가까운 연안국에 전달되어 본선을 지원하게 된다.

예시 13

문 보안장비의 검/교정 주기는 어떻게 되며 보안기록을 보여줄 수 있는가?
How often is the security equipment inspected or calibrated and please show me the records.

답 기기상태(교정 포함)는 매 사용 시 점검하며, MAKER INSTRUCTION에 따라 검/교정 시행 및 기록을 유지한다.

The conditions of security equipment are checked every time it is used, and inspection or calibration is carried out according to the makers's instruction and the record are kept.

예시 14

문 귀선의 제한구역으로 지정된 장소는 어디인가?
Which places have been designated as restricted areas?

답 선교, 기관실, 거주구역 및 화물구역 등이 제한구역이며, 선박보안계획서에서 규정되어 있는 제한구역의 정확한 장소는 기국 정부의 승인이 있어야 알려줄 수 있다. 모든 제한구역에는 비인가자의 출입이 제한되고, 경고 문구 (예를 들어, Restricted Areas, Authorized Personnel Only)가 표시되어 있다.

Bridge, engine room, accommodation area, and cargo space are restricted areas and we can tell you the specific location(s) of restricted areas can be given only when we get the approval of flag Administration. Access to the restricted area is prohibited to unauthorized persons. Warning messages (for example, "Restricted Areas, Authorized Personnel Only") are displayed on the doors to such areas.

예시 15

문 선박보안계획서를 어떻게 안전하도록 보관하는가?
How do you safeguard the Ship Security Plan?

답 잠금 장치가 있는 안전한 곳에 보관한다.

We maintain the Ship Security Plan in the safe place with a locking device.

예시 16

문 육상으로부터 본선에 대한 접근을 한 곳으로만 제한할 수 있는 시기는?
When would you limit shore to ship access to only one access point?

답 보안등급의 변화에 따라 Access Point 를 조정하여야 하나 본선의 경우 기본적으로 모든 보안등급에서 현문 한 곳으로 지정되어 있다.

Access point can be established by each security level. However, in general, only one point in the gangway side is designated for all levels.

※ **참고**

ISPS Code Part B의 제9.17.1항에서는 Security Level 3에서 Access Point를 1개소로 제한하도록 권고하고 있다.

예시 17

문 본선의 보안장비는 어떤 것이 있는가?

Which security equipments are provided in your ship?

답 선박보안계획서에서 규정하고 있는 본선의 보안장비(예 : 휴대용 금속탐지기, 폐쇄회로 TV, 선박보안경보시스템 등)이다.

The security equipments prescribed in the SSP for this ship are (for example : hand-held metal detector, CCTV, Ship Security Alert System (SSAS), etc.)

※ **참고**

보안장비의 종류를 모두 언급할 필요는 없으며, 상세 내용은 SSP에 있다고 답변하면 된다.

예시 18

문 인가받지 아니한 자의 승선을 어떻게 막을 수 있는가?

How do you prevent unauthorized persons from coming on board?

답 보안당직 조직을 운영하여 현문 당직자를 고정 배치하고, 출입자의 신원, 신분증, 방문목적 확인 및 휴대 가방 등을 검색한다.

We operate security duty organization and assign watch-keeping duty personnel to the gangway station. Moreover, we confirm his/her identification, identity card, purpose of boarding, and his/her personnel effects.

예시 19

문 보안위반이나 보안사건 발생시 어떻게 보고하는가?
How do you report security breaches or incidents? Ask to see records.

답 보안위반 또는 보안사건 발생 시 즉시 회사서식을 이용하여 회사보안책임자 및 당사국 정부에 보고한다.
In case of security breach or security incident, we report those facts to the Company Security Officer and Contracting Government using the established reporting form.

예시 20

문 선용품과 기부속 선적 시 보안관련 절차는?
Is there any procedure to be followed when loading the ship's provisions and stores?

답 선용품 선적 전 화물 조작(Tampering) 방지를 위해 우리가 주문한 물품인지를 직접 확인하고, 선적 후 지정된 창고에 입고되었는지 확인한다.
Prior to loading the provisions and stores, we check the items to assess whether they are what we have ordered and confirm that they have been stored in the designated compartments after loading.

예시 21

문 승선자와 그의 휴대품에 대한 검색을 어떻게 시행하고 있는가?
What do you do to search persons and their belongings when they come on board?

답 Hand-held Metal Detector를 사용(또는 가방을 개방)하여, 무기류, 마약류, 폭발물 등에 대한 소지 여부를 확인한다.

We search the boarding personnel and baggage with hand-held metal detector or scrutinize inside of baggage to find any weapons, drugs, explosives, etc.

예시 22

문 보안당직에 대한 책임자는 누구인가?
Who on board are assigned with security duties?

답 선박보안책임자는 선장(또는 1등항해사)이며, 특정보안업무 담당자는 당직사관이고, 각 선원은 선박보안계획서상 보안당직조직 및 비상대응조직에 규정된 각자의 임무를 수행한다.
The Master(or Chief Officer) is designated as Ship Security Officer and shipboard personnel having specific security responsibilities is the duty officer(s). Crew members perform their duties in accordance with ship security plan.

예시 23

문 출입자 및 그들의 소지품을 포함하여 출입통제가 시행되고 있는가. 출입자에 대해서는 승선허가를 식별하는 수단이 있는가?
Is access to your ship controlled, including the embarkation of persons and their effects? Are there means to identify those persons allowed access to the ship?

답 모든 보안등급에서 출입통제를 하고 있으며, 승선 허가증/ 승선 목적 등을 현문에서 확인한다.
Access control is being carried out in every security level and duty personnel is checking the possession of boarding permission and purpose of boarding.

예시 24

문 보안을 위협할 만한 사람들 특유의 행동적 유형은?
What are the characteristics and behavioral patterns of persons who are likely to threaten security?

답 계절에 맞지 않는 옷을 착용하거나 필요한 말만 하며, 남들이 안 가는 곳을 잘 간다. 주로 20대의 젊은 사람들로 표정이 없다.
They don clothes that are not suitable with the season. They may also have carefully orchestrated speech and wander about in a place away from the crowd. Mostly, they are in the twenties with expressionless face.

예시 25

문 보안선언서는 누가/ 언제 작성 및 관리하는가?
Do you have any active Declarations of Security and with whom?

답 DOS 서식은 있으나 실제 시행한 적은 없습니다. 선박의 보안등급이 입항하고자 하는 항만보다 높을 경우 그리고 항만국에서 요구할 경우 작성한다.
We have the Declarations of Security form, but, have not had any occasion to use DOS yet. It is filled out when security level of ship is higher than those at the calling port facility and by the request of port authority.

※ **참고**
DOS 작성 사례가 있으면 제시한다.

예시 26

문 보안 인원을 추가로 승선시킬 수 있는 절차가 있는가. 있다면 절차를 설명하시오.
Do you have procedure in place to bring on board additional security personnel and if you have, please describe.

답 ISPS Code를 적용하지 않는 항만과 선박/항만 인터페이스 또는 보안등급 3의 경우 등에 있어서 선박보안책임자는 항만시설보안책임자와 협의하여 보안위협 상황을 판단하여 추가 보안요원의 수배/배치 여부를 결정하며, 항만시설보안책임자가 없는 경우 회사보안책임자와 보안조치를 협의한다.

In case of Ship/Port interface at a port not required to have PFSP or security level 3, SSO determines the need for additional security personnel in the consultation with Port Facility Security Officer (PFSO). Where PFSO is not identified, SSO consults the Company Security Officer (CSO) about the security measures.

예시 27

문 보안등급 상향시 미휴대 수화물에 대한 검색 절차를 설명하고, 이를 어떻게 엄격히 적용할 것인가?

What are your procedures to search unaccompanied baggage and how do you apply this more stringently when security level increases?

답 항만당국에 검색기록 확인 또는 X-Ray 검색을 요청하며, 등급별 조치 상세는 선박보안계획서를 참조한다.

We make a request for search records or X-Ray search to the port authority. The Ship Security Plan is referred to for details on actions to be taken according to each security level.

※ **참고**

"미휴대 수화물" 이라 함은

- 점검 또는 검색이 시행되는 시점에서 여객 또는 승무원이 소지하지 아니한 개인 물품을 포함한 모든 수화물
- 선내 수색 중에 발견된 소유가 불분명한 수화물 또는 유기된 물체

예시 28

문 최근 언제 선박보안계획서가 검토 또는 갱신되었는가? 갱신에 대한 기록을 볼 수 있는가?
When has the SSP been reviewed lately? Was it revalidated? Ask to see record of revalidation.

답 선박보안책임자가 (예 : 매 년 11월말 기준) 선박보안계획서를 검토하고 그 결과를 회사보안책임자에게 보고한다.
Ship security officer reviews ship security plan and reports the results to the company security officer (for example : by the end of November every year).

※ **참고**
보안장비가 SSP상에 포함되어 있지 않은 경우 SSP에서 규정한 내용(예 : Physical Search)을 설명한다.

예시 29

문 보안 훈련, 교육, 또는 연습 주기는 어떻게 되며, 가장 최근의 기록을 보여줄 수 있는가?
How often do you hold security drills, training, or exercises? When was the last time you conducted a security drill, training session, or exercise? and show me the relevant records.

답 선박보안계획서에서 식별한 보안위협(Security Threats)에 대하여 매 3개월마다 최소 1회씩 보안훈련(Security Drill)을 수행하고 있으며, 최근의 훈련은 OO년 OO월 OO일 시행되었다. 선박보안계획서에서 식별한 보안위협의 종류로는 폭발물위협, 밀항자, 마약밀수, 화물조작 등이 있다. 보다 더 자세한 내용은 선박보안계획서상 보안 교육/훈련/연습 항목 및 주기에 명시되어 있다.
The security drill against security threats identified in the SSP is being carried out at least once every 3 months and the last drill was carried out on [date]. The kind of security threats identified in the Ship Security Plan are threats from explosives, stowaway, smuggling, cargo tampering, etc. The details are described in the sections of security drills, training

or exercises in the Ship Security Plan.

예시 30

문 정박 중 엘리베이터의 사용여부와 Escape Trunk의 잠금 상태를 설명하시오.
When she is in berth or anchorage, could you explain whether use the Elevator or not and locking condition of escape trunk?

답 정박 중에는 엘리베이터를 이용하지 않는다. 이는 외부인이 엘리베이터를 이용하여 선내의 제한구역으로 침입할 수 있기 때문이며 엘리베이터의 Trunk Door도 Locking 중이다.

We are not running elevator(s) when in berth or anchorage because someone can aboard the ship through the elevator. So, we keep the escape trunk door locked.

예시 31

문 보안과 안전이 상충할 때 어떻게 대처하여야 하는가?
When security and safety is in confront which one of these has the priority?

답 경우에 따라 달라질 수 있으나 근본적으로는 안전이 우선한다. 이 경우 선장은 보안과 관련된 대체보안조치를 시행한다.

It may differ from a case to case. However, safety has the priority over security in principle. In this case, the Master implements alternative security measure(s).

예시 32

문 폭탄의 4요소는 무엇인가?
What is the 4 elements of bomb?

답 폭탄의 4요소는 폭약, 기폭제(뇌관, 점화기), 점화 스위치(기계적/화학적/전기적) 및 전원 공급 장치(퓨즈, 건전지, 화염, 불꽃) 이다.

Four(4) elements of bomb are "explosives", "Initiator : Detonator, Igniter", "Switch : Timer(Mechanical, Chemical, Electrical)", and "Power supply : Fuse, Battery, Flame, Spark".

예시 33

문 선박이 항행중이거나 부두 접안중 또는 묘박지에서 선박의 보안상태를 어떻게 감독하는가?
How do you monitor the security of the ship when underway, at berth or at anchorage?

답 보안당직조직에 따라 주기적으로 순찰을 시행하며, 접근제한구역 관리, 선박출입지역관리, 화물창 점검, 접안 반대현 순찰, 조명시설 등을 확인한다.
We patrol the ship periodically in accordance with security duty organization, and check restricted areas, access points to the ship, cargo holds, sea side, and lighting condition.

예시 34

문 얼마나 자주 보안활동에 대한 심사가 이루어지는가? 어떻게 본선에서의 보안활동을 감독하고 있는지 사례와 기록을 보여주시오.
How often do you audit security activities and could you show me relevant examples and records?

답 선박보안계획서에 기재된 바와 같이 연 1회 내부 심사를 시행 중이며, 심사방법으로는 보안평가, 시스템 이행상태 확인 및 비상대응훈련 숙련도 확인 등이 있다.
As is described in the ship security plan, the internal security audit is conducted once a year which includes security assessment, checking of implementation status of security system, confirmation of emergency response skill, etc.

예시 35

문 인가받지 아니한 무기, 위험물질, 또는 그러한 장비를 가지고 승선을 시도할 경우 어떻게 하여야 하는가?
What do you do if someone tries to bring an unauthorized weapon, dangerous substance, or device on board your vessel?

답 발견자는 즉시 선장(선박보안책임자)에게 보고하고 선장은 비상대응조직을 가동하고 항만시설보안책임자에게 지원요청을 하며, 필요시 선박보안경보 시스템을 작동시킨다.
Personnel finding those threats reports to the Master (SSO) without delay and the Master requests assistance to PFSO after initiating emergency response organization. Where necessary, the Master activates the SSAS.

예시 36

문 화물 취급 시 보안 상태를 유지하도록 보장하는 어떠한 절차가 있는가? 있다면 절차를 설명하시오.
Do you have procedure in place to ensure security for cargo handling and if you have, please describe.

답 선적 전 또는 선적 중 화물창 점검 및 선적화물을 적하목록과 비교하여 검증하며, 상세 사항은 보안계획서를 참조한다.
We compare and verify cargo manifest prior to or during loading. Details are described in the Ship Security Plan.

2. 특정보안 임무를 가지는 선상 근무자에 대한 질문

(To shipboard personnel having security responsibilities)

예시 1

문 인가받지 아니한 무기, 위험물질, 또는 그러한 장비를 가지고 승선을 시도할 경우 어떻게 하여야 하는가?

What do you do if someone tries to bring an unauthorized weapon, dangerous substance, or device on board your vessel?

답 발견자는 즉시 선장(선박보안책임자) 에게 보고하고 선장은 비상대응조직을 가동하고 항만시설보안책임자에게 지원요청을 하며, 필요시 선박보안경보 시스템을 작동시킨다.

Personnel finding those threats report to the Master (SSO) without delay. The Master requests assistance to the PFSO after operating emergency response organization and activates SSAS, if necessary.

예시 2

문 보안위반이나 보안사건 발생 시 어떻게 대처하여야 하는가?

Which action shall be taken, when the breach of security or security incident is found?

답 보안위반 사실을 관계기관(주관청, 항만당국) 및 항만시설보안책임자와 회사보안책임자에게 보고하고, 경우에 따라 비상 대응하며 관련 사실을 보안기록으로 유지한다.

We report the breach of security to the interested parties such as port authority, flag Administration, Port Facility Security Officer and the Company Security Officer, take emergency response actions where necessary, and maintain the relevant facts as a security record.

예시 3

문 누가 선박보안책임자인가?
Who is the Ship Security Officer?

답 선박보안책임자는 선장(또는 1등항해사)으로 이름은 OOO 이며, 비상연락처는 SSP의 부록에 유첨되어 있다.

Position and name of the ship security officer is the Master (or Chief Officer), OOO, and 24 hour contact details is described in the Annex to the Ship Security Plan,

예시 4

문 폭발물 등 발견시의 대응요령은 무엇인가?
What actions shall be taken, when explosives are found?

답 첫째, 폭발물 및 폭발물로 의심되는 물건 발견 시 만지지 않도록 주의하며 즉시 선박보안책임자에게 연락한다.

Firstly, when explosives including any suspicious item are found, we immediately report to the Ship Security Officer (SSO) without handling the explosives.

둘째, 폭발물 의심 물건의 주위를 제한구역으로 설정하여 접근을 통제하고 경계요원을 배치하며, 주변 인화물질을 제거한다.

Secondly, we designate the area surrounding the explosives as a restricted area, control such area to prevent access by unauthorized persons, man a watch-keeping guard and eliminate flammable substances.

셋째, 관계기관(항만당국, 주관청 등)에 연락하여 전문가의 지원을 요청한다.

Thirdly, we contact the relevant organization such as port authority, flag Administration etc. and request the support of expert.

또한 추가의 폭발물이 설치되었을 경우를 대비해 필요 시, 선내 수색을 시행한다. Moreover, we search the ship for additional explosives, when necessary.

예시 5

문 SSAS 장비는 어디에서 작동시킬 수 있나?
Could you explain where one can activate the Ship Security Alert System?

답 SSAS의 작동개소(Activating Points)는 선교 및 기타 장소에 있으며, 정확한 장소는 기국 정부의 승인이 있어야 알려줄 수 있다. 참고로, SSAS 작동 시 직접 기국정부의 보안담당기관(파나마 선박의 경우 CSO 경유)에 전달된다.
The ship security alert system can be activated from the navigation bridge and other location(s). We can tell you the specific location(s) the SSAS can be given only under the approval of flag Administration. For your information, when the SSAS be activated, the fact will be informed to the flag Administration directly or via CSO in case of Panama flag ships.

예시 6

문 보안 훈련, 교육, 또는 연습 주기는 어떻게 되며, 가장 최근의 기록을 보여줄 수 있는가?
How often do you hold security drills, training, or exercises? When was the last time you conducted a security drill, training session, or exercise? and show me the relevant records.

답 선박보안계획서에서 식별한 보안위협(Security Threats)에 대하여 매 3개월마다 최소 1회씩 보안훈련(Security Drill)을 수행하고 있으며, 최근의 훈련은 OO년 OO월 OO일 시행되었다. 선박보안계획서에서 식별한 보안위협의 종류로는 폭발물위협, 밀항자, 마약밀수, 화물조작 등이 있다. 보다 더 자세한 내용은 선박보안계획서상 보안 교육/훈련/연습 항목 및 주기에 명시되어 있다.
The security drill against security threats identified in the SSP is being carried out at least once every 3 months and the last drill was carried out on [date]. The kind of security threats identified in the Ship Security

Plan are threats from explosives, stowaway, smuggling, cargo tampering, etc. Details are described in the section of security drills, training or exercises section in the Ship Security Plan.

예시 7

문 인가받지 아니한 자의 승선을 어떻게 막을 수 있는가?
How do you prevent unauthorized persons from coming on board?

답 보안당직 조직을 운영하여 현문 당직자를 고정 배치하고, 출입자의 신원, 신분증, 방문목적 확인 및 휴대 가방 등을 검색한다.
We operate security duty organization and man a duty personnel to the gangway station. Moreover, we confirm his/her identification, identity card, purpose of boarding, and his/her effects.

예시 8

문 승선자와 그의 휴대품에 대한 검색을 어떻게 시행하고 있는가?
What do you do to search persons and their belongings when they come on board?

답 Hand-held Metal Detector를 사용(또는 가방을 개방)하여 무기류, 마약류, 폭발물 등에 대한 소지 여부를 확인한다.
We search the boarding personnel and baggage with hand-held metal detector or scrutinize inside of baggage to find any weapons, drugs, explosives, etc.

예시 9

문 미휴대 수하물을 발견하기 위한 점검 절차는 무엇인가?
What are your procedures to search unaccompanied baggage?

답 항만당국에 검색기록 확인 또는 X-Ray 검색을 요청하며, 등급별 조치 상세는 선박보안계획서를 참조한다.

We make a request for the search records or X-Ray search to the port authority. Details according to each security level are described in the ship security plan.

예시 10

문 선박의 제한된 구역을 설명하고, 제한된 구역으로의 접근 통제방법은?
Where is the vessel's restricted area and how do you restrict access to these areas?

답 선박보안계획서상에 지정되어 있으며, 출입이 허가된 사람만이 출입할 수 있도록 관리한다. 기본적으로는 Locking하여야 하나, 개방되어 있는 곳은 순찰, 경비 또는 감시 등의 방법으로 접근을 통제한다.

Restricted areas are identified in the SSP and only authorized personnel are admitted to enter. The doors of those areas shall be kept locked basically. However, where locking is not possible, such areas are controlled by patrolling, safeguarding, or monitoring.

예시 11

문 귀선의 제한구역으로 지정된 장소는 어디인가?
Which places were designated as restricted areas?

답 선교, 기관실, 거주구역 및 화물구역 등이 제한구역이며, 선박보안계획서에서 규정되어 있는 제한구역의 정확한 장소는 기국 정부의 승인이 있어야 알려줄 수 있다. 모든 제한구역에는 비인가자의 출입이 제한되고, "Restricted Areas, No permit Unauthorized Personnel"라는 경고 문구가 표시되어 있다.

Bridge, engine room, accommodation area, and cargo space are restricted areas and we can tell you the specific location(s) of restricted areas can be given only under the approval of flag Administration. Access to the restricted area is prohibited to unauthorized persons. Warning messages,

"Restricted Areas, No permit Unauthorized Personnel", are displayed on the doors to such areas.

예시 12

문 선박이 항행중이거나 부두 접안 중 또는 묘박지에서 어떻게 선박의 보안상태를 감독하는가?
How do you monitor the security of the ship when underway, at berth or at anchorage?

답 보안당직조직에 따라 주기적으로 순찰을 시행하며, 접근제한구역 관리, 선박출입지역관리, 화물창 점검, 접안 반대현 순찰, 조명시설 등을 확인한다.
We patrol the ship periodically in accordance with security duty organization, and check restricted areas, access points to the ship, cargo holds, sea side, and lighting condition.

3. 기타 모든 선원에 대한 질문(All other shipboard personnel)

예시 1

문 누가 선박보안책임자인가? 그리고 현재의 보안등급은?
Who is the ship security officer and can you tell me your current security level?

답 선박보안책임자는 선장(또는 1등항해사)으로 이름은 OOO이며, 비상연락처는 SSP의 부록에 유첨되어 있으며, 현재의 보안등급은 1등급으로써 1등급에 해당하는 보안조치를 시행중이다.
Position and name of the Ship Security Officer is the Master(or Chief Officer), OOO, and 24 hour contact details is described in the Annex to the Ship Security Plan, The current security level is one (1) and pertinent security measures are being implemented.

예시 2

문 보안위반이나 보안사건 발생 시 어떻게 대처하여야 하는가?
What action shall be taken, when the breach of security or security incident is found?

답 보안위반 사실을 관계기관(주관청, 항만당국) 및 항만시설보안책임자와 회사보안책임자에게 보고하고, 경우에 따라 비상 대응하며 관련 사실을 보안기록으로 유지한다.
We report the breach of security to the interested parties such as port authority, flag Administration, Port Facility Security Officer and the Company Security Officer. We also take emergency response actions where necessary and maintain the relevant facts as a security record.

예시 3

문 기관실에서 외부인을 발견하였을 경우 대처요령은?
What actions shall be taken when you find someone other than your crew in the engine room?

답 SSO에게 즉각 보고하고 지시를 따른다.
Such person reports the fact to the Ship Security Officer immediately and follows his/her order.

실습 NOTE

1 ISPS Code 목적에 대해 기술하라.

2 ISPS Code의 도입 배경에 대해 기술하라.

3 ISPS Code 인증 절차에 대해 기술하라.

4 선박보안평가의 요소들은 어떤 것인가?

5 선박보안계획서의 주요 요소들은 어떤 것이 있는가?

6 입항 전 선박에서 제공하여야 하는 보안정보는 어떤 것들이 있는가?

7 선박이 SOLAS XI-2 혹은 ISPS Code Part A를 준수하지 않는다는 명백한 근거가 있다고 판단하는 경우 당사국 정부가 할 수 있는 조치에는 어떤 것이 있는가?

8 명백한 근거의 존재를 알리지 않고 입항을 허가하는 경우라도 당사국 정부가 취할 수 있는 통제조치에는 어떤 것이 있는가?

9 입항 전 선박보안정보관련 예상되는 명백한 근거(Clear Grounds, IMO MSC/ Cire.1111/제3.7항)에는 어떠한 것이 있는가?

10 항내 보안관련 선박통제 점검관의 점검 기준 중 일반보안측면에서의 고려사항은 어떠한 것이 있는가?

11 항내 보안관련 선박통제 점검관의 점검 기준과 관련하여 정박 중인 선박으로의 접근시 보안등급 1에서의 고려사항에는 어떠한 것이 있는가?

12 항내 보안관련 선박통제 점검관의 점검 기준과 관련하여 여객선에서 추가로 보안등급 1에서의 고려사항에는 어떠한 것이 있는가?

13 항내 보안관련 선박통제 점검관의 점검 기준과 관련하여 정박 중인 선박으로의 접근시 보안등급 2에서의 고려사항에는 어떠한 것이 있는가?

14 항내 보안관련 선박통제 점검관의 점검 기준과 관련하여 제한구역으로의 접근시 보안등급 1 및 2에서의 고려사항에는 어떠한 것이 있는가?

15 항내 보안관련 선박통제 점검관의 점검 기준과 관련하여 선박보안의 감시시 보안등급 1 및 2에서의 고려사항에는 어떠한 것이 있는가?

16 항내 보안관련 선박통제 점검관의 점검 기준과 관련하여 선용품의 인도시 보안등급 1 및 2에서의 고려사항에는 어떠한 것이 있는가?

17 항내 보안관련 선박통제 점검관의 점검 기준과 관련하여 화물의 취급시 보안등급 1 및 2에서의 고려사항에는 어떠한 것이 있는가?

18 항내 보안관련 선박통제 점검관의 점검 기준과 관련하여 미휴대 화물의 취급시 보안등급 1 및 2에서의 고려사항에는 어떠한 것이 있는가?

19 입항 후 선박보안점검시 예상되는 명백한 근거의 예를 조사하라.

20 명백한 근거가 존재할 시 취해지는 통제조치에 대해 기술하라.

21 상세 점검항목에는 어떠한 것이 있는가?

22 ISPS 관련 점검시 문서 및 기록 점검 항목에는 어떠한 것이 있는가?

23 ISPS 관련 점검시 현장 점검 항목에는 어떠한 것이 있는가?

24 ISPS 관련 점검시 주요 질문 사항은 어떠한 것이 있는가?

25 보안 등급이란?

26 선박보안계획서란?

27 선박보안책임자란?

제3장

ISM Code

3.1 ISM Code란 무엇인가

국제선박관리(ISM : International Ship Management) 코드(Code)는 국제해사기구(IMO) 환경오염 방지 차원에서 모든 종류의 선박에 적용될 수 있도록 제정한 기준이다.

3.2 ISM Code의 제정 배경

국제해사기구(IMO)는 해상안전 및 해양환경보전을 위해 선박자체의 구조 및 설비의 강화와 선원의 자질향상을 위한 국제협약을 채택하는 등 주로 선박자체의 물리적 측면만을 중시해왔다. 그러나 각종 기준을 지속적으로 강화했음에도 불구하고 1987년 3월 Herald of Free Enterprise호의 전복 사고 등 국제적으로 대형 해난사고와 해양 오염사고가 잇달아 발생하였다.

그 원인을 분석한 결과 IMO는 전체 해난사고의 80% 이상이 인적 과실(human error)에 기인한 것으로 판명했고 이러한 인식하에 인적 과실을 방지하기 위한 대책을 마련하기로 하였다.

즉 IMO는 해상안전 및 해양환경을 보전하기 위해 선박의 물리적 안정성 및 선원의 자질향상 뿐만 아니라 해운기업의 육·해상 모든 부서를 망라한 안전관리시스템을 수립하여 시행하는 국제안전관리규약(ISM CODE)을 제정하기로 한 것이다.

이에 따라 IMO에서는 1993년10월 총회결의 741호로 "국제안전경영규약(ISM Code : International Safety Management Code)"을 채택하고 각국 정부로 하여금 이를 시행토록 권고하였으며 1994년 5월 ISM Code의 전면적이고 조속한 시행을 강제화하기 위하여 국제해상인명안전협약(SOLAS) 당사국 회의에서 ISM Code를 SOLAS 제9장으로 제정하였다.

SOLAS 제9장의 제정으로 ISM Code는 1998년부터 모든 비준국가에 단계적으로 적용, 1998년 7월 1일부터 모든 여객선, 500톤 이상의 유조선, 케미컬 탱커, 가스운반선, 산적화물운반선, 고속화물선에 적용되고 기타 500톤 이상의 모든 화물선 및 이동식 해양구조물에는 2002년 7월 1일부터 적용되었다.

3.3 ISM Code의 적용 대상 선박 및 적용 시기

- 국제항해에 종사하는 여객선, 총톤수 500톤 이상의 유조선, 화학제품운반선, 가스운반선, 산적화물운반선 및 고속화물선 : 1998. 7. 1
- 국제항해에 종사하는 총톤수 500톤 이상의 화물선(냉동어획운반선 및 공모선을 포함) 및 이동식 해상구조물 : 2002. 7. 1

3.4 ISM Code에 따른 유효 증서발급 및 통제는 어떻게 이루어지는가?

각국 정부 또는 정부가 인정한 단체는 선사 또는 선박의 안전 경영체제가 ISM CODE의 요건에 맞는 회사와 선박에 대하여 아래와 같은 증서를 발급하고 선박에는 회사의 안전관리 적합증서 사본과 선박안전관리증서를 비치하여야 한다.

- 사업장 : 안전관리 적합증서 (Document of Compliance : DOC)
- 선 박 : 선박안전 관리증서 (Safety Management Certificate : SMC)

항만국(Port State)은 선박의 입출항 시 증서의 비치 여부를 확인하여 유효한 증서가 비치되지 아니한 선박은 출항을 통제하게 되어 있다. 선박이 ISM Code에 따른 유효한 증서를 소지하고 있지 않은 경우 각국 항만으로부터 출입통제를 받게 되기 때문에 선박의 운항을 위해서 ISM Code 준수는 필수적이다.

3.5 ISM Code 관련 국내 법규의 적용

우리나라는 대한민국 선박의 안전운항 체제 확립을 위해 ISM Code의 국내시행을 위한 1997. 6.3 "선박안전경영규정"을 제정하여 고시하였으며 1999. 2. 8 "해상교통안전법 제10조"에 선박의 안전관리체제를 수립하여 시행토록 규정하고 있다.

3.5.1 대상선박 및 적용시기

1. 해운법 제2조 제3호의 규정에 의한 해상화물운송업에 종사하는 선박과 해운법 제2조 제 2호의 규정에 의한 해상여객운송사업에 종사하는 선박에 대하여 다음과 같이 시행한다.
   1) 총톤수 500톤 이상의 선박으로서 국제항해에 종사하는 선박 중 유조선, 가스운반선, 화학제품운반선, 산적화물선 및 고속 화물선을 제외한 선박 : 2001년 7월 1일
   2) 총톤수 500톤 이상의 선박으로서 국제항해에 종사하지 않는 선박 중 유조선, 가스운반선 화학제품운반선, 산적화물선 및 고속화물선 : 2002년 7월 1일
   3) 국제항해에 종사하는 총톤수 500톤 이상의 어획물운반선 및 이동식 해상구조물 : 2002년 7월 1일
   4) 국제항해에 종사하지 않는 여객선 : 2003년 1월 1일
   5) 총톤수 500톤 이상의 선박으로서 국제항해에 종사하지 않는 선박 중 유조선, 가스운반선 화학제품운반선, 산적화물선 및 고속 화물선을 제외한 선박 : 2003년 7월 1일
   6) 해운법 제2조 제3호의 규정에 의한 해상화물운송사업에 종사하는 선박 중 150톤 이상 500톤 미만의 선박 : 2004년 7월1일
2. 해상교통안전법 제10조 7의 규정에 의한 국내 각항간만을 운항하는 외국적 선박 및 국취부 나용선(BBC/HP선박)에 대하여 다음과 같이 시행한다.
   (단, PANAMA기국 선박에 대해서는 PANAMA 정부의 지침에 따른다)
   1) 국내 각 항간만을 운항하는 총톤수 500톤 이상의 외국적 위험물 운반선등 : 2002. 7. 1
   2) 국내 각 항간만을 운항하는 총톤수 500톤 이상의 외국적 일반화물선 : 2003. 7. 1
   3) 국내 각 항간만을 운항하는 총톤수 500톤 미만 150톤 이상의 외국적 화물선 : 2004. 7. 1

4) 국내 각 항간만을 운항하는 외국적 여객선 : 2003. 1. 1
5) BBC/HP선박으로서 국제항해에 종사하는 총톤수 500톤 이상의 일반화물선 : 2001. 7. 1
6) BBC/HP선박으로서 국제항해에 종사하는 총톤수 500톤 미만 150톤 이상의 화물선 : 2004. 7. 1

3. PANAMA 국적선 : 1) 국내 항만 간을 운항하는 선박일지라도 PANAMA 국내가 아닌 경우에는 국제항해에 종사하는 선박으로 간주한다.

3.6 ISM Code에 따른 증서발급 업무의 주무 관청

ISM Code 증서는 해운관련 주관청이나 주관청이 인정한 조직이 발급할 수 있도록 되어 있다. 우리나라의 경우엔 주관청인 해양수산부나 해양수산부가 인정한 타 조직이 될 수 있다.

3.7 ISM Code의 주요 내용

ISM Code 초안에 따르면 동 Code는 제1장 '안전 및 오염방지 관리요건'과 제1부록 '안전관리 및 운항과 관련한 권고 및 지침의 출처', 제2부록 '운항문서 작성을 위하여 제안된 주요사항' 등으로 구성되어 있다.

3.8 ISM Code의 조항별 내용을 좀 더 자세하게 알아보면…

1장 '안전 및 오염방지관리 요건'은 서문과 용어에 대한 정의, ISM Code 제정목적, 적용대상, 회사가 갖추어야 할 기능적 요건, 회사의 책임 및 권한, 문서화의 필요성, 선장의 책임 및 권한, 안전관리 제도에 포함되어야 할 사항, 본선 운항계획의 개발, 비상대책, 선박 및 기기의 정비와 관련된 사항, 회사의 검증, 검토 및 평가에 관한 내용, 증서발급, 확인 및 통제에 대한 내용이 포함되어 있다.

또한 '안전관리 및 운항과 관련한 요건, 권고 및 지침의 출처'에는 ISM Code 제정의 주요 근거자료가 된 주요한 국제해사협약 및 권고들이 서술되어 있다.

선박관련 사항으로는 SOLAS에 의해 강제 규정되고 있는 IBC 및 IGC 코드, MARPOL(해상오염방지협약)에 의해 제정된 IBC/IGC 코드가 설명되어 있으며 선주관련 사항으로는 IMO가 결의한 A.441(선주에 대한 기국의 통제)가 밝혀져 있다.

또한 부록 1에는 선박 및 선주관련 사항 이외에 선원과 선박에 관련된 ILO 협약 내용 등이 포함되어 있으며 국제선급연합회에서 발행한 선급규칙에 대한 내용도 서술되어 있다.

ISM 코우드 부록 2 '운항문서 작성을 위하여 제안된 주요사항'에는 본선의 조직과 보고절차 등의 일반사항과 화물 및 여객의 반입 탑승, 육상 주관청과의 관계 등이 포함된 항내사항, 흘수의 확인 및 기록 등 출항준비, 선교 및 기관실 당직 등에 대한 선박 항해중 주요 사항을 문서화하는 데 포함돼야 할 사항이 열거되어 있다.

3.9 ISM Code 전문

〈Preamble〉

1. The purpose of this Code is to provide an international standard for the safe management and operation of ships and for pollution prevention.

   이 코드의 목적은 선박의 안전경영 및 안전운항과 오염 방지를 위한 국제 기준을 제공하기 위한 것이다.

2. The Assembly adopted resolution A.443(XI), by which it invited all Governments to take the necessary steps to safeguard the shipmaster in the proper discharge of his responsibilities with regard to maritime safety and the protection of the marine environment.

   총회는 Res. A.443(11)을 채택하여 선장이 해상안전 및 해양환경 보호와 관련된 그의 책임을 다할 수 있도록 선장을 보호하는 데 필요한 조치를 정부가 취할 것을 권고하였다.

3. The Assembly also adopted resolution A.680(17), by which it further recognized the need for appropriate organization of management to enable it to respond to the need of those on board ships to achieve and maintain high standards of safety and environmental protection.

   총회는 또한 Res. A.680(17)을 채택하여 안전 및 환경보호의 높은 기준을 달성하고 유지하기 위하여 해상직원의 요구에 대응할 수 있는 적절한 경영조직의 필요성을 깊이 인정하였다.

4. Recognizing that no two shipping companies or shipowners are the same, and that ships operate under a wide range of different conditions, the Code is based on general principles and objectives.

   어떤 해운회사나 선주도 같을 수 없으며, 다양한 범위의 다른 조건하에서 선박이 운항되고 있으며, 이 코드는 일반적인 원칙 및 목표를 기초로 하고 있음을 인식하였다.

5. The Code is expressed in broad terms so that it can have a widespread application. Clearly, different levels of management, whether shore-based or at sea, will require varying levels of knowledge and awareness of the items outlined.

   이 코드는 광범위하게 적용할 수 있도록 광의의 용어를 사용하였다. 육상이든 해상이든 간에 경영의 수준이 분명히 다르기 때문에 각 요건에 대하여는 다양한 수준의 지식 및 이해가 필요하다.

6. The cornerstone of good safety management is commitment from the top. In matters of safety and pollution prevention it is the commitment, competence, attitudes and motivation of individuals at all levels that determines the end result.

   최고 경영자의 실행의지가 훌륭한 안전경영의 초석이다. 안전 및 오염방지에 관하여 최종 결과를 결정짓는 것은 모든 계층에서의 개개인의 실행의지, 능력, 태도 및 동기부여이다.

PART A - IMPLEMENTATION

1. GENERAL

1.1 Definitions

The following definitions apply to parts A and B of this Code.

다음의 정의는 이 코드 A편 및 B편에 적용된다.

1.1.1 "International Safety Management (ISM) Code" means the International Management Code for the Safe Operation of Ships and for Pollution Prevention as adopted by the Assembly, as may be amended by the Organization.

"국제안전경영코드(ISM Code)"는 총회에서 채택되었고 향후 기구(IMO)에서 개정될 수 있는 선박의 안전운항 및 환경보호를 위한 국제경영코드를 말한다.

1.1.2 "Company" means the owner of the ship or any other organization or person such as the manager, or the bareboat charterer, who has assumed the responsibility for operation of the ship from the shipowner and who, on assuming such responsibility, has agreed to take over all duties and responsibility imposed by the Code.

"회사"는 선박소유자 또는 선박소유자로부터 선박의 운항 책임을 맡고, 또한 이 코드에 의하여 부여되는 모든 의무와 책임을 지기로 동의한 선박관리자 또는 나용선자와 같은 어떤 조직 또는 개인을 말한다.

1.1.3 "Administration" means the Government of the State whose flag the ship is entitled to fly.

"주관청"은 선박의 기국정부를 말한다.

1.1.4 "Safety management system" means a structured and documented system enabling Company personnel to implement effectively the Company safety and environmental protection policy.

안전경영시스템(SMS)은 회사 직원이 회사의 안전 및 환경보호방침을 효과적으로 이행하도록 하기 위하여 구성되고 문서화된 시스템을 의미한다.

1.1.5 "Document of Compliance" means a document issued to a Company which complies with the requirements of this Code.

적합증서(DOC)란 ISM 코드의 요건에 적합한 회사에 발급하는 증서를 의미한다.

1.1.6 "Safety Management Certificate" means a document issued to a ship which signifies that the Company and its shipboard management operate in accordance with the approved safety management system.

안전경영증서(SMC)란 회사 및 선박이 인증된 안전경영시스템에 따라서 운영되고 있음이 증명된 선박에 발급하는 증서를 의미한다.

1.1.7 "Objective evidence" means quantitative or qualitative information, records or statements of fact pertaining to safety or to the existence and implementation of a safety management system element, which is based on observation, measurement or test and which can be verified.

객관적인 증거란 안전 또는 안전경영시스템 요건 및 그의 시행과 관련된 양적 또는 질적 정보, 기록 또는 사실진술서로서 관찰, 측정 또는 시험에 기초하여 검증될 수 있는 것을 의미한다.

1.1.8 "Observation" means a statement of fact made during a safety management audit and substantiated by objective evidence.

관찰사항이란 안전경영 심사 중 작성되고 객관적인 증거에 의해서 뒷받침되는 사실진술서를 의미한다.

1.1.9 "Non-conformity" means an observed situation where objective evidence indicates the non-fulfillment of a specified requirement.

부적합사항은 특정 요건을 충족하지 못함이 객관적인 증거에 의하여 관찰된 사항을 의미한다.

1.1.10 "Major non-conformity" means an identifiable deviation that poses a serious threat to the safety of personnel or the ship or a serious risk to the environment that requires immediate corrective action and includes the lack of effective and systematic implementation of a requirement of this Code.

중부적합사항은 인명이나 선박 안전에 중대한 위협을 주거나 환경에 심각한 위험을 초래하는 식별 가능한 상태를 의미하며 즉각적인 시정조치를 필요로 한다. 또한 ISM Code의 요건이 효과적이고 체계적으로 시행되지 않는 것도 중부적합으로 간주된다.

1.1.11 "Anniversary date" means the day and month of each year that corresponds to the date of expiry of the relevant document or certificate.

연차일은 관련 증서 또는 인증서의 만료일에 해당하는 매년의 월일을 의미한다.

1.1.12 "Convention" means the International Convention for the Safety of Life at Sea, 1974, as amended.

협약은 1974년 해상에서 인명안전협약(개정사항 포함)을 의미한다.

1.2 Objectives(목표)

1.2.1 The objectives of the Code are to ensure safety at sea, prevention of human injury or loss of life, and avoidance of damage to the environment, in particular to the marine environment and to property.

이 코드의 목표는 해상안전, 인명손상 방지, 환경 특히 해양환경 및 재산 피해에 대한 예방을 보장하는 것이다.

1.2.2 Safety management objectives of the Company should, inter alia:

회사의 안전경영목표는 특히 다음과 같아야 한다.

1.2.2.1 provide for safe practices in ship operation and a safe working environment;

선박의 안전운항 실무 및 안전한 작업환경의 제공

1.2.2.2 establish safeguards against all identified risks; and

식별된 모든 위험에 대한 안전장치의 수립 및

1.2.2.3 continuously improve safety management skills of personnel ashore and aboard ships, including preparing for emergencies related both to safety and environmental protection.

안전 및 환경보호에 관한 비상대책을 포함하여 육상 및 해상직원의 지속적인 안전경영기술의 향상.

1.2.3 The safety management system should ensure:

안전경영시스템은 다음 사항을 보장하여야 한다.

1.2.3.1 compliance with mandatory rules and regulations; and

강제 법규 및 규칙의 준수

1.2.3.2 that applicable codes, guidelines and standards recommended by the Organization, Administrations, classification societies and maritime industry organizations are taken into account.

국제해사기구, 기국정부, 선급 및 해사단체에 의하여 권고된 적용 가능한 코드, 지침 및 기준에 대한 고려.

1.3 Application

The requirements of this Code may be applied to all ships.

이 코드의 여건은 모든 선박에 적용될 수 있다.

1.4 Functional requirements for a safety management system

안전경영시스템의 기능적 요건

Every Company should develop, implement and maintain a safety management system which includes the following functional requirements:

모든 회사는 다음의 기능적 요건을 포함하는 안전경영시스템을 수립, 실행 및 유지하여야 한다.

1.4.1 a safety and environmental-protection policy;

안전 및 환경보호 방침

1.4.2 instructions and procedures to ensure safe operation of ships and protection of the environment in compliance with relevant international and flag State legislation;

관련 국제 협약 및 기국의 법령에 따라 선박의 안전운항 및 환경보호를 보장하는 절차 및 지침

1.4.3 defined levels of authority and lines of communication between, and amongst, shore and shipboard personnel;

육상 및 해상 직원 간에 그리고 그들 각자 간에 지휘체계 의사소통 체계의 규정

1.4.4 procedures for reporting accidents and non-conformities with the provisions of this Code;

이 코드 요건에 따른 사고 및 부적합사항의 보고 절차

1.4.5 procedures to prepare for and respond to emergency situations; and

비상상황에 대한 대비 및 대응 절차

1.4.6 procedures for internal audits and management reviews.

내부심사(감사) 및 경영검토 절차

2. SAFETY AND ENVIRONMENTAL-PROTECTION POLICY (안전 및 환경보호 방침)

2.1 The Company should establish a safety and environmental-protection policy which describes how the objectives given in paragraph 1.2 will be achieved.

회사는 제 1.2항에 규정된 목표의 달성 방법을 기술한 안전 및 환경보호 방침을 수립하여야 한다.

2.2 The Company should ensure that the policy is implemented and maintained at all levels of the organization, both ship-based and shore-based.

회사는 육상 및 해상의 모든 계층에서 이 방침이 실행되고 유지됨을 보장하여야 한다.

3. COMPANY RESPONSIBILITIES AND AUTHORITY(회사의 책임 및 권한)

3.1 If the entity who is responsible for the operation of the ship is other than the owner, the owner must report the full name and details of such entity to the Administration.

선박운항에 대한 책임이 있는 주체가 선주가 아닌 경우, 그 선주는 그러한 주체의 성명과 세부사항을 기국정부에 보고하여야 한다.

3.2 The Company should define and document the responsibility, authority and interrelation of all personnel who manage, perform and verify work relating to and affecting safety and pollution prevention.

회사는 안전 및 오염방지에 관련되고 영향을 미치는 업무를 관리, 수행 및 검증하는 모든 직원의 책임, 권한 및 상호관계를 규정하고 문서화하여야 한다.

3.3 The Company is responsible for ensuring that adequate resources and shore-based support are provided to enable the designated person or persons to carry out their functions.

회사는 안전경영책임자(들)가 그(들)의 직무를 수행할 수 있도록 적절한 인적 자원 및 육상지원의 제공을 보장할 책임이 있다.

4. DESIGNATED PERSON(S)(지정된 자)

To ensure the safe operation of each ship and to provide a link between the Company and those on board, every Company, as appropriate, should designate a person or persons ashore having direct access to the highest level of management. The responsibility and authority of the designated person or persons should include monitoring the safety and pollution-prevention aspects of the operation of each ship and ensuring that adequate resources and shore-based support are applied, as required.

회사는 각 선박의 안전운항을 보장하고 회사와 선박직원 간의 연계를 확보하기 위하여 최고경영자에게 직접 보고할 수 있는 자를 안전경영책임자(들)로 지정하여야 한다. 안전경영책임자(들)의 책임 및 권한에는 각 선박의 안전운항 및 오염방지를 모니터링하고 또한 적절한 자원과 육상의 지원을 필요에 따라 제공하도록 보장하는 것이 포함되어야 한다.

5. MASTER'S RESPONSIBILITY AND AUTHORITY(선장의 책임 및 권한)

5.1 The Company should clearly define and document the master's responsibility with regard to:

회사는 다음 사항에 대하여 선장의 책임을 명확히 규정하고 문서화하여야 한다.

5.1.1 implementing the safety and environmental-protection policy of the Company;

회사의 안전 및 환경보호 방침의 이행

5.1.2 motivating the crew in the observation of that policy;

그 방침을 준수하도록 선원들에게 동기 부여

5.1.3 issuing appropriate orders and instructions in a clear and simple manner;

간단명료한 방법으로 적절한 명령 및 지침의 하달

5.1.4 verifying that specified requirements are observed; and

규정된 요건이 준수되고 있는지 검증

5.1.5 reviewing the safety management system and reporting its deficiencies to the shore-based management.

안전경영시스템을 검토하고 그 결함사항을 육상의 경영자에게 보고.

5.2 The Company should ensure that the safety management system operating on board the ship contains a clear statement emphasizing the master's authority. The Company should establish in the safety management system that the master has the overriding authority and the responsibility to make decisions with respect to safety and pollution prevention and to request the Company's assistance as may be necessary.

회사는 선박에서 운영되고 있는 안전경영시스템에 선장의 권한이 명확하게 규정되어 있음을 보장하여야 한다. 회사는 선장이 안전 및 오염방지와 관련하여 결정을 내리고 필요에 따라서 회사의 지원을 요청할 수 있는 최우선적인 권한 및 책임을 갖고 있음을 회사의 안전경영시스템에 규정하여야 한다.

6. RESOURCES AND PERSONNEL(자원 및 인원)

6.1 The Company should ensure that the master is:

회사는 선장에게 다음 사항을 보장하여야 한다.

6.1.1 properly qualified for command;

선장은 적절한 지휘 능력이 있고

6.1.2 fully conversant with the Company's safety management system; and

선장은 회사의 안전경영시스템을 충분히 숙지하고 있으며

6.1.3 given the necessary support so that the master's duties can be safely performed.

선장은 직무를 안전하게 수행할 수 있도록 필요한 지원을 선장이 받고 있음을 보장하여야 한다.

6.2 The Company should ensure that each ship is manned with qualified, certificated and medically fit seafarers in accordance with national and international requirements.

회사는 국내 및 국제 규정에 적합한 자격과 증서를 갖추고 의학상 건강한 해상직원이 각 선박에 배승됨을 보장하여야 한다.

6.3 The Company should establish procedures to ensure that new personnel and personnel transferred to new assignments related to safety and protection of the environment are given proper familiarization with their duties. Instructions which are essential to be provided prior to sailing should be identified, documented and given.

회사는 안전 및 환경보호와 관련하여 신입직원 및 새로운 직무를 맡은 전입직원이 직무에 익숙해지도록 보장하는 절차를 수립하여야 한다. 출항 전에 제공해야 할 필수 지침을 식별하여 문서화하고 배부하여야 한다.

6.4 The Company should ensure that all personnel involved in the Company's safety management system have an adequate understanding of relevant rules, regulations, codes and guidelines.

회사는 회사의 안전경영시스템에 관련된 모든 인원들이 관련 법규, 규칙, 코드 및 지침을 적절히 이해하고 있음을 보장하여야 한다.

6.5 The Company should establish and maintain procedures for identifying any training which may be required in support of the safety management system and ensure that such training is provided for all personnel concerned.

회사는 안전경영시스템의 운영에 필요한 모든 교육훈련을 식별하기 위한 절차를 수립하고 식별된 교육훈련은 모든 관련 인원에게 제공되도록 보장하여야 한다.

6.6 The Company should establish procedures by which the ship's personnel receive relevant information on the safety management system in a working language or languages understood by them.

회사는 안전경영시스템의 해당업무에 관한 정보를 해상직원들이 업무에 사용하는 언어 또는 그들이 알고 있는 언어로 제공받는 절차를 수립하여야 한다.

6.7 The Company should ensure that the ship's personnel are able to communicate effectively in the execution of their duties related to the safety management system.

회사는 해상직원이 안전경영시스템과 관련된 직무를 수행할 때 효과적으로 의사소통이 될 수 있도록 보장하여야 한다.

7. DEVELOPMENT OF PLANS FOR SHIPBOARD OPERATIONS

선박 운항을 위한 계획의 개발

The Company should establish procedures for the preparation of plans and instructions, including checklists as appropriate, for key shipboard operations concerning the safety of the ship and the prevention of pollution. The various tasks involved should be defined and assigned to qualified personnel.

회사는 선박의 안전 및 오염방지에 관한 필수적인 선박 업무를 위한 계획 및 지침(필요시 점검표를 포함한다)을 준비하기 위한 절차를 수립하여야 한다. 이와 관련된 다양한 업무는 규정되어야 하며 자격이 인정된 자에게 부여되어야 한다.

8 EMERGENCY PREPAREDNESS(비상대책)

8.1 The Company should establish procedures to identify, describe and respond to potential emergency shipboard situations.

회사는 선박에서 발생할 수 있는 잠재적인 비상상황을 식별하고, 규정 및 대응하기 위한 절차를 수립하여야 한다.

8.2 The Company should establish programmes for drills and exercises to prepare for emergency actions.

회사는 비상대응을 위한 훈련 및 연습 프로그램을 수립하여야 한다.

8.3 The safety management system should provide for measures ensuring that the Company's organization can respond at any time to hazards, accidents and emergency situations involving its ships.

안전경영시스템은 회사의 조직이 선박과 관련된 위험, 사고 및 비상상황에 항상 대응할 수 있도록 보장하는 수단을 제공하여야 한다.

9. REPORTS AND ANALYSIS OF NON-CONFORMITIES, ACCIDENTS AND HAZARDOUS OCCURRENCES

부적합사항, 사고 및 위험사항에 대한 보고 및 분석

9.1 The safety management system should include procedures ensuring that non-conformities, accidents and hazardous situations are reported to the Company, investigated and analysed with the objective of improving safety and pollution prevention.

안전경영시스템에는 부적합사항, 사고 및 위험상황이 회사에 보고되고, 안전 및 오염방지 업무를 개선할 목적으로 조사되며 분석되도록 보장하는 절차가 포함되어야 한다.

9.2 The Company should establish procedures for the implementation of corrective action.

회사는 시정조치를 실행하기 위한 절차를 수립하여야 한다.

10 MAINTENANCE OF THE SHIP AND EQUIPMENT(선박 및 설비의 정비)

10.1 The Company should establish procedures to ensure that the ship is maintained in conformity with the provisions of the relevant rules and regulations and with any additional requirements which may be established by the Company.

회사는 선박이 관련 법규 및 규칙 그리고 회사가 수립한 모든 추가 요건에 적합하게 유지되도록 보장하는 절차를 수립하여야 한다.

10.2 In meeting these requirements the Company should ensure that:

회사는 제 10.1항을 만족시키기 위하여 다음 사항을 보장하여야 한다.

10.2.1 inspections are held at appropriate intervals;

적절한 주기로 검사

10.2.2 any non-conformity is reported, with its possible cause, if known;

모든 부적합사항은 파악된 원인(원인을 아는 경우)과 함께 보고

10.2.3 appropriate corrective action is taken; and

적절한 시행조치의 실행

10.2.4 records of these activities are maintained.

이러한 활동 기록의 유지

10.3 The Company should establish procedures in its safety management system to identify equipment and technical systems the sudden operational failure of which may result in hazardous situations. The safety management system should provide for specific measures aimed at promoting the reliability of such equipment or systems. These measures should include the regular testing of stand-by arrangements and equipment or technical systems that are not in continuous use.

회사는 갑자기 기능이 정지하면 위험한 상황을 초래할 수 있는 설비 및 기술시스템을 식별하기 위한 절차를 안전경영시스템에 수립하여야 한다. 안전경영시스템은 그러한 설비 또는 시스템의 신뢰성 향상을 목적으로 하는 특정 수단을 제공하여야 하며, 그 수단에는 예비기기 및 연속사용하지 않는 설비 또는 기술시스템에 대한 정기적인 시험을 포함하여야 한다.

10.4 The inspections mentioned in 10.2 as well as the measures referred to in 10.3 should be integrated into the ship's operational maintenance routine.

제10.3항의 수단 및 10.2항의 검사는 통상의 선박 정비 업무에 포함되어야 한다.

11. DOCUMENTATION(문서화)

11.1 The Company should establish and maintain procedures to control all documents and data which are relevant to the safety management system.

회사는 안전경영시스템에 관련된 모든 문서 및 자료를 관리하는 절차를 수립하고 유지하여야 한다.

11.2 The Company should ensure that : 회사는 다음 사항을 보장하여야 한다.

11.2.1 valid documents are available at all relevant locations;

유효한 문서가 관련된 모든 장소에서 활용 가능할 것

11.2.2 changes to documents are reviewed and approved by authorized personnel; and

문서를 개정하는 경우 권한이 부여된 직원이 검토 및 승인할 것.

11.2.3 obsolete documents are promptly removed.

폐지된 문서는 신속히 제거할 것.

11.3 The documents used to describe and implement the safety management system may be referred to as the Safety Management Manual. Documentation should be kept in a form that the Company considers most effective. Each ship should carry on board all documentation relevant to that ship.

안전경영시스템을 규정하고 실행하기 위하여 사용되는 문서를 "안전경영문서(Safety Management Manual)"라고 칭할 수 있다. 문서관리는 회사가 가장 효과적이라고 판단되는 형식으로 유지하여야 한다. 각 선박에는 그 선박에 관련된 모든 문서가 비치되어야 한다.

12. COMPANY VERIFICATION, REVIEW AND EVALUATION(회사의 검증, 검토 및 평가)

12.1 The Company should carry out internal safety audits to verify whether safety and pollution-prevention activities comply with the safety management system.

회사는 안전 및 오염방지 활동이 안전경영시스템에 적합한지 검증하기 위하여 내부감사를 실행하여야 한다.

12.2 The Company should periodically evaluate the efficiency of and, when needed, review the safety management system in accordance with procedures established by the Company.

회사는 수립된 절차에 따라서 정기적으로 안전경영시스템의 효율성을 평가하고 또한 필요시에는 안전경영시스템을 검토하여야 한다.

12.3 The audits and possible corrective actions should be carried out in accordance with documented procedures.

심사 및 이에 따른 시정조치는 문서화된 절차에 따라 실행되어야 한다.

12.4 Personnel carrying out audits should be independent of the areas being audited unless this is impracticable due to the size and the nature of the Company.

심사를 시행하는 직원은 회사의 규모 및 특성상 실행 불가능한 경우를 제외하고, 피심사 직원과 독립되어야 한다.

12.5 The results of the audits and reviews should be brought to the attention of all personnel having responsibility in the area involved.

심사 및 검토의 결과는 관련분야에 책임이 있는 모든 인원에게 통보되어야 한다.

12.6 The management personnel responsible for the area involved should take timely corrective action on deficiencies found.

관련 분야의 관리책임자는 발견된 결함에 대하여 제때에 시정 조치를 하여야 한다.

PART B - CERTIFICATION AND VERIFICATION

13. CERTIFICATION AND PERIODICAL VERIFICATION(증서 발급 및 정기적 검증)

13.1 The ship should be operated by a Company which has been issued with a Document of Compliance or with an Interim Document of Compliance in accordance with paragraph 14.1, relevant to that ship.

선박은 그 선박에 해당하는 적합증서 또는 제 14.1항에 따라서 임시 적합증서를 발급받은 회사에 의하여 운영되어야 한다.

13.2 The Document of Compliance should be issued by the Administration, by an organization recognized by the Administration or, at the request of the Administration, by another Contracting Government to the Convention to any Company complying with the requirements of this Code for a period specified by the Administration which should not exceed five years. Such a document should be accepted as evidence that the Company is capable of complying with the requirements of this Code.

적합증서(DOC)는 주관청, 주관청이 인정한 기관, 또는 주관청의 요청에 의거 협약의 타당사국 정부에 의하여 이 코드의 요건에 적합한 회사에게 5년을 초과하지 아니하는 규정한 기간으로 발급되어야 한다. 이 증서는 회사가 ISM code의 요건을 만족시킬 능력이 있다는 증거로 인정되어야 한다.

13.3 The Document of Compliance is only valid for the ship types explicitly indicated in the document. Such indication should be based on the types of ships on which the initial verification was based. Other ship types should only be added after verification of the Company's capability to comply with the requirements of this Code applicable to such ship types. In this context, ship types are those referred to in regulation IX/1 of the Convention.

적합증서는 그 증서에 표기된 선종에 대해서만 유효하다. 그러한 표기는 초기심사가 시행된 선종은 회사가 선종에게 적용 가능한 코드의 요건에 적합하다는 능력이 검증된 후에만 추가하여야 한다. 이와 관련하여 선종은 협약의 제9장의 1규칙에 언급된 선종을 의미한다.

13.4 The validity of a Document of Compliance should be subject to annual verification by the Administration or by an organization recognized by the Administration or, at the request of the Administration, by another Contracting Government within three months before or after the anniversary date.

적합증서는 그 연차일 전후 3개월 이내에 주관청 또는 주관청이 인정한 기관, 또는 주관청의 요청에 의거 협약의 타당사국 정부가 시행한 연차 심사를 받는 것을 조건으로 유효하다.

13.5 The Document of Compliance should be withdrawn by the Administration or, at its request, by the Contracting Government which issued the Document when the annual verification required in paragraph 13.4 is not requested or if there is evidence of major non-conformities with this Code.

제 13.4항에 규정된 연차심사가 신청되지 아니하거나, 이 코드상 중부적합사항의 증거가 있는 경우, 주관청 또는 주관청 요청에 의하여 증서를 발급한 협약의 타당사국 정부는 적합증서를 취소하여야 한다.

13.5.1 All associated Safety Management Certificates and/or Interim Safety Management Certificates should also be withdrawn if the Document of Compliance is withdrawn.

적합증서가 취소되는 경우 모든 관련 안전경영증서 및/또는 임시안전경영증서도 취소하여야 한다.

13.6 A copy of the Document of Compliance should be placed on board in order that the master of the ship, if so requested, may produce it for verification by the Administration or by an organization recognized by the Administration or for the purposes of the control referred to in regulation IX/6.2 of the Convention. The copy of the Document is not required to be authenticated or certified.

적합증서 사본을 본선에 비치하여 주관청 또는 주관청에 의하여 인정된 기관에 의한 심사시에 또는 협약의 제9장 제6.2규칙에 언급된 통제의 목적을 위하여 요청이 있을 때에 선장이 제시할 수 있도록 하여야 한다. 적합증서의 사본은 원본대조필 또는 인증사본을 요구하는 것은 아니다.

13.7 The Safety Management Certificate should be issued to a ship for a period which should not exceed five years by the Administration or an organization recognized by the Administration or, at the request of the Administration, by another Contracting Government. The Safety Management Certificate should be issued after verifying that the Company and its shipboard management operate in accordance with the approved safety management system. Such a Certificate should be accepted as evidence that the ship is complying with the requirements of this Code.

안전경영증서는 주관청 또는 주관청이 인정한 단체, 또는 주관청의 요청에 의한 협약의 타당사국 정부에 의하여 5년을 넘지 아니하는 기간으로 발급되어야 한다. 안전경영증서는 회사 및 선박의 안전관리가 승인된 안전경영시스템에 따라서 운영되고 있음을 검증한 후에 발급되어야 한다. 이 증서는 선박이 이 코드의 요건에 적합하다는 증거로 인정되어야 한다.

13.8 The validity of the Safety Management Certificate should be subject to at least one intermediate verification by the Administration or an organization recognized by the Administration or, at the request of the Administration, by another Contracting Government. If only one intermediate verification is to be carried out and the period of validity of the Safety Management Certificate is five years, it should take place between the second and third anniversary dates of the Safety Management Certificate.

안전경영증서는 주관청 또는 주관청이 인정한 기관, 또는 주관청의 요청에 의거 협약의 타당사국 정부가 시행한 1회 이상의 중간 심사를 받는 것을 조건으로 유효하다. 단 1회의 중간 심사만 시행되고 안전경영증서의 유효기간이 5년인 경우에는 그 중간 심사는 안전경영증서의 제2차 및 제3차 연차일 사이에 시행되어야 한다.

13.9 In addition to the requirements of paragraph 13.5.1, the Safety Management Certificate should be withdrawn by the Administration or, at the request of the Administration, by the Contracting Government which has issued it when the intermediate verification required in paragraph 13.8 is not requested or if there is evidence of major non-conformity with this Code.

제13.5.1항의 요건에 추가하여 안전경영증서는 제 13.8항에 규정된 중간심사가 신청되지 아니하거나, 이 코드상 중부적합사항의 증거가 있는 경우 주관청 또는 주관청의 요청에 의하여 증서를 발급한 타당사국 정부는 안전경영증서를 취소하여야 한다.

13.10 Notwithstanding the requirements of paragraphs 13.2 and 13.7, when the renewal verification is completed within three months before the expiry date of the existing Document of Compliance or Safety Management Certificate, the new Document of Compliance or the new Safety Management Certificate should be valid from the date of completion of the renewal verification for a period not exceeding five years from the date of expiry of the existing Document of Compliance or Safety Management Certificate.

제 13.2항 및 13.7항의 요건에도 불구하고, 갱신 심사가 현행 적합증서 또는 안전경영증서의 만료일전 3개월 이내에 완료된 경우에는, 새로운 적합증서 또는 새로운 안전경영증서는 갱신 심사 완료일부터 유효하며 현행 적합증서 또는 현행 안전경영증서의 만료일로부터 5년을 넘지 아니하는 기간으로 한다.

13.11 When the renewal verification is completed more than three months before the expiry date of the existing Document of Compliance or Safety Management Certificate, the new Document of Compliance or the new Safety Management Certificate should be valid from the date of completion of the renewal verification for a period not exceeding five years from the date of completion of the renewal verification."

갱신 심사가 현행 적합증서 또는 안전경영증서의 만료일보다 3개월을 넘는 기간 전에 완료된 경우에는, 새로운 적합증서 또는 새로운 안전경영증서는 갱신 심사 완료일로부터 유효하며 갱신 심사 완료일부터 5년을 넘지 아니하는 기간으로 한다.

14 INTERIM CERTIFICATION(임시증서 발급)

14.1 An Interim Document of Compliance may be issued to facilitate initial implementation of this Code when:

임시적합증서는 이 코드의 최초 시행을 용이하게 할 수 있도록 다음의 경우에 발급될 수 있다.

14.1.1 a Company is newly established; or

회사를 신설할 때, 또는

14.1.2 new ship types are to be added to an existing Document of Compliance, following verification that the Company has a safety management system that meets the objectives of paragraph 1.2.3 of this Code, provided the Company demonstrates plans to implement a safety management system meeting the full requirements of this Code within the period of validity of the Interim Document of Compliance. Such an Interim Document of Compliance should be issued for a period not exceeding 12 months by the Administration or by an organization recognized by the Administration or, at the request of the Administration, by another Contracting Government. A copy of the Interim Document of Compliance should be placed on board in order that the master of the ship, if so requested, may produce it for verification by the Administration or by an organization recognized by the Administration or for the purposes of the control referred to in regulation IX/6.2 of the Convention. The copy of the Document is not required to be authenticated or certified.

현행 적합증서에 새로운 선종을 추가할 경우 :
단 회사가 이 코드의 제 1.2.3항의 목표에 부합되는 안전경영시스템을 가지고 있음을 검증하여야 하며, 또한 회사는 임시적합증서의 유효 기간 내에 이 코드의 요건을 모두 만족하는 안전경영시스템을 시행하기 위한 계획을 입증하여야 한다. 그러한 임시적합증서는 주관청 또는 주관청이 인정한 기관, 또는 주관청의 요청에 의거 협약의 타당사국 정부에 의하여 12개월을 넘지 아니하는 기간으로 발급되어야 한다. 임시적합증서 사본을 본선에 비치하여 주관청 또는 주관청에 의하여 인정된 기관에 의한 심사시에, 또는 협약의 제9장 제6.2규칙에 언급된 통제의 목적을 위하여 요청이 있을 때에 선장이 제시할 수 있도록 하여야 한다. 임시적합증서의 사본은 원본 대조필 또는 인증사본이 요구되지 아니한다.

14.2 An Interim Safety Management Certificate may be issued:

임시안전경영증서는 다음의 선박에 발급될 수 있다.

14.2.1 to new ships on delivery; 인도된 선박

14.2.2 when a Company takes on responsibility for the operation of a ship which is new to the Company;

회사가 관리 책임을 처음 맡은 선박, 또는

14.2.3 when a ship changes flag. 기국이 변경된 선박

Such an Interim Safety Management Certificate should be issued for a period not exceeding 6 months by the Administration or an organization recognized by the Administration or, at the request of the Administration, by another Contracting Government.

그러한 임시안전경영증서는 주관청 또는 주관청이 인정한 기관, 또는 주관청의 요청에 의거 협약의 타당사국 정부에 의하여 6개월을 넘지 아니하는 기간으로 발급되어야 한다.

14.3 An Administration or, at the request of the Administration, another Contracting Government may, in special cases, extend the validity of an Interim Safety Management Certificate for a further period which should not exceed 6 months from the date of expiry.

주관청 또는 주관청의 요청에 의거 협약의 타당사국 정부는 특별한 경우에, 임시안전경영증서의 유효기간을 만료일로부터 6개월을 넘지 아니하는 기간으로 추가로 연장할 수 있다.

14.4 An Interim Safety Management Certificate may be issued following verification that:

임시안전경영증서는 다음을 검증한 후에 발행될 수 있다.

14.4.1 the Document of Compliance, or the Interim Document of Compliance, is relevant to the ship concerned;

적합증서 또는 임시적합증서가 그 선박에 해당됨.

14.4.2 the safety management system provided by the Company for the ship concerned includes key elements of this Code and has been assessed during the audit for issuance of the Document of Compliance or demonstrated for issuance of the Interim Document of Compliance;

회사에서 선박에 제공한 안전경영시스템에는 이 코드의 주요 요건이 포함되어 있고, 그 안전경영시스템이 적합증서 발급을 위한 심사 중에 심사되었거나 임시적합증서 발급시 증명되었음.

14.4.3 the Company has planned the audit of the ship within three months;

회사는 3개월 이내에 그 선박의 심사를 계획하였음.

14.4.4 the master and officers are familiar with the safety management system and the planned arrangements for its implementation;

선장 및 사관들은 안전경영시스템 및 실행을 위한 계획을 숙지하고 있음.

14.4.5 instructions, which have been identified as being essential, are provided prior to sailing; and

필수 지침으로 식별된 지침들이 출항 전에 제공되었음, 그리고

14.4.6 relevant information on the safety management system has been given in a working language or languages understood by the ship's personnel.

안전경영시스템상의 관련 정보가 사용 용어 또는 선원이 이해할 수 있는 언어로 제공되었음.

15. VERIFICATION(검증)

15.1 All verifications required by the provisions of this Code should be carried out in accordance with procedures acceptable to the Administration, taking into account the guidelines developed by the Organization.

이 코드에서 요구되는 모든 검증은 기구에서 개발한 지침을 고려하여 주관청이 인정하는 절차에 따라서 수행되어야 한다.

16. FORMS OF CERTIFICATES(증서의 양식)

16.1 The Document of Compliance, the Safety Management Certificate, the Interim Document of Compliance and the Interim Safety Management Certificate should be drawn up in a form corresponding to the models given in the appendix to this Code. If the language used is neither English nor French, the text should include a translation into one of these languages.

적합증서, 안전경영증서, 임시적합증서 및 임기안전경영증서는 이 코드의 부록에 제시된 형식에 상응하는 양식으로 작성되어야 한다. 사용된 언어가 영어 또는 불어가 아닌 경우, 본문은 이들 언어 중 하나의 번역문을 포함하여야 한다.

16.2 In addition to the requirements of paragraph 13.3, the ship types indicated on the Document of Compliance and the Interim Document of Compliance may be endorsed to reflect any limitations in the operations of the ships described in the safety management system.

실습 NOTE

1 ISM Code란 무엇인가?

2 ISM Code의 제정 배경에 대해 기술하라.

3 ISM Code에 따른 유효 증서발급 및 통제는 어떻게 이루어지는가?

4 ISM Code의 목표는?

5 다음 사항에 대한 정의를 기술하라.

① 안전경영시스템(SMS)

② 적합증서

③ 객관적인 증거

④ 관찰사항

⑤ 부적합사항

⑥ 중부적합사항

6 안전경영시스템이 보장하여야 하는 사항은?

7 안전경영시스템이 갖추어야 할 기능적 요건에는 어떠한 것이 있는가?

8 회사는 안전 및 오염방지에 관련되고 영향을 미치는 업무를 관리, 수행 및 검증하는 모든 직원의 책임, 권한 및 상호관계를 규정하고 문서화하여야 하는데 적어도 어떤 사항이 포함되도록 해야 하는가?

9 DP(Designated Person)란?

10 안전경영책임자(들)는 그(들)의 책임을 효과적으로 수행하기 위하여 선박의 안전운항 및 오염방지에 대한 적절한 지식과 경험을 가지고 있어야 하는데 그러한 사항에는 어떠한 것이 있는가?

11 회사는 안전경영책임자(들)가 안전운항 및 오염방지를 효과적으로 감독할 수 있도록 적어도 안전경영책임자(들)의 업무에 대하여 문서화된 절차를 수립 및 유지해야 하는데 그 내용은 무엇인가?

12 회사는 선장의 책임에 대하여 적어도 어떤 사항을 포함한 문서화된 절차를 수립 및 유지하여야 하는가?

13 선장의 안전경영시스템 검토 대상에는 적어도 어떤 사항을 포함하여야 하는가?

14 선장의 능력을 검증하는 절차에는 어떤 사항들이 포함되어야 하는가?

15 회사는 선장이 안전하게 임무를 수행할 수 있도록 어떤 사항을 포함한 문서화된 절차를 수립 및 유지하여야 하는가?

16 출항 전에 제공해야 할 필수 지침을 식별하여 문서화하고 배부하여야 하는데 그 사항은 무엇인가?

17 회사는 문서화된 교육 훈련 절차를 수립 및 유지하여야 하며 교육 훈련 필요성 식별에는 어떠한 사항이 고려되어야 하는가?

18 선박의 필수적인 운항업무에는 적어도 어떤 사항들이 포함되어야 하는가?

19 회사는 선박에서 발생할 수 있는 잠재적인 비상상황을 식별하고, 규정 및 대응하기 위한 절차를 수립하여야 하는데 문서화된 절차에 포함되어야 할 사항에는 어떤 것이 있는가?

20 비상 대응을 위한 연습 및 훈련에는 어떠한 사항을 보장하여야 하는가?

21 회사가 식별하는 비상사태의 종류에는 어떠한 것이 있는가?

22 부적합사항에 대한 검토의 책임과 처리의 권한이 규정되어야 하며 부적합사항은 문서화된 절차에 따라 검토되어야 하며 이 때 고려할 사항은?

23 시정조치 절차에 포함하여야 할 사항은?

24 예방조치 절차에 포함하여야 할 사항은?

25 회사는 선박 및 설비의 정비에 관하여 적어도 어떠한 사항을 포함하는 문서화된 절차를 수립 및 유지하여야 하는가?

26 출항정지대상 결함 중 STCW 협약 관련 항목에는 어떠한 것이 있는가?

27 회사는 갑자기 기능이 정지하면 위험한 상황을 초래할 수 있는 설비 및 기술시스템을 식별하기 위한 절차를 안전경영시스템에 수립하여야 하는데 어떤 사항이 포함되어야 하는가?

28 신뢰성을 향상시킬 수 있는 특별한 방법에는 어떠한 것이 있는가?

29 회사가 내부심사를 시행하기 위하여 문서화된 절차를 수립 및 유지하는 데 있어서 포함해야 할 사항은 무엇인가?

30 임시안전경영증서는 무엇을 검증한 후 발행될 수 있는가?

31 임시안전경영증서가 발급될 수 있는 선박은?

25 보안 등급이란?

26 선박보안계획서란?

27 선박보안책임자란?

제4장

선체구조 및 유지

4.1
선박 각부의 명칭

4.1.1 선박의 주요 치수

선박의 특성을 표시하거나 크기의 비교, 선박의 조종, 선체 정비, 구성재료의 치수와 배치 등을 결정하는 데 있어서 선박의 길이, 폭, 깊이 등을 사용하는데, 이를 선박의 주요 치수라 한다. 이 주요 치수는 사용목적에 따라 그 계측 기준이 달라지는데, 예컨대 건현을 계산하기 위한 길이, 선박원부에 등록하기 위한 길이, 선박의 정적특성 및 복원특성을 계산하기 위한 길이 등은 각기 그 계측 기준을 달리하고 있다.

1. 선박의 길이

1) 전장(length over all ; LOA)

선체에 고정적으로 붙어 있는 모든 돌출물을 포함한 선수의 최전단으로부터 선미의 최후단까지의 수평거리를 말하며, 부두 접안이나 입거 등의 선박 조종에 사용되는 길이이다.

2) 수선간장(length between perpendiculars ; LBP)

계획 만재 흘수선상의 선수재의 전면과 타주의 후면(타주가 없는 선박은 타주재 중심선)에 각각 수선을 세워 이 양 수선 사이의 수평거리를 말하며, 선체 길이의 중앙은 수선간장의 가운데를 가리킨다. 강선 구조 규정, 선박 만재 흘수선 규정, 선박 구획 규정 등 일반적으로 사용되는 길이이다.

3) 수선장(water line length ; LWL)

계획 만재 흘수선상의 물에 잠긴 선체의 선수재 전면으로부터 선미 후단까지의 수평거리를 말한다. 배의 저항, 추진력 계산 등에 이용된다.

4) 등록장(registered length)

상갑판 보(beam)상의 선수재 전면으로부터 선미재 후면까지의 수평거리를 말한다. 선박원부에 등록되고 선박국적증서에 기재되는 길이이다.

2. 선박의 폭

1) 전폭(extreme breadth ; Bex)

선체의 폭이 가장 넓은 부분에서, 외판의 외면에서부터 맞은 편 외판의 외면까지의 수평거리를 말한다. 입거 및 선박 조종 등에 사용되는 길이이다.

2) 형폭(molded breadth ; B)

선체의 폭이 가장 넓은 부분에서, 늑골의 외면에서부터 맞은 편 늑골의 외면까지의 수평거리이다. 선박 만재 흘수선 규정, 강선 구조 규정, 선박법 등에 사용되는 길이이다.

3. 선박의 깊이(depth ; D) 또는 형심(moulded depth ; D)

선체중앙에 있어서 용골의 상면(base line)으로부터 건현갑판(또는 상갑판 보)의 현측 상면까지의 수직거리이다. 선박 만재 흘수선 규정, 강선 구조 규정, 선박법 등에서 사용되는 깊이이다.

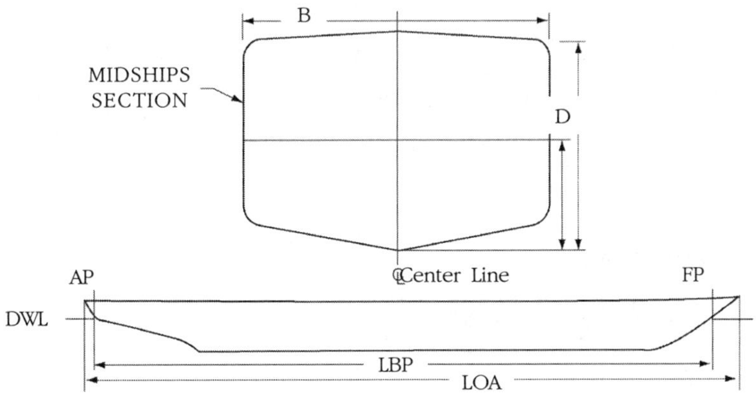

[그림 4-1] 선박의 주요 치수

4.1.2 선체의 주요 형상

선박이 해상의 운송 수단으로 이용되는 것은 부양성, 적재성 및 이동성이 있기 때문이다. 선체가 이러한 기능을 발휘하기 위해서는 특수한 형태와 복잡한 구조가 요구된다. 또한 선체는 이동 중이거나 정박 중에도 여러 종류의 외력을 받기 때문에 선체의 구조는 이에 견딜 수 있는 충분한 강도를 가져야 한다. 따라서 선체 구조는 견고하게 제작되고, 그 중에서도 선수, 선미, 기관실은 특히 튼튼하게 만들어진다. 선체의 형상은 그 용도에 따라 가장 적합한 성능을 가질 수 있도록 설계되며, 선체의 형상을 나타내는 각부의 명칭은 다음과 같다.

1. 선체(hull)

연돌(funnel), 키(rudder), 마스트(mast), 추진기(screw propeller) 등을 제외한 선박의 주된 부분이다.

2. 선수(bow)

선체의 앞 부분을 선수라 하고, 선수 방향을 어헤드(ahead)라 한다. 그 모양에 따라 클리프 선수(clipper stem), 직립형 선수(upright stem), 경사형 선수(raked stem), 구형 선수(bulbous stem) 및 램형 선수(ram stem) 등이 있다.

3. 선미(stern)

선체의 뒷부분을 선미라 하고, 선미 방향을 어스턴(astern)이라 한다. 그 모양에 따라 타원형 선미(counter stern), 순양함형 선미(cruiser stern) 등이 있는데, 타원형 선미는 상선에서, 순양함형 선미는 군함에서 많이 볼 수 있다.

4. 선체 중앙(midship)

선체 길이의 중앙부를 선체 중앙이라 하고, 선수미선과 직각을 이루는 방향을 어빔(abeam)이라 한다.

5. 현호(sheer)

건현 갑판의 현측선이 휘어진 것을 말한다. 선체 중앙 부위에서 가장 낮고, 선수와 선미를 높게 하여 예비 부력과 능파성을 향상시키며 선체를 미관상 좋게 한다. 선수에서는 그 현호를 선체 길이의 약 1/50, 선미에서는 약 1/100이 되게 한다.

6. 캠버(camber)

갑판보는 갑판상의 배수와 선체의 횡강력을 위해 양현의 현측보다 선체 중심선 부근이 높도록 원호를 이루고 있는데, 이 높이의 차를 캠버라 하며, 그 크기는 선폭의 1/50이 표준이다.

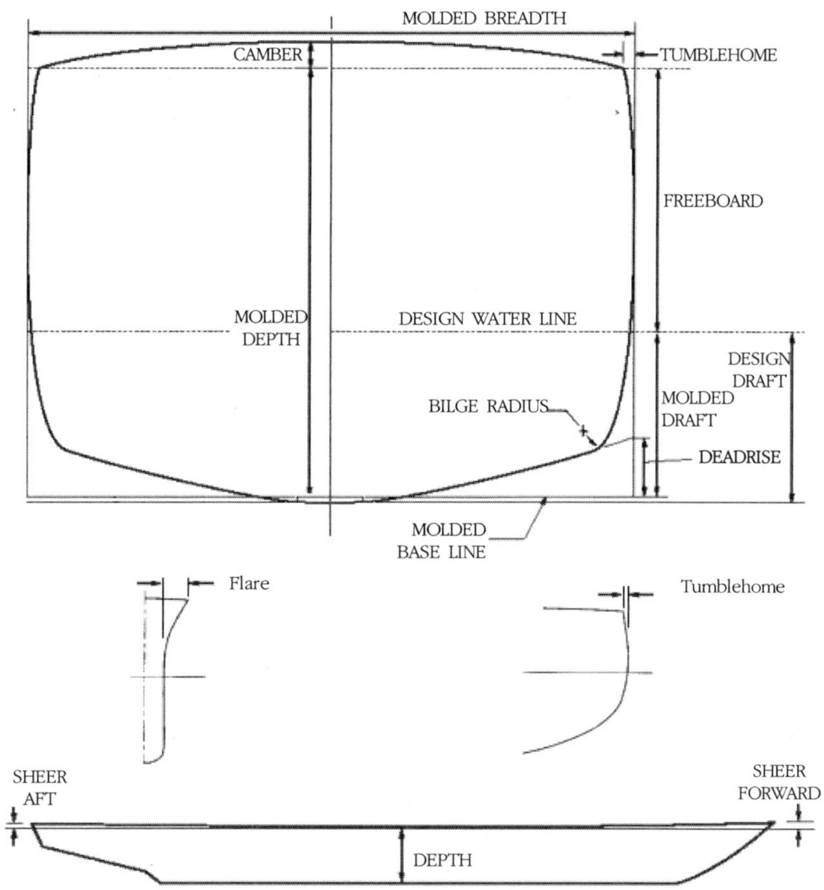

[그림 4-2] 선체의 형상과 명칭

7. 텀블 홈 및 플레어(tumble home and flare)

상갑판 부근의 선측 상부가 안쪽으로 굽은 정도를 말한다. 플레어는 텀블 홈의 반대의 경우로 선측 상부가 바깥쪽으로 굽은 정도를 말한다.

8. 빌지(bilge)

선저와 선측을 연결하는 만곡부이다.

9. 선저 경사(rise of floor)

중앙 단면에서 선저의 경사도이다. 선체의 강도상 목선이나 단저 구조선 등에서 볼 수 있다. 이중저 구조선에는 선저가 편평하다.

4.2 선박에 작용하는 힘

4.2.1 선체가 받는 힘

선박은 화물이나 여객을 싣고 항해할 수 있도록 외판, 선저 외판, 갑판에 의해 수밀이 유지되어야 할 뿐만 아니라 파랑의 충격, 너울에 의한 굽힘 모멘트, 중력과 부력에 의한 전단력, 무거운 하중에 견딜 수 있는 구조이어야 한다.

선박은 해상에서는 일반적으로 선체의 중량과 해수의 부력에 의해 균형을 이루고 있으나, 선체의 형상과 화물의 적재 여하에 따라 부분적으로는 균형을 이루지 못한다. 하물며 화물이나 여객 등을 만재하고, 거친 대양을 항해하는 데는 많은 어려움이 따른다. 따라서 선체의 구조를 어떻게 할 것인가를 고려할 때, 황천에 견디고 안전하게 항해할 수 있는지가 매우 중요하다. 즉, 거친 자연의 힘에 대해 선체의 강도를 어떻게 하여 유지하는가에 있고, 그렇게 하기 위해서는 우선 선체에 어떠한 힘이 작용하는가를 검토하여야 한다.

선체는 물이 새지 않는 상자형의 용기라 생각할 수 있으며, 항해중, 정박중을 막론하고, 여러 가지의 힘이 작용하고 있다. 이것을 크게 나누면, 선체를 종방향으로 굽히려는 힘, 선체의 횡단면을 변형시키려는 힘, 선체를 비틀려는 힘 및 선체를 형성하고 있는 부재를 개별적으로 고려하여, 각 부분에 작용하는 힘으로 나눌 수 있다.

1. 종방향의 힘

선박이 항해할 때에 각 부분은 중력과 부력의 차, 즉 상향력과 하향력에 의하여 선체는 종방향으로 굽힘 모멘트를 받게 된다. 특히, 파도 속을 항행할 때에는 파의 위치에 따라 호깅(hogging) 및 새깅(sagging) 상태가 된다. 이 때 갑판과 선저 외판은 압축력과 인장력을 번갈아 받게 된다. 이때 가장 큰 힘이 미치는 경우는 선체의 길이가 파장과 같을 때이며 선체의 길이의 중앙부가 파정에 놓이는 경우를 호깅상태(Hogging)라 한다. 호깅상태는 화물을 중앙부에 적게 적재하고 전후단에 많이 실을 경우에도 일어난다. 이 현상이 심하면 갑판이나 선저에 균열이나 주름이 생기며, 이 상태가 반복됨으로써 심하면 선체가 절단되기도 한다.

이와는 반대로 새깅(Sagging)의 경우는 파도의 계곡이 선체 길이의 중앙부에 오면, 선체의 전부와 후부에는 부력이 크고 중앙부에서는 중력이 크게 작용하기 때문에 갑판과 선저에 인장력과 압축력이 교차로 작용하게 되며 심하면 호깅과 마찬가지로 선체가 절단되기도 한다. 새깅은 화물을 중앙부에 과적하고 전후단에 적게 실을 경우에도 일어난다.

일반적으로 호깅상태에서는 갑판에 인장응력, 선저판에는 압축응력이 생기고, 새깅상태에서는 갑판에 압축, 선저판에 인장응력이 생긴다. 이러한 변형력에 견디기 위하여 선체는 길이 방향의 힘, 즉 종강력을 충분히 가져야 하며, 이러한 종강력을 형성하는 부재로는 용골, 중심선 거더, 종격벽, 선저 외판, 선측 외판, 내저판, 갑판하 거더, 마진 플레이트, 선측 종재, 상갑판 등이 있다.

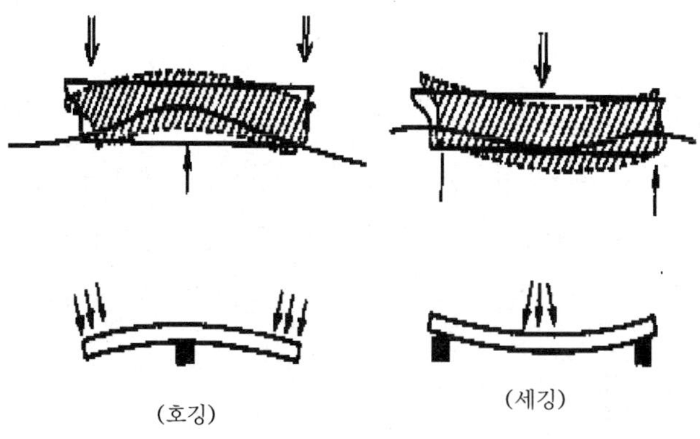

[그림 4-3] 호깅과 새깅 상태

2. 횡방향의 힘

선체가 횡방향에서 파랑을 받거나 또는 횡동요를 하게 되면 선체의 좌현과 우현의 흘수가 달라져서 변형이 일어나는 것을 래킹(racking)이라 한다. 이러한 횡방향의 변형력에 견디기 위하여 충분한 횡강력을 가져야 하며, 횡강력을 형성하는 부재로는 늑골, 갑판보, 늑판, 빔 브래킷, 횡격벽, 외판, 갑판 등이 있다.

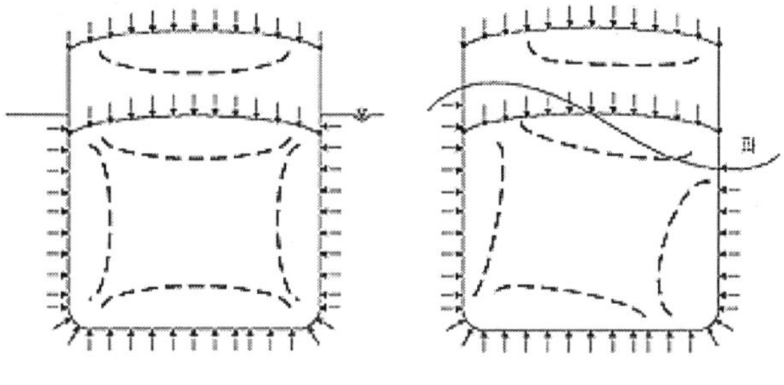

누르려고 하는 힘　　　　래킹

[그림 4-4] 횡단면을 변형시키려는 힘

3. 선체를 비틀려는 힘

배가 선측으로부터 심한 바람을 받아 옆으로 기울어지거나, 배가 파도중을 항해할 때 전방 또는 후방으로부터 파도나 바람을 비스듬히 받아 파도 또는 풍압의 작용방향이 선수미부에서 서로 달라지게 되면 배의 길이방향을 축으로 하여 비틀려는 비틀림 모멘트가 작용하게 된다. 일반적으로 파도의 길이가 배의 길이와 거의 동일하고 배와 파도의 진행방향이 45°각도이며, 파정 또는 파저가 배의 중앙부에 위치할 때 배에 작용하는 비틀림 모멘트가 최대가 된다.

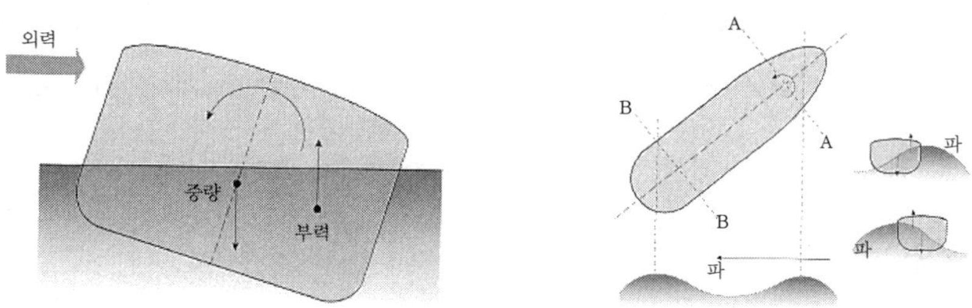

[그림 4-5] 선체를 비틀려는 힘

4. 국부적으로 작용하는 힘

선박에 국부적으로 발생하는 힘으로서 항해중에 황천을 만나면 종동요(pitching)와 횡동요(rolling)가 심해지면서 선수부 및 선미부에는 파랑에 의한 충격으로 심한 진동이 발생한다. 이런 현상을 팬팅(panting)이라 한다. 파랑에 의한 충격에 대항하기 위한 선수재(stem), 프로펠러의 진동에 대항하기 위한 선미재(stern frame) 등은 선체 구성의 주 요소가 될 뿐만 아니라 국부강력재가 된다. 그 외에 기둥, 횡격벽 등이 있다.

4.2.2 선박의 강도

선체강도의 세부 계산은 외력이 부분적이거나 또는 전체적으로 가해지기도 할 뿐만 아니라 힘의 형태도 다양하므로 복잡하게 된다. 또 그 힘은 정적인 힘과 동적인 힘이 동시에 작용하기도 하고, 이로 인하여 종단면 또는 횡단면에서 굽힘 변형 또는 비틀림 변형 및 래킹으로 인한 변형이 발생한다. 실제의 선체에 있어서는 다양한 부재들이 서로 연결되어 있으며, 각 부재들의 기능들도 단일하지 아니하므로 어떠한 특정 부재에 걸리는 응력을 정확하게 구하기란 거의 불가능하다. 따라서 고려되어야 할 주안점은 선체의 각 부재가 그들이 사용되는 주목적을 수행할 만큼 충분히 강한가, 또 강도상 돌연한 불연속은 배제되었는가를 밝히는 데에 있다. 적합하게 설계된 선박에서는 항해중 전체 구조가 외력에 대하여 하나의 탄성범위 내에서 응답하여야 하며, 각 부재는 발생되는 인장하중 및 압축하중의 적당한 양을 감당할 수 있어야 하며, 어느 부재도 특별히 더 강하거나 더 무겁지 않은 상태이어야 한다.

특히, 선체는 부재수가 매우 많은 복잡한 구조물로서 개개의 부재 모두를 고려하여 해석하는 것은 비경제적이다. 그래서 해석의 대상, 목적, 구조물의 역학적 특성을 고려하여, 적당한 이상화와 적절한 해석법의 선택이 행해져야 한다. 그리고 국부적인 해석과 전체 해석이 상호 보완이 되도록 계산을 진행해 나가야 한다.

1. 종강도

배를 길이방향으로 굽히려는 힘, 즉 종굽힘모멘트에 대항하는 강도를 종강도라

하고, 배의 강도 중에서 가장 중요하므로, 이 응력성분의 결정은 실제 항해 조건과 가능한 한 가까운 가정을 설정하여 행해져야 한다. 종강도는 배를 1개의 보(beam)으로 가정하고, 이 보에 작용하는 종굽힘모멘트를 계산한 뒤 보이론을 적용하여 평가한다. 일반적으로 이 응력은 하중곡선을 적분함으로써 얻어지는 종굽힘모멘트로부터 구해지게 되며, 하중곡선은 중량과 부력의 차를 선체 전체길이에 걸쳐서 연속적으로 나타냄으로써 구할 수 있다. 이 종굽힘모멘트와 선체횡단면계수를 이용함으로써 보이론에 의하여 상갑판 또는 선저판에서의 응력을 구할 수 있다.

배에 작용하는 종굽힘모멘트에 대항하여 배의 종강도에 기여하는 부재를 종강도부재라고 한다. 배를 구성하는 구조부재가 종강도부재로서의 역할을 하기 위해서는 길이방향으로 충분히 길어야 하고 다른 부재와도 견고하게 고착되어 있어야 한다. 선급규정에서는 배의 중앙부 L/2 이상에 걸쳐 종통하는 부재 또는 이와 동등한 기여를 할 수 있는 종통부재를 종강도부재라고 정의하고 있다. 종강도부재에는 갑판부, 외판부, 2중저구조, 종격벽, 선측종통재, 방형용골 등이 있다.

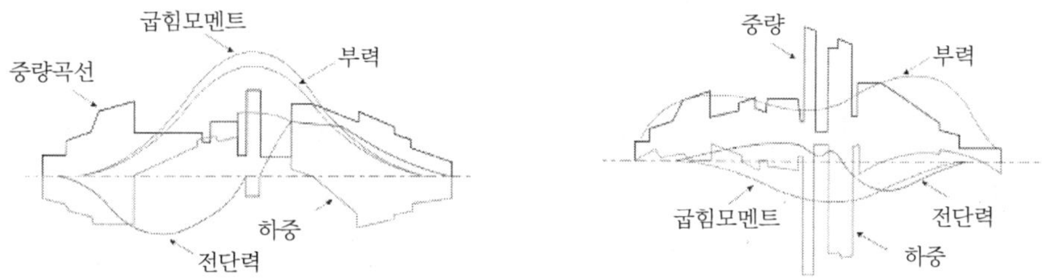

[그림 4-6] 종강도 계산(호깅 및 새깅)

2. 횡강도

배의 횡단면을 변형시키려는 횡하중에 대항하는 강도를 횡강도라고 한다. 배의 횡강도를 계산함에 있어서 고려하는 횡하중으로는 정수압, 구조하중, 갑판하중, 선창내 화물압력 등이 있으며, 엄밀하게는 횡단면 내에 작용하는 각종 국부하중을 중첩하여 계산할 수 있으나, 일반적으로는 가장 큰 횡하중이 발생한다고 예상되는 하중조건을 대상으로 계산하고 있다.

배는 입체구조물로서 배의 강도는 엄밀하게는 종강도와 횡강도를 동시에 고려하여 3차원 해석을 수행하여야 하지만, 선체와 같은 복잡한 대형구조물의 입체구조해석은 매우 어렵기 때문에 배의 횡단면에서 늑골간의 횡부재만으로 구성된 평면골조구조를 대상으로 배의 횡강도를 평가하는 것이 보통이다.

일반상선의 경우 법규나 선급규정에 따라 부재치수를 결정하면 일반적으로 충분한 횡강도가 확보된다는 것이 확인되어 있으므로 별도의 횡강도 계산을 수행할 필요는 없으나, 갑판개구가 큰 배에서와 같이 횡강도에 문제가 있는 경우에는 가장 큰 횡하중이 발생한다고 예상되는 하중조건하에서 횡단면 내의 응력을 계산하고, 이것이 허용응력값보다 작게 되도록 부재치수를 결정하면 된다.

횡단면을 변형시키려고 하는 힘에 대항하는 부재를 횡강도부재라고 하고, 가로방향으로 배치되는 보, 늑판, 횡격벽 등이 이에 속한다.

3. 비틀림강도

배를 비틀려고 하는 힘에 대항하는 강도를 비틀림강도라고 한다. 일반적으로 실제 배에 작용하는 비틀림모멘트에 의하여 배의 횡단면 내의 부재에 생기는 응력의 크기는 매우 작기 때문에 비틀림강도의 계산은 별도로 수행하지 않는 것이 보통이다. 그러나 갑판개구가 큰 배에서는 큰 비틀림변형이 생기기 쉬우므로 비틀림강도의 검토를 행할 필요가 있다.

배를 비틀려고 하는 힘에 대항하는 부재를 비틀림강도부재라고도 하는데, 이들의 예로는 외판, 갑판, 내저판, 늑판, 늑골, 보, 횡격벽 등이 있다.

4. 국부강도

종강도 및 횡강도와 비틀림강도는 배를 전체적으로 검토하고 있는데 반해서 배의 부분구조 또는 구조부재에 국부적으로 작용하는 힘에 대항하는 강도를 국부강도라고 한다. 배의 강도를 달리 하는 국부변형은 선체의 무거운 중량, 선각 거어더의 처짐, 국부진동 또는 선체 진동, 피로 응력, 입거작업, 슬래밍이나 해상에서의 다른 운동 등에 기인하여 발생할 수 있다. 이러한 문제들의 영향에 대해 어느 정도의 국부보강이 필요한지, 적절한 강도를 갖기 위해서는 어느 정도의 치수를 가져야 하는지를 결정할 수 있어야 할 것이다.

4.3
선체의 구조와 도면

4.3.1 선체의 구조와 명칭

1. 용골(keel)

선체의 최하부의 중심선에 있는 종강력재로, 선체의 중심선을 따라 선수재에서 선미재까지의 선체의 종조직을 구성하는 기초가 되는 부분이다.

1) 방형 용골(bar keel)

방형 용골은 단면이 장방형이며, 재료는 단강재 또는 압연 강재이다. 선저 중앙부가 돌출하고 있으므로 흘수를 증가시키며, 입거할 때 손상을 받기 쉬우며, 또 선저 내부 구조와의 연결이 불완전하여 종강력이 약한 단점이 있다. 그러나 구조가 간단하고 횡동요(rolling)를 감쇠시키는 역할을 하며, 풍압에 의한 선체의 압류를 막는다. 또 좌초시 선저 외판을 보호하는 장점이 있다. 이것은 주로 소형선, 범선 및 어선 등에 채용되고 있다.

2) 평판 용골(flat keel)

평판 용골은 밑바닥이 편평하기 때문에 선저 외판의 일부부분으로 볼 수 있으며, 선저에 있어서 종강력을 분담하는 중요한 재료이다. 평판 용골은 방형 용골처럼 선저에서 돌출하고 있지 않으므로 횡동요 방지의 효과가 없고, 또 선저 보호 목적에는 부적합하다. 그러나 흘수를 증가시키지 않고, 선저 내부 구조와의 연결도 완전하여 선저에 필요한 강도를 부여한다. 또, 건조시 결합이 쉽고 수밀이 용이한 점 등의 장점이 있으므로, 소형선 이외의 대부분의 선박에 채용되고 있다.

2. 선저부 구조

선저 구조에는 단저 구조와 이중저 구조가 있다. 소형선은 대부분 단저 구조로 되어 있으나, 대형선은 선저의 안쪽에 내저를 설치하여 선저를 이중으로 하고 있다.

1) 단저(single bottom) 구조

단저 구조는 일반적으로 횡방향의 늑판(floor)과 종방향의 중심선 킬슨(keelson) 및 사이드 킬슨(side keelson)으로 조립되어 있다.

늑판은 선저 외판의 위쪽에 횡으로 늑골 위치마다 배치되어 있는 강판으로, 늑골과 결합되어 선체의 횡강력을 분담하는 부재이다. 킬슨은 선저 내부를 종통하여 용골과 함께 종강력의 중요한 부재를 이루고 있다.

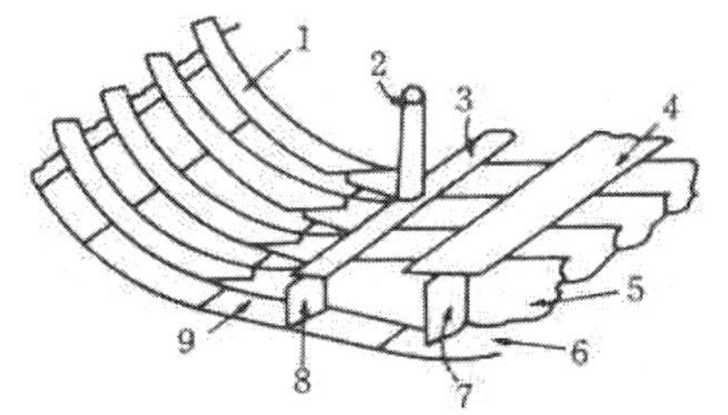

[그림 4-7] 단저 구조

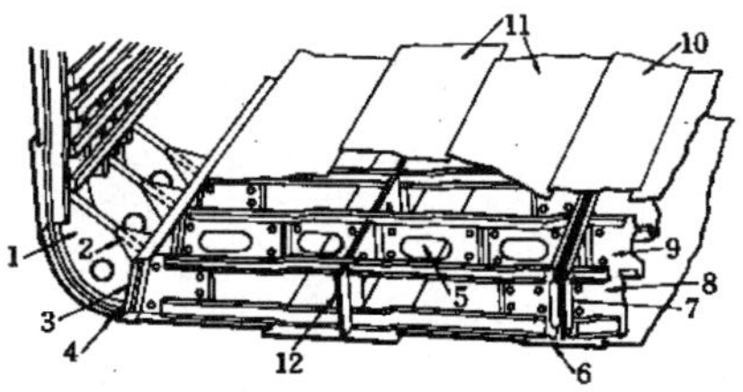

[그림 4-8] 이중저 구조

1. 프레임	2. 기둥	3. 라이더
4. 라이더 플레이트	5. 늑판	6. 용골
7. 중심선 킬슨	8. 사이드 킬슨	9. 선저외판

1. 이중저 외측 브래킷	2. 가셀	3. 마진플레이트
4. 마진	5. 라이트닝 홀	6. 용골
7. 중심선 거더	8. 조립늑판	9. 실체 늑판
10 중심선 내저판	11. 내저판	12. 사이드 거더

2) 이중저(double bottom) 구조

종방향으로 중심선 거더가 용골상을 종통하며, 횡방향으로 늑골의 위치에 늑판을 배치한다. 그리고 외판에는 선저 외판을, 내저에는 내저판을 덮고, 다시 내저의 빌지 부근에는 마진 플레이트(margin plate)를 덮어 탱크를 수밀 또는 유밀 구조로 한다. 마진 플레이트는 탱크 사이드 브래킷(side bracket)에 의해 늑골에 결합된다. 이와 같이 이중저는 상하, 전후, 좌우를 구획으로 하여 다수의 상자형으로 형성되어 있다.

우리나라 선급 및 강선 규칙은 길이 100m이상인 선박은 선수격벽에서 선미격벽까지 전통 이중저를 설치하도록 하고 있다.

대형선에 사용되는 이중저의 장점은 다음과 같다.

① 좌초 등으로 선저부의 손상을 입어도 내저판으로 선내의 침수를 방지하여 화물과 선박의 안전을 기할 수 있다.

② 선저부의 구조를 견고히 하므로 호깅(hogging) 및 새깅(sagging)의 상태에도 잘 견딘다.

③ 이중저의 내부를 구획하여 밸러스트, 연료 및 청수 탱크로 사용할 수 있다.

④ 밸러스트 탱크의 주 · 배수로 다음과 같은 효과가 있다.

㉮ 공선항해 때 흘수를 깊게 하면 추진효율을 향상시킬 수 있다.

㉯ 선박의 중심이 하방으로 작용하여 복원성을 증가시킬 수 있다.

㉰ 횡경사, 트림 등을 조절할 수 있다.

3. 늑골, 보 및 기둥

1) 늑골(frame)

선체의 좌우 선측을 구성하는 뼈대로서, 용골에 직각으로 배치되고 갑판보와 늑판에 양 끝이 연결되어 선체의 횡강도의 주체가 된다. 즉, 갑판보의 양 끝을 지지하여 갑판 위의 무게를 지지함과 동시에 수압 등의 외력에 의하여 선측 외판이 변형되지 않도록 지지한다.

① 늑골 간격(frame space)

늑골 간격은 일반적으로 선박의 길이에 따라 정해져 있지만 재료와 구조에 따라 적당히 증가시킬 수 있다. 선체에서 늑골 간격은 부분적으로 다르게 나타나는데, 선체 중앙부보다 선수미부에서 간격을 좁게 한다. 일반배치도 등의 도면에서 'F.S 760'으로 표기되어 있는 의미는 늑골의 간격이 760mm라는 뜻이다.

② 늑골 번호(frame number)

늑골의 위치에 따라서 각각의 번호가 붙여진다. 이 번호는 선체의 전후의 위치를 나타내는 것으로, 보통 선미 수선을 0번으로 하여 선수를 향해서 붙여

간다. 따라서 선체의 손상부위 또는 선체의 어느 부위에 대한 늑골의 번호만 알면 그 위치를 쉽게 파악할 수 있다.

③ 특설 늑골(web frame)

기관실, 중량물을 적재하는 선창, 큰 해치를 가진 선창에 늑골만으로 횡강력이 충분하지 못한 장소에 강력한 조립 늑골을 배치하는데, 이것을 특설 늑골이라 한다.

2) 보(beam)

보는 양 현의 늑골과 빔 브래킷으로 결합되어 선체의 횡강력을 형성하는 부재로, 횡방향의 수압과 갑판 위의 무게를 지탱한다. 보에는 갑판 아래에 배치되는 갑판보, 선창 내에 보강을 목적으로 배치하는 선창보, 국부적으로 보강을 위해 배치되는 특설보가 있다.

3) 기둥(pillar)

기둥은 보와 갑판 또는 내저판 사이에 견고하게 고착되어 보를 지지함으로써 갑판 위의 하중을 분담하는 부재로, 보의 보강, 선체의 횡강재 및 진동을 억제하는 역할을 한다.

4. 외판 구조

외판은 선체의 외곽을 이루어 수밀을 유지하고 부력을 형성하는 것으로, 종강력을 구성하는 주요 부재이다. 외판은 그 위치에 따라 다음과 같이 나눌 수 있다.

1) 현측 후판(sheer strake)

강력 갑판인 상갑판의 현측 최상부의 외판으로 가장 두꺼운 외판이다.

2) 현측 외판(topside strake)

현측 후판 바로 아래의 외판으로, 현측 후판과 다른 외판과의 강도의 급변을 피하기 위한 것이다.

3) 선측 외판(side plating)

현측 외판에서 선저 만곡부까지의 외판이다.

4) 선저 외판(bottom plating)

만곡부 상부에서 평판 용골까지의 외판이다. 선저 외판 중에서 만곡부 부분의 외판을 만곡부 외판 또는 빌지 외판(bilge strake)이라 한다.

5) 용골 익판(garboard strake)

방형 용골을 채용하는 경우에 용골과 인접한 외판이다. 강선구조규정에서는 외판을 현측후판, 용골익판, 선저외판 및 선측외판으로 구분한다.

5. 갑판 구조

갑판은 선체의 종강도를 담당하며, 비바람, 파도, 햇빛 등을 견딜 수 있는 강도와 수밀성이 요구된다. 수밀성만을 고려하면 강갑판으로 할 필요는 없고, 목갑판으로도 지장이 없으나, 강도를 고려하면 상갑판을 강갑판으로 하는 것이 유리하다.

구조상으로 갑판을 분류하면, 일반선박에서 최상층의 전통갑판을 상갑판(upper deck) 또는 건현 갑판(freeboard deck)이라 한다. 그 아래에 있는 것을 차례로 제2갑판, 제3갑판이라 한다.

상갑판보다 위에 있는 선루 갑판(superstructure deck)은 선수루 갑판(forecastle deck), 선교루 갑판(bridge deck), 선미루 갑판(poop deck)이 있다. 그 위에는 유보갑판(promenade deck), 보트갑판(boat deck), 항해갑판(navigation deck), 컴퍼스갑판(compass deck) 등을 설치하는 것이 일반적이며, 상갑판 위를 기준으로 하여 A 갑판, B 갑판, C 갑판, D 갑판 등으로 말하기도 한다.

6. 선수재 및 선미골재

1) 선수재(stem)

선수재는 선미재와 함께 선체의 양단에 위치하여 선수 구성재가 되는 중요한 골재이다. 선체의 형상은 선수로 감에 따라 점차로 뾰족해지므로 선체가 그 형상을 유지하기 위해서는 선체를 특이한 형상으로 하지 않으면 안 된다. 그러므로 선수부는 선수재를 두고 여기에 양 현의 외판을 결합하여 선체 전단부의 구조를 이루고 있으며, 충돌 등의 사고시에 선체를 보호하는 역할을 한다.

2) 선미 골재(stern frame)

선미 골재는 용골의 후부에 연결되고, 양 현의 외판이 접합하여 선미의 형상을 이루는 골재이다. 이것은 키와 프로펠러를 지지하는 역할을 하는 것으로, 1~2개의 주강이나 강판이 조립되어 있다.

7. 선수미 구조

1) 선수부 구조

선수부는 파랑의 충격이나 충돌 사고가 날 때에 잘 견디고 선체를 보호할 수 있는 강한 구조로 되어 있는데, 이를 팬팅(panting) 구조라 한다.

상갑판에서 아래로, 충돌 격벽으로부터 전방은 선수탱크(fore peak tank)가 있고, 그 위쪽은 갑판 창고로 사용되고 있다.

2) 선미부 구조

선미부는 파랑에 의한 충격이 선수부 만큼 강하지 않지만, 후방으로부터의 추파에 의한 팬팅(panting)에 대하여 보강이 필요하다. 그리고 선미 늑골, 키, 프로펠러 및 프로펠러 축을 지지해야 하고, 또한 키와 프로펠러의 진동을 받으므로 매우 견고한 팬팅 구조로 되어 있다.

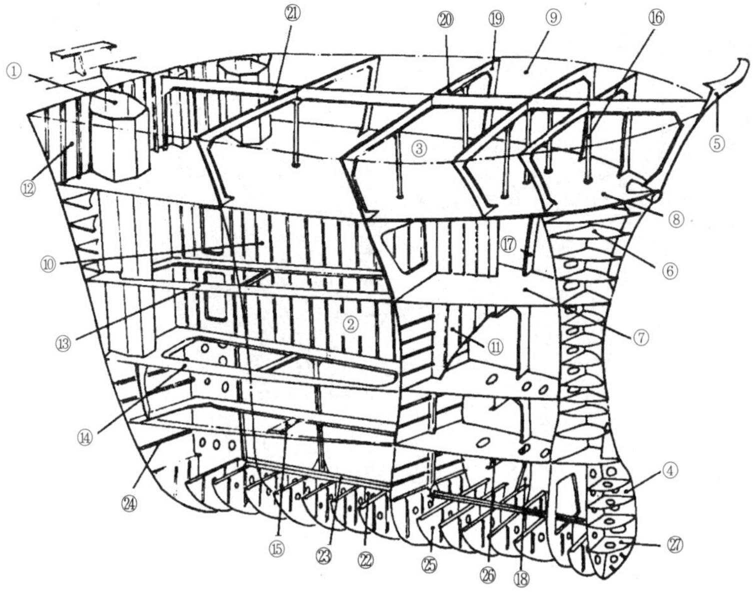

① 체인 로커 Chain locker
② 선수창(船首倉) Forepeak tank
③ 갑판장 창고(甲板長倉庫) Boatswain's store
④ 구형 선수재(球形船首材)Bulbous bow
⑤ 패션 플레이트 Fashion plate
⑥ 브레스트 훅 Breast hook
⑦ 제2갑판(第2甲板) Second deck
⑧ 상갑판(上甲板) Upper deck
⑨ 선수루 갑판(船首樓甲板) Forecastle deck
⑩ 중심선 구획판(中心線區劃板) Center division
⑪ 제수판(制水板) Wash plate
⑫ 선수 격벽(船首隔壁) Collision bulkhead
⑬ 선측 종재(船側縱材) side stringer
⑭ 방요 종재(防撓縱材) Panting stringer
⑮ 방요(防撓) 빔 Panting beam
⑯ 양주(梁柱) Pillar
⑰ 늑골(肋骨)·프레임 Frame
⑱ 탱크 사이드 브래키트 Tank side bracket
⑲ 빔 브래키트 Beam bracket
⑳ 빔·양(梁) Beam
㉑ 갑판하(甲板下) 거더 Deck girder
㉒ 중심선(中心線) 거더 Center girder
㉓ 관판(冠板) Rieder plate

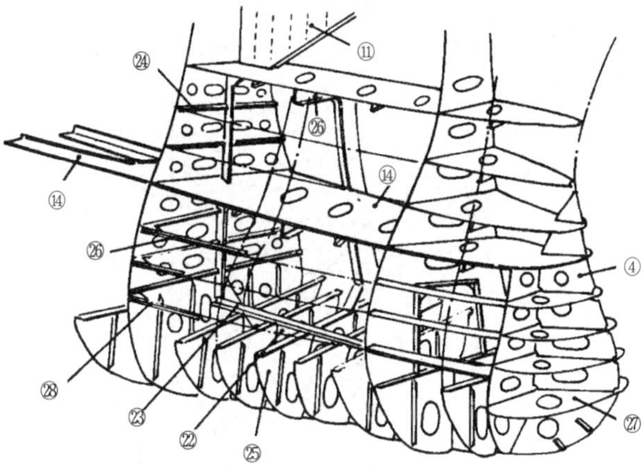

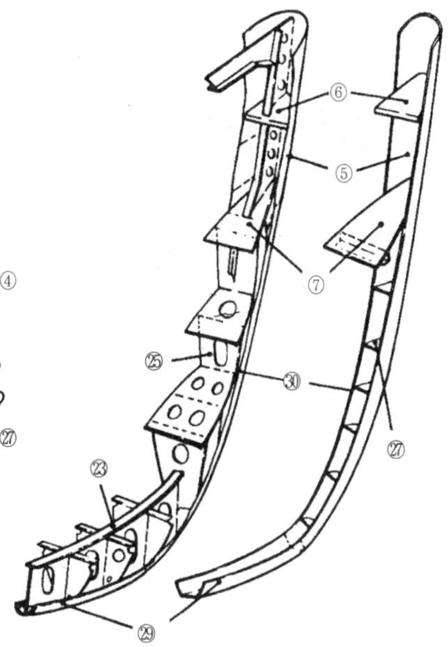

㉔ 수평(水平) 스티프너 Horizontal stiffener
㉕ 심늑판(深肋板) Deep floor
㉖ 방요 종재하(防撓縱材下) 빔 Panting stringer under beam
㉗ 리브 Rib
㉘ 외판(外板) 종통재(縱通材) Shell longitudinal
㉙ 킬 Keel
㉚ 선수재(船首材) Plate stem

[그림 4-9] 선체의 선수부의 주요 명칭

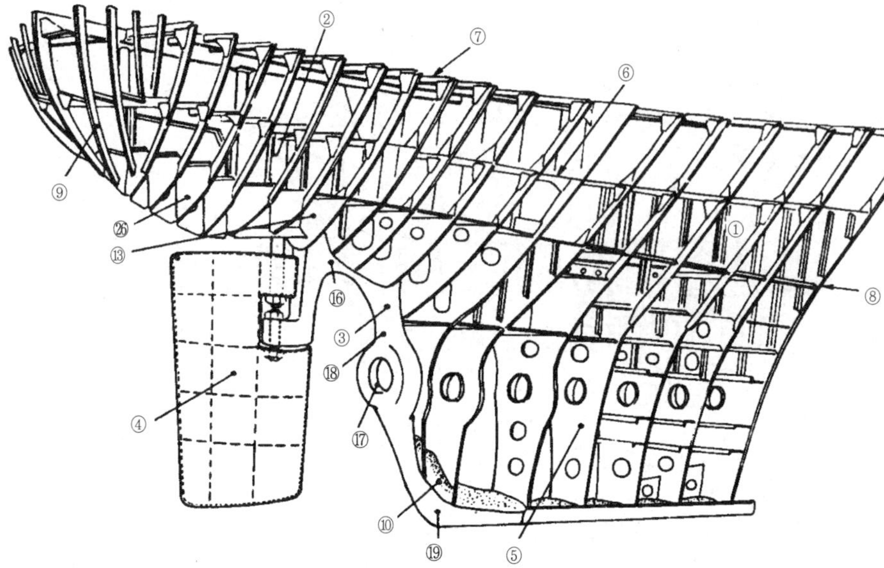

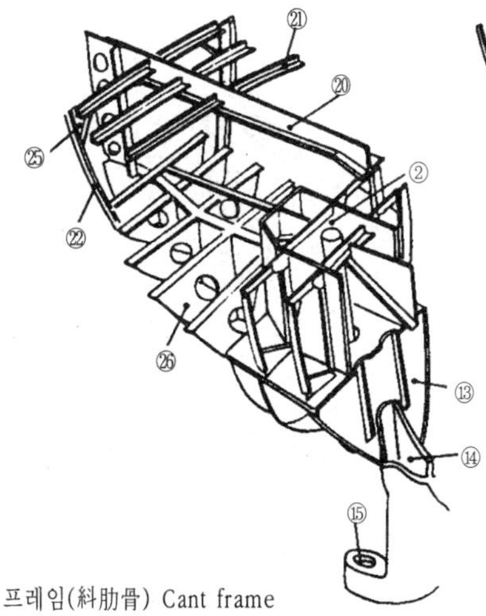

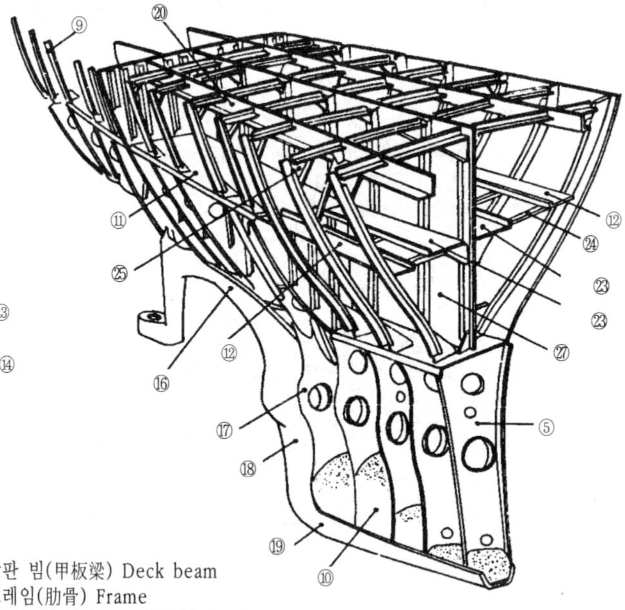

⑨ 캔트 프레임(斜肋骨) Cant frame
⑩ 시멘트 Cement
⑪ 내저판(內底板) Inner bottom plate
⑫ 양상측판(梁上側板) Deck stringer
⑬ 트랜섬(船尾肋板) Transom floor
⑭ 접착용 역재(接搾用 力材) Rib
⑮ 거전 Gudgeon
⑯ 정재(頂材)·관재(官材) Crown
⑰ 보스 Boss
⑱ 프로펠러 포스트(推進器板) Propeller cost
⑲ 힐 피스(蹤部材) Heel piece
⑳ 갑판하(甲板下) 거더 Deck girder

㉑ 갑판 빔(甲板梁) Deck beam
㉒ 프레임(肋骨) Frame
㉓ 팬팅 스트링거(防撓從通材) Panting stringer
㉔ 팬팅 빔(防撓梁) Panting beam
㉕ 빔 브래키트 Beam bracket
㉖ 플로어(肋板) Floor
㉗ 제수판(制水板) Wash plate

⑦ 상갑판(上甲板) Upper deck
⑧ 선미 격벽(船尾隔壁) After-peak bulkhead, or Stuffing bos bulkhead

① 선미 물 탱크(船尾水槽) After-peak tank
② 타축(舵軸) 트렁크 Rudder stock trunk
③ 선미 골재(船尾骨材) Stern frame

④ 키(舵) Rudder
⑤ 디프 플로어(深肋板) Deep floor
⑥ 탱크 정판(頂板) Tank top plate

[그림 4-10] 선미부의 주요 명칭

8. 기타 구조

1) 격벽(bulkhead)

상갑판 아래의 공간을 선저에서 상갑판까지 종방향 또는 횡방향으로 나누는 벽을 격벽이라 한다. 격벽은 선체를 강화하기 위하여, 물, 기름 등의 탱크로 쓰기 위하여, 단순히 구획을 나누기 위하여 설치한다. 격벽이 종방향으로 놓인 것을 종격벽(longitudinal bulkhead), 횡방향으로 놓인 것을 횡격벽(transverse bulkhead)이라 하며, 또 격벽이 수밀인 경우를 수밀 격벽, 수밀(watertight bulkhead)이 아닌 경우를 비수밀 격벽(non watertight bulkhead)이라 한다.

선내의 침수, 화재 등을 국부적으로 제한하기 위하여 일반 상선에서는 수밀 격벽이 설치된다. 유조선, 벌크 캐리어 등에서는 화물을 구분하고, 안정성을 갖기 위하여 선체의 전후 방향으로 종격벽이 설치된다.

수밀 격벽의 역할은 다음과 같다.

① 충돌, 좌초 등으로 침수될 경우, 그 구역에 한정시켜 선박의 침몰을 막을 수 있다.

② 화재가 발생했을 때 방화벽의 역할을 하여 화재 확산을 막을 수 있다.

③ 선저, 선측, 갑판과 결합되어 선체의 중요한 횡강력 또는 종강력를 형성한다.

④ 화물을 적당히 분산, 적재하여 트림을 조정할 수 있다.

⑤ 화물의 특성에 따라 구별하여 적재할 수 있다.

2) 코퍼댐(cofferdam)

기름 탱크 양단의 연료유 탱크, 다른 종류의 기름을 적재하는 기름 탱크, 기관실과 일반 선창이 접하는 장소 사이에 설치하는 이중 수밀 격벽으로, 다른 구획으로부터의 기름 등의 유입을 방지하기 위하여 인접 구획 사이에 2개의 격벽 또는 늑판을 설치하여 좁은 공간을 두는 것을 말한다.

3) 디프 탱크(deep tank)

물 또는 기름과 같은 액체 화물을 적재하기 위하여 선창 내 또는 선수미 부근에 설치한 깊은 탱크이다. 보통 상선에 설치되어 있는 디프 탱크는 피크 탱크(peak tank)로, 트림을 조절하기 위하여 선수미 부근에 설치한다. 선수에 있는 구획을 선수탱크(fore peak tank), 선미에 있는 구획을 선미탱크(after peak tank)라 한다.

4) 빌지 웰(bilge well)

선창 내에서 발생한 땀이나 각종 오수들이 흘러 들어가는 곳으로, 오수들이 모이면 기관실 내의 빌지 펌프를 통해서 배출한다. 선창 내에 있는 물을 배출시키기 위한 통로를 빌지 웨이(bilge way)라 한다.

5) 불워크(bulwark)

상갑판 위의 양끝에서 상부에 고정시킨 강판으로 현측 후판 상부에 연결된다. 갑판상에 올라오는 파랑의 침입을 막고, 갑판 위의 물체가 추락하는 것을 방지한다.

불워크 판에는 계선줄을 내기 위한 계선공(mooring pipe)과 갑판 위의 물을 배수시키는 배수구(wash port)가 뚫려 있다.

6) 빌지 용골(bilge keel)

평판용골인 선박에서 선체의 횡동요를 경감시킬 목적으로 빌지 외판의 바깥쪽에 종방향으로 붙이는 판이다.

9. 구조 양식

1) 횡늑골식 구조(transverse framing system)

오래 전부터 이용되어온 양식으로, 횡강도의 구성재를 주된 뼈대로 하여 배의 횡단면을 따라 늑골, 늑판(floor), 보를 브래킷(bracket)으로 결합하여 틀을 짜고, 이것을 1m 내외의 간격으로 배치하여 횡격벽과 함께 횡강도를 유지시키면서, 여기에 용골, 중심선 거더, 사이드 거더, 갑판하 거더, 선측 종통재 등의 종통재로 완전히 선체 골격을 형성시키고 그 주위에 외판, 갑판, 내저판 등을 결합하여 충분한 종강도를 가지도록 구성되어 있다.

이 양식은 구조가 간단하므로 건조하기가 쉽고 강도에 신뢰성이 있으며, 선창 내에 돌출물이 없으므로 넓게 사용할 수 있는 장점이 있다. 그러나 강도의 유지를 위해 늑골의 간격을 좁히거나 강재를 두껍게 해야 되므로 선체 중량을 증가시키는 단점이 있다. 일반 화물선이나 냉동선에 적합한 구조이다.

2) 종늑골식 구조(longitudinal framing system)

주로 종강력재의 배치에 중점을 둔 것으로, 선저, 선측 갑판하에는 늑판, 늑골, 보 대신 강력한 종강력재를 1~3m 간격으로 배치하고, 횡강력재는 종강력재의 위치를 확보할 수 있도록 3~5m 간격으로 특설 늑골과 특설 보를 배치한다.

종늑골식 구조에서 횡강도는 특설 늑골과 특설 보가 지지하고, 종방향의 굽힘 응력에는 외판, 갑판, 거더, 종늑골과 종보가 지지한다.

이 구조는 대부분의 부재를 종방향으로 배치하였으므로 종강도가 크고 강재를 다소 절약할 수 있어 선체 중량을 경감할 수 있는 장점이 있으나, 구조가 복잡하고, 선창 내에 돌출물이 많아 유조선과 같이 액체 화물을 적재하는 선박이나 광석 전용선에서 적합한 구조이다.

3) 혼합식 구조(combined system)

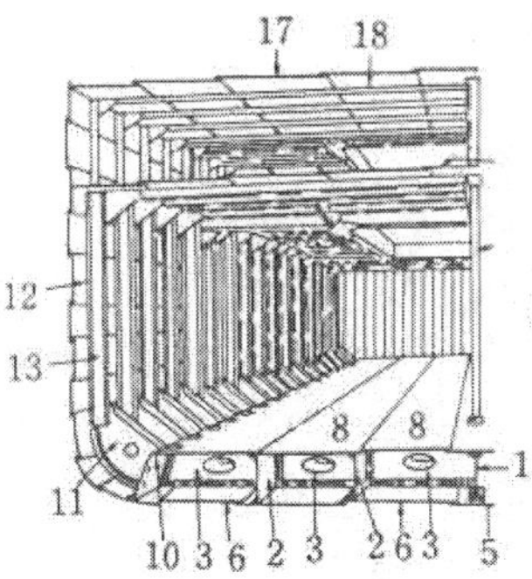

(a) 횡늑골식 구조

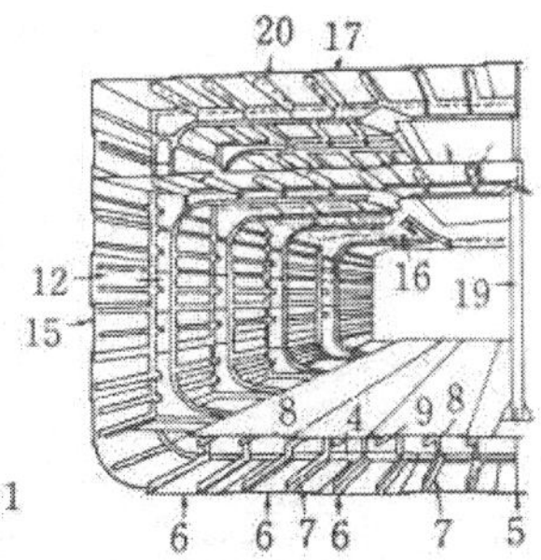

(b) 종늑골식 구조

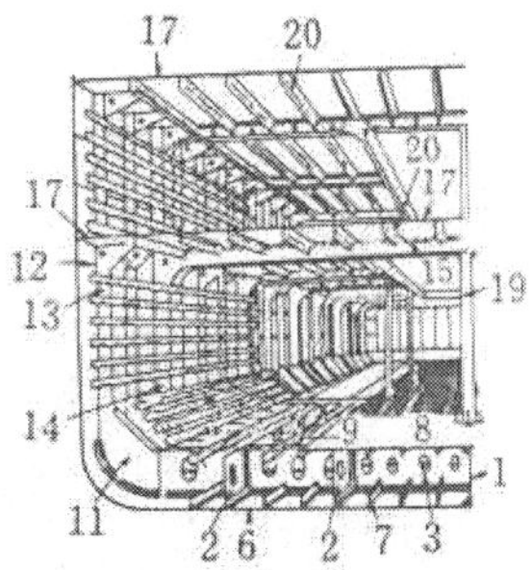

(c) 혼합식 구조

[그림 4-11] 선체의 구조 양식

1. 중심선 거더	2. 사이드 거더	3. 늑판	4. 선저 횡재	5. 평판 용골
6. 선저 외판	7. 선저 종통재	8. 내저판	9. 이중저 상단 종통재	10. 마진 플레이트
11. 이중저 외측 브래킷	12. 외판	13. 늑골	14. 특설 늑골	15. 선측 종통재
16. 트랜스버스 빔	17. 갑판	18. 갑판보	19. 기둥	20. 갑판하 종통재

횡늑골식 구조와 종늑골식 구조의 장점을 취한 양식으로 종강력이 필요한 선저와 갑판은 종늑골식 구조로 하고, 횡강도를 필요로 하는 선측과 선수미부는 횡늑골식 구조로 하는 합리적인 구조 양식이다.

이 구조는 산적화물이나 포장물의 적재에 불편이 없고, 종강도는 횡늑골식 구조보다 좋고, 횡강도는 종늑골식 구조보다 좋다. 또한 공작도 비교적 간단하므로 대형 화물선이나 산적 화물선에 적합한 구조이다.

4.3.2 선체 도면

선체 구조를 이해하기 위해서 선체의 도면이 필요하다. 선체 도면은 상당히 복잡하고 여러 가지 종류가 있으나 보통 필요한 것은 다음과 같다.

1) 일반 배치도(general arrangement plan : GA)

의장도라고도 하며, 마스트(mast), 연돌, 의장, 선실, 선창, 기관실, 물탱크, 기름탱크, 해치웨이(hatchway), 데릭(derrick), 윈치, 양묘기 및 계선 장치 등의 시설과 배치 등을 한 눈에 보고 대략적으로 파악하는 데 필요한 도면이다. 이것은 가장 기본적인 선체 도면으로, 선박에서 가장 잘 보이는 곳에 게시되어 있다.

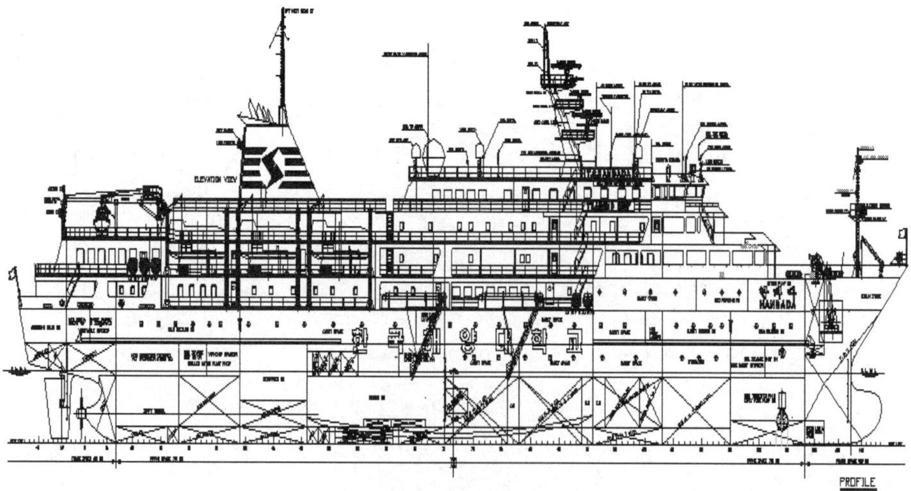

[그림 4-12] 일반배치도

2) 중앙 횡단면도(midship section plan)

선체의 중앙부를 횡단하여 각부의 구조와 치수를 나타내는 도면이다. 선체의 중앙부라도 선창부와 기관부에서는 구조가 다르므로 한 쪽에는 선창부를, 다른 쪽에는 기관부의 횡단면을 그리는 것이 보통이다. 이 도면에는 배의 주요 치수 즉, 길이, 폭 및 깊이 외에 만재흘수, 갑판 사이의 높이 및 의장품(앵커, 체인, 로프) 등을 기입한다.

AFT. SEC.

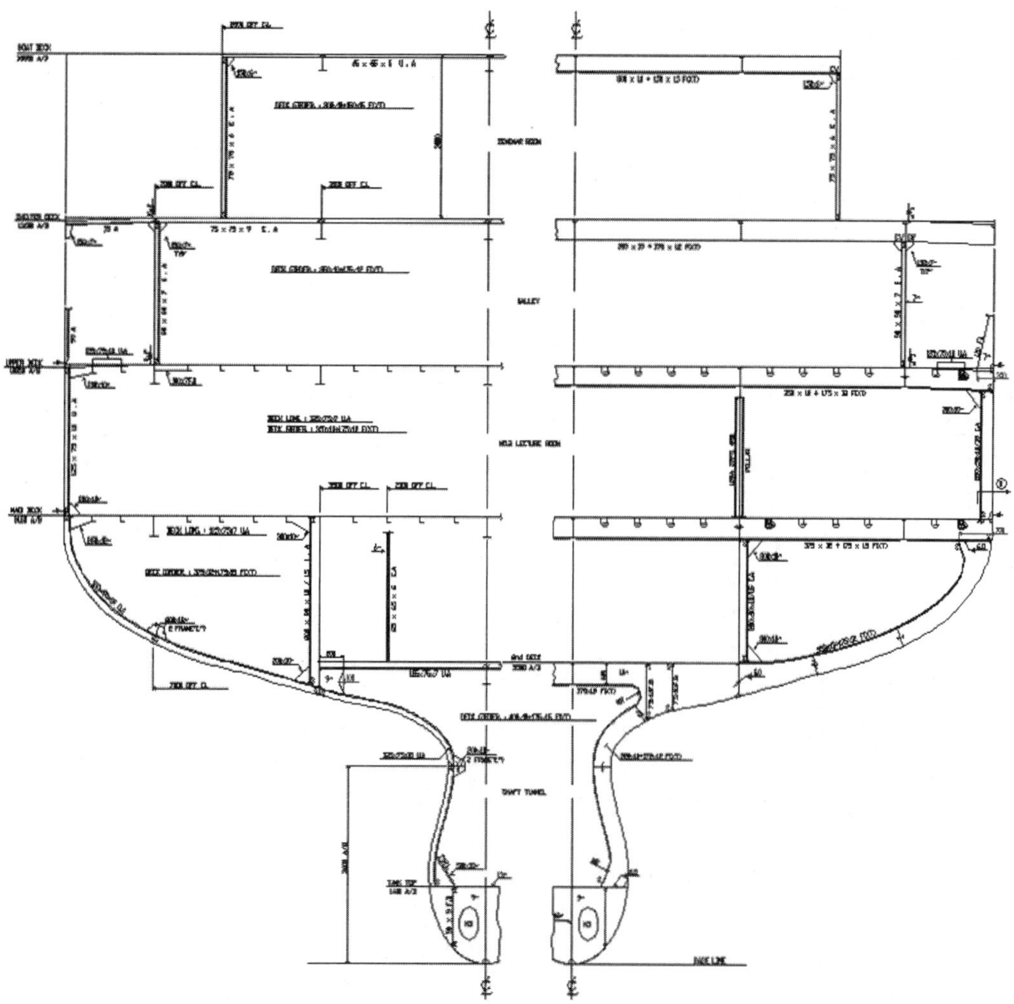

[그림 4-13] 중앙 횡단면도

3) 강재 배치도(construction profile or deck plan)

일반 배치도와 비슷한 모양의 도면이지만, 사용된 강재에 대한 것을 기입한 도면이다. 이 도면에는 중심선으로 절단한 종방향의 단면도와 각 갑판으로 표시된 평면도가 있다. 종단면도에는 늑골의 강판 두께 등의 치수가 기입되어 있고, 그 밖에 강재로 형성된 격벽, 탱크, 각 갑판 등의 구획이 표시되어 있다. 갑판 평면도(deck plan)에는 각 갑판의 두께, 개구부, 각 구획 및 늑골 간격 등이 표시되어 있다.

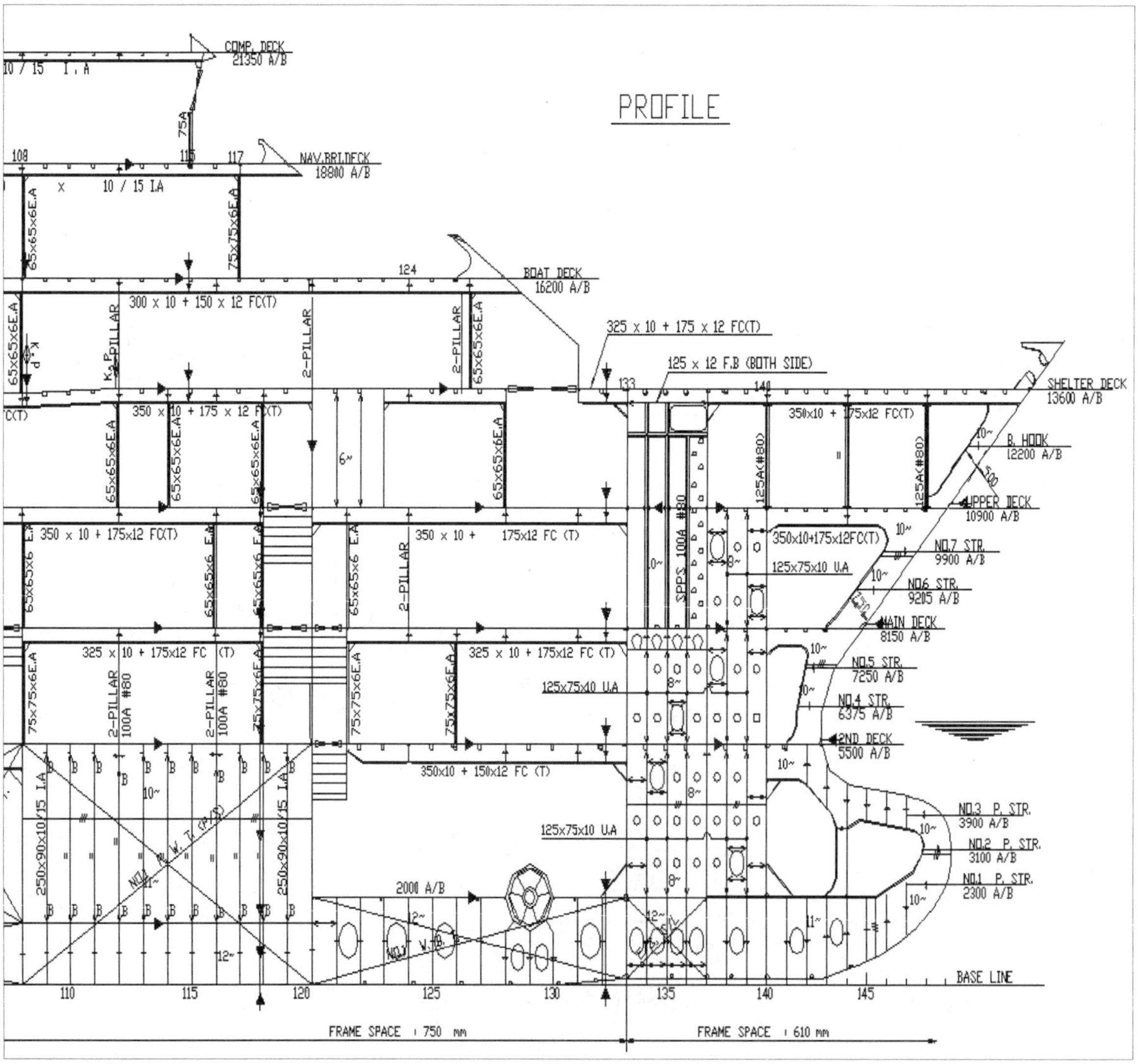

[그림 4-14] 강재 배치도

4) 선도(lines plan)

선체를 종, 횡 및 수평으로 등분한 절단선으로 구성되는 평면도(body plan), 측면도(sheer plan) 및 반폭도(half breadth plan)의 세 개의 도면으로 선체의 형을 정확히 나타내는 도면이다. 측면도는 배의 연직 종단면들의 모양을 나타내고, 반폭도는 배의 수평 단면들의 모양을 나타내며, 정면도는 연직 횡단면들의 모양을 나타낸다. 모든 배의 모양은 세로 중심면 (Longitudinal Center Plane)에 대하여 대칭이므로 보통 배의 한 쪽 모양만 그린다. 일반적으로 선수를 오른쪽으로 향하게 하고, 배가 정상 만재 상태 혹은 계획 만재 상태에서 정수 (Still Water) 위에 자유로이 떠서 정지했을 때의 수선 (Waterline)은 수평하게 그리며, 이 수선은 DWL (Designed Load Waterline)이라 불린다. 톤수 및 각종 계산은 모두 이 선도에서 산출되며, 또 이 선도에 의하여 모형을 만들고 수조 시험에 의하여 소요 마력이나 속력 등이 추산된다.

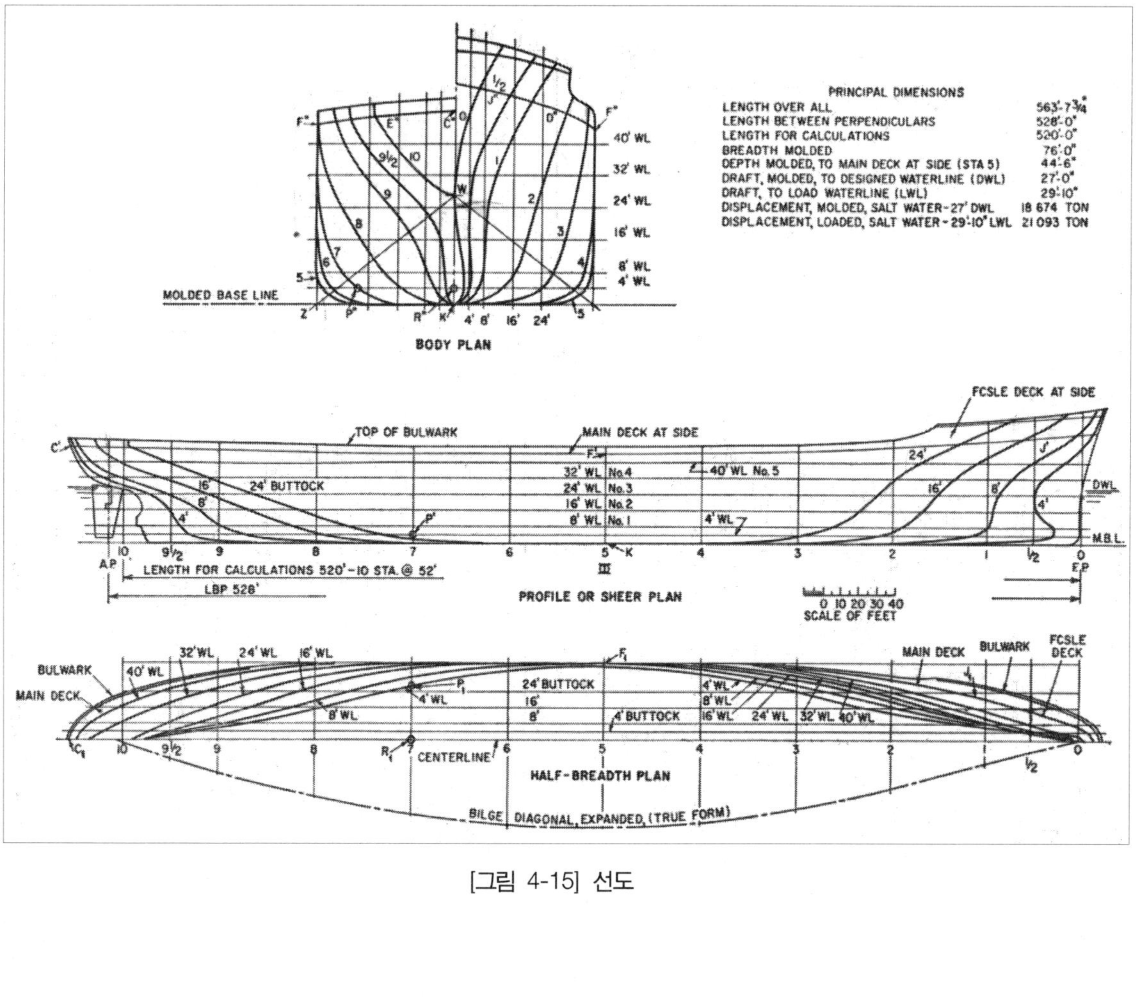

[그림 4-15] 선도

5) 외판 전개도(shell expansion plan)

외판을 평면으로 전개하여 나타낸 도면으로, 외판과 늑골과의 관계 위치, 선외 개구부의 위치 및 치수, 외판의 두께와 접합 방식, 격벽이나 각종 종통재의 외판 접합 등을 나타내는 중요한 도면이다.

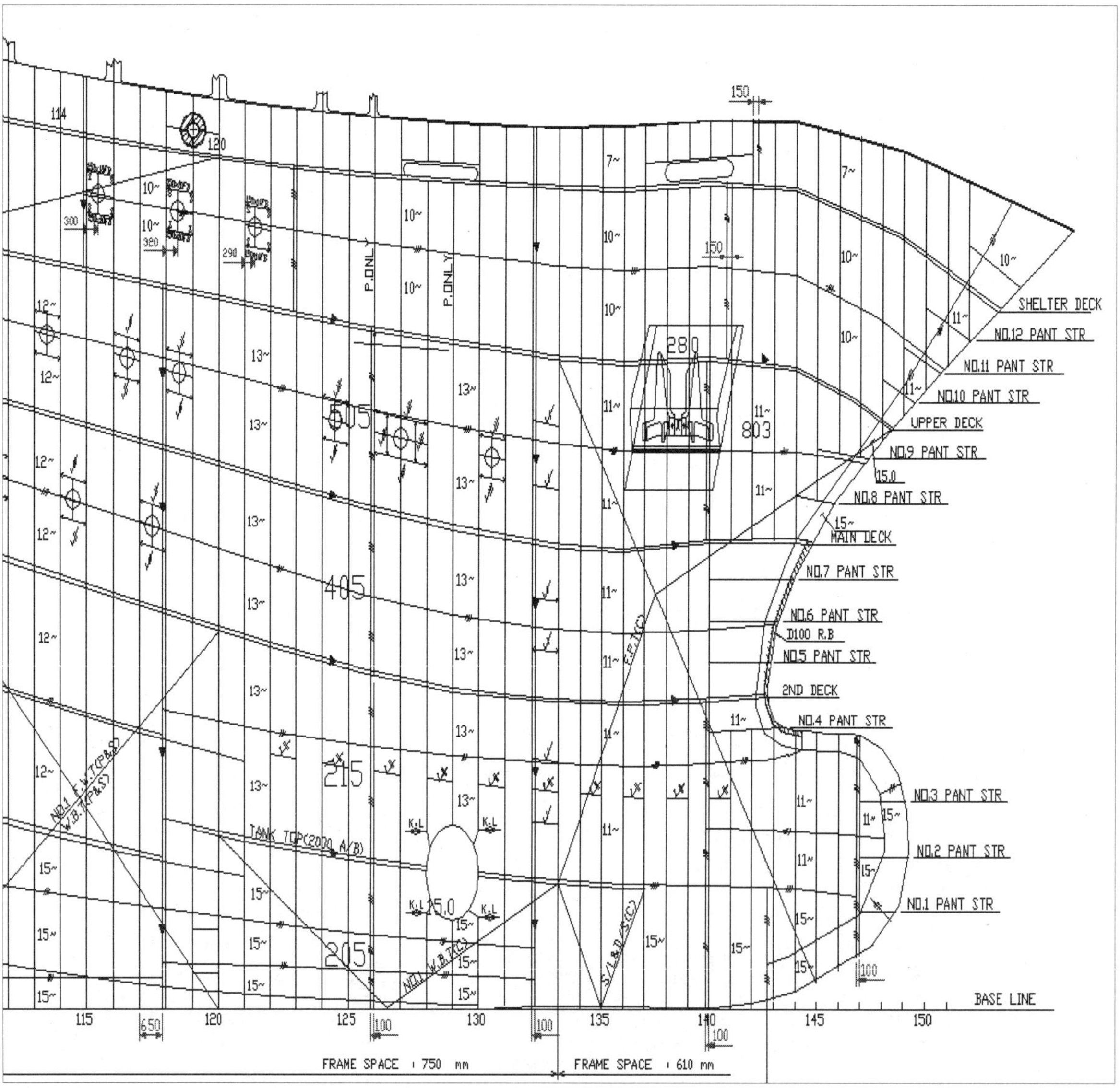

[그림 4-16] 외판 전개도

6) Pipe 배치도 (Piping Arrangement)

이것은 pump용 pipe의 배관은 물론 공기관, 측심관, 기타 모든 pipe의 배치를 나타내는 도면이다.

7) 용량도 (Capacity Plan)

Hold, water tank, oil tank 등의 배치와 용량을 나타낸다.

8) Paint demarcation line for hull out side

선체 외판 도장의 경계선을 나타낸다.

9) Arrangement of Nav. & Signal Light

항해등, steering light, morse signal light, anchor light 등 항해 혹은 신호에 사용되는 light들의 배치를 나타낸다.

10) Tank Arrangement

각종 Tank들의 배치를 나타낸다.

11) Life Saving and Fire control Plan

선박에 설치된 구명설비와 소화설비들의 위치를 나타낸다.

이외에 격벽도(bulkhead plan), 기관실이중저도(double bottom in engine), 이중저도(double bottom in hold), 선수구조도(bow construction), 선수재(stem plan), 선미구조도(stern construction), 선미재도(stern frame), 키도(rudder plan) 등의 도면들이 있다.

4.4 선박의 건조 과정

4.4.1 선박 건조의 역사

조선기술의 발전과정을 보면 목선에서 철선으로, 못과 리벳의 사용에서 용접으로 선박의 재료와 접합방식이 변화하면서 건조방식의 획기적 변화가 뒤따르게 된다. 그 과정을 보면 다음과 같다(출처 : Korea Maritime Links@MSL International).

1. 목재를 사용하여 선박을 건조하던 오랜 세월동안 그 재료와 사용가능한 접합방법의 한계로 아래와 같은 선체 건조 공정은 변화의 여지가 없었다. 이러한 공정들은 한 공정이 끝나면 다음 단계로 넘어가는 식으로 진행되었다.

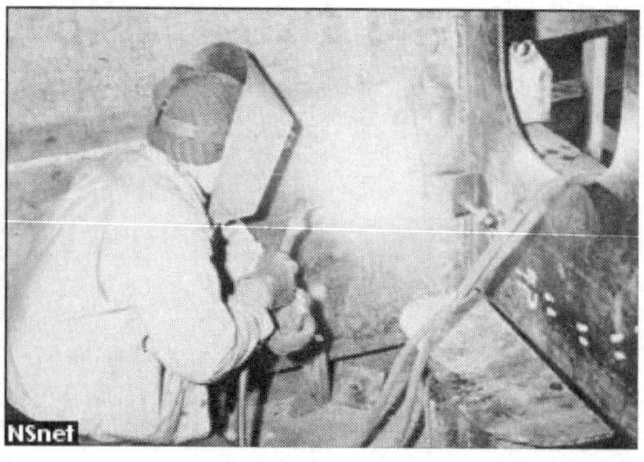

1) 용골(Keel) 거치
2) 늑골(Frame) 설치
3) 외판(Shell) 조립
4) 격벽(Bulkhead) 설치
5) 갑판(Deck) 설치

2. 목재에서 철재로 재료가 바뀌면서 접합방식도 못과 볼트류에서 리벳으로 바뀌었으나, 건조공정은 변화되지 않았다.
3. 1차세계대전 중 선박 건조량의 증가는 공장에서 제작한 부분품을 선대로 이송하여 조립하는 Part-by-Part 방식을 탄생시켰다.
4. 1920년대에 조선업계에 처음 용접이 채택되었고, 1940년대 초 2차세계대전으로 선박 건조량이 증가하면서 용접의 적용도 증가하였다. 2차세계대전 중 군수물자와 병력의 수송을 위해 많은 화물선이 미국에서 건조되었다. 최대한 빨리 다량의 선박을 건조해야 하는 필요성은 설계와 생산에 대량생산체제로의 변화를 요구하였다.

4.4.2 선박의 건조 과정

1. 선박의 수주

선박은 일반기계, 자동차, 전자제품과 달리 예측되는 고객을 대상으로 이미 설계된 제품을 생산하는 것이 아니라 선주의 주문에 의해 생산을 하게 되므로 선주의 요구사항(선박의 종류, 크기, 항로, 선속 등)에 따라 조선소에서 개념설계 또는 초기설계를 수행하여 선박의 성능이 만족되고 납기, 가격, 지불 조건 등이 선주와 합의되면 건조계약을 체결하게 된다. 이어서 기본설계와 상세설계를 수행하여 본격적으로 건조과정에 진입하게 된다.

2. 기본설계

선박의 설계과정은 대체로 개념설계, 초기설계, 기본설계, 상세설계, 생산설계 등으로 구분할 수 있고 이러한 설계업무는 순차적으로 수행된다.

1) 개념설계 및 초기설계

선주로부터 제시된 요구사항, 즉 화물의 종류, 적재능력, 크기, 선속, 선체구조강도, 예상항로 등을 만족시키는 최적 선박의 개념을 도출하는 과정을 개념설계라 칭한다. 그리고 이 개념설계에서 개발된 제반 선박의 성능을 과거에 건조된 선박의 실적, 계산, 실험 등을 통하여 입증하는 과정을 거쳐 선박의 기본 성능과 주요 기자재의 사양을 확정하는 설계를 초기설계라 칭한다.

2) 기본설계

초기설계가 확정되면 선박의 주요 성능은 이미 정해지게 되고, 이후에 이루어지는 기본설계(기능설계라 고도 함)는 선체구조의 구체화, 기관실의 주기관을 비롯한 각종 장비의 배치, 배관계통도, 전기장치의 배치, 전선계통도, 갑판장비의 배치, 항해장비, 거주 설비 등을 구체적으로 정의하는 과정을 말한다. 이 과정에서 도출되는 각종 도면과 계산서, 사양서 등은 선주의 승인을 받게 되고, 안전성 관련 도면은 선급협회의 승인을 받도록 되어 있다.

3) 상세설계

기본설계가 확정되면 생산을 위한 준비단계로 생산현장에서 이해될 수 있는 수준으로 기본설계 결과를 각 서브시스템별로 도면으로 상세히 표현하는 과정을 상세설계라 하며, 생산에 필요한 원자재의 정확한 수량, 기자재의 발주사항 등이 도출되어 자재발주가 이루어지고 생산계획을 위한 자료가 공급된다.

4) 생산설계

상세설계 결과를 작업자나 공작장비의 운전에 필요한 생산정보를 정확하게 도출하는 과정을 생산설계라 한다. 이 작업 중에는 선체선도를 현척 또는 축척으로 현도하거나 전산프로그램에 의해 처리하여 NC 가공정보를 도출하는 과정이 포함된다. 그리고 공작 순서, 방법, 부재의 연결과 치수 등을 표시한 공작도, 각종 기계장비의 부착 상세도 등이 도출된다.

3. 선각공사

선각공사는 강재가 제철소로부터 조선소로 입고되어 강재적치장에 보관되어 있다가 공사순서에 따라서 그룹별로 강재 전처리과정을 거쳐 가공공장에 반입되고, 가공공장에서 마킹, 절단, 굽힘 가공작업이 이루어진다. 이어서 절단된 부재는 소조립장에서 부재끼리 조립, 용접되고 조립장으로 이송되어 블록을 형성하게 된다. 블록이 완성되면 선대나 도크 근처에서 기중기에 의해 탑재될 수 있는 크기의 큰 블록으로 다시 프리에렉션(Pre-erection)된 후 탑재된다. 탑재 후 수밀 용접이 완료되면 선대나 도크에서 진수된다. 이 강재의 입고에서부터 진수에 이르는 전체공정을 선각공사라 칭한다.

1) 강재 수급

선박건조의 주재료는 강철(Steel)이다. 설계에 따라 필요한 여러 가지 두께의 철판(Steel Plate)과 Angle, I-Beam 등과 같은 형강(Section Steel or Shaped Steel)을 사용한다. 이러한 강재의 구매는 정확한 계획하에 소요시점에 맞추어 필요한 양 만큼씩 입고되도록 하는 것이 매우 중요하다. 불필요한 재고 부담을 줄이고 장기간 적치에서 오는 품질저하를 막는 길이기 때문이다. 그러나 그보다 중요한 것은 강재의 부족으로 선박 건조공정 자체가 지연되지 않도록 하는 것이다. 따라서 생산의 정밀한 계획과 관리가 뒷받침되어야 JIT(Just In Time)가 가능해지는 것이다. 효율적인 조선소의 경우 3~5일 정도의 재고량으로 관리가 가능하다고 한다.

2) 프라이머(Primer) 코팅

보다 효율적인 선박건조와 품질향상을 위해 강재는 프라이머 코팅을 하여 사용하는 것이 일반적이다. 보통 야적장에서 절단공장으로 이동되는 중간에 전처리장을 두어 Shot Blasting 과 Shop Primer (15 micron 정도의 inorganic zinc silicate type)를 칠하는 공정을 거친다. 프라이머 코팅된 철판을 사용하면 선체 블록(Block)이 조립된 상태에서는 용접작업 등으로 손상된 부위만 Blasting을 하거나 Power

Tool 그라인더로 전처리(Surface Preparation)를 하면 되므로 작업이 용이하다.

3) 가공공사

가공공사는 선체구조를 구성하고 있는 부재(部材)를 제작하는 공정이다. 선체구조 부재는 평면판, 곡면판, 직선형강(直線型鋼) 및 곡선형강 등으로 구성되며, 이 부재들은 강판재와 형강재의 절단작업, 굽힘작업을 통하여 제작된다.

① 마 킹

작업의 정확성과 효율성을 높이기 위하여 공작정보를 가공될 강재표면에 선과 기호로 미리 표시하는 작업을 마킹(Marking)이라고 하며 마킹된 정보에 따라서 가공작업을 수행한다.

마킹작업은 종래에는 자, 컴파스, 먹물, 대붓 등 도구를 사용하여 수(手)마킹에 의하여 수행되었으나, 요즘은 전산기에 의해 마킹 자료가 처리되어 NC(Numerical Control) 절단기에 의하여 자동 마킹되고, 절단되는 NC마킹법에 의하여 수행된다. 이러한 NC마킹 및 절단법에 의하여 강재가 절단됨으로써 재래식 방식에 비하여 가공 정확도는 향상되고, 가공시간과 가공공수가 절감되어 대형 선박의 건조가 가능하게 되었고 건조 원가가 낮아졌다.

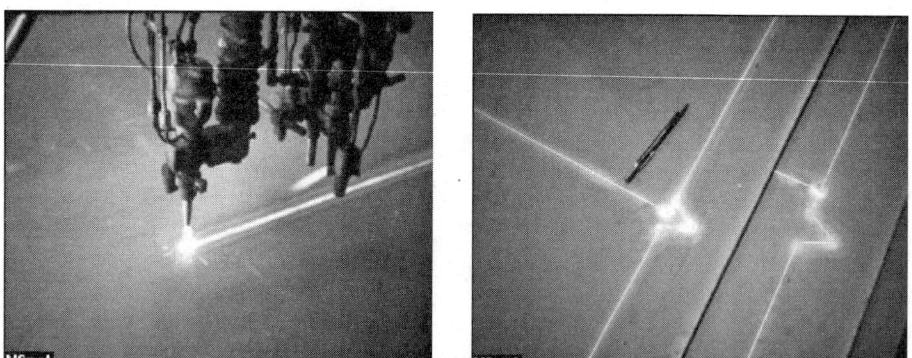

[그림 4-17] 마킹

② 절 단

강재로부터 도면에 표시된 모양과 치수대로 부재를 오려내는 작업을 절단작업이라고 한다. 절단작업은 주로 가스절단에 의존하여 왔으며, 절단 토치(Torch)의 이동하는 방법에 따라 수동, 반자동, 자동 절단으로 구분하기도 한다. 가스절단은 산소-아세틸렌 혼합가스에 의한 것이 대표적인 방식이고 요즈음은 플라즈마(Plasma) 절단도 사용되고 있다.

㉮ 가스절단

절단하려고 하는 강재를 가열하여 산화반응이 일어나기 쉬운 800~900℃로 높이고 난 후 고압산소를 공급하면 철(Fe)과 산소(O_2)가 결합하여 산화철과 고열이 발생한다. 이와 같은 발열반응시 생겨난 산화철은 순수한 철보다 낮은 온도에서 쉽게 녹아서 액체상태가 되고 고압산소는 이를 불어내어 홈을 만들어 절단작업이 이루어진다.

[그림 4-18] 가스절단

㉯ 플라즈마 절단

자연상태에서는 전기적으로 중성을 띠고 있는 기체가 많은 양의 에너지를 얻게 되면 원자와 전자가 유리되어 극성을 가지게 되는데, 이러한 상태를 플라즈마 상태라고 한다. 기체상태의 공기, 수소, 산소가스 등에서 전기적인 아크 방전을 일으키면 그 기체가 부분적으로 플라즈마화하는데, 이것을 열적인 방법 혹은 물리적인 방법으로 수축시켜 최고 온도가 약 20,000~30,000℃ 정도까지 이르게 하고 이를 절단하고자 하는 강재에 닿게 하여 국부적으로 강재를 녹이고 고압가스로 이를 불어내어 강재를 절단한다.

[그림 4-19] 플라즈마 절단

㉰ 레이저 절단

레이저 절단은 CO_2나 YAG 등 발진관 내에서 반전분포(Population Inversion)상태로 여기(勵氣)시키면 이들이 안정화되면서 레이저를 발생하는데 이 빛을 증폭, 집광하여 고밀도화 한 후 필요로 하는 곳에 주사함으로써 국부적으로 모재를 용융, 증발시키고, 고압가스로 용융금속을 불어냄으로써 연속적인 절단을 수행한다. 레이저 절단은 현재로서는 5～7mm 이하 두께의 금속판에 적용이 가능하여 아직은 선박건조 과정에 사용하기에는 좀 더 기술개발이 이루어져야 한다.

③ 굽힘 가공

강판이나 형강을 곡면이나 곡선으로 굽히는 작업은 냉간가공과 가열 성형가공으로 크게 구분된다. 냉간가공은 상온상태에서 기계적인 힘을 가하여 재료에 소성변형을 일으키는 것이고, 가열 성형가공은 강재를 국부적으로 가열하여 급히 냉각시키면 국부적인 수축이 발생하는 성질을 이용하여 굽히는 것이다. 강재는 적정온도로 가열된 상태에서 가공성이 좋으므로 가열하여 굽히는 열간가공이 과거에 많이 사용되었으나, 가열로를 구비하여야 하고 작업이 힘들고 복잡하여 1960년대 이후 국내에서는 전혀 사용되지 않고, 가스버너로 국부 가열하여 굽히는 부분 가열법이 사용된다.

냉간가공 작업에는 벤딩롤러(bending roller)와 유압프레스가 사용되는데, 벤딩롤러는 3～4개의 롤러를 위, 아래로 배치하여 위 롤러와 아래 롤러 사이의 틈으로 강판을 넣고 윗 부분의 롤러를 유압잭으로 강판에 압력을 가하고 롤러를 굴려 강판을 굽히고, 밀어내면서 원하는 곡면이 형성될 때까지 여러 차례 반복 작업을 한다. 주로 선체의 빌지 부분의 외판과 같은 2차원 곡면판의 굽힘 작업에 적합하고, 3차원 곡면판도 이 기계로 대략 굽힌 후 선상가열법 등으로 원하는 곡면이 되도록 마무리 작업을 한다. 유압프레스는 강판을 직각으로 굽힐 때 사용하거나 완만한 3차원 곡면판을 만들 때 사용된다. 3차원 곡면가공을 하기 위해서는 여러 차례 램(Ram)으로 강판을 찍어서 곡면 가공한다. 유압프레스는 강판의 굽힘작업에 다양하게 사용된다.

가열 성형가공은 강재를 국부적으로 가열하였다가 급속 냉각시키면 그 부위가 수축하는 성질을 이용하여 강판을 굽힘 가공하는 작업방법이다.

[그림 4-20] 굽힘가공

④ NC 플레임 벤더

선체의 횡늑골(Frame)이나 종늑골과 같은 형강재를 굽힘에 있어서 종전에는 열간가공에 의해 수동(手動)굽힘하였으나, 근래에는 NC 제어로 굽힘의 양을 조절하여 원하는 곡선으로 굽힐 수 있는 전용기계인 NC 프레임 벤더를 사용한다.

4) 조립공장

가공공장에서 제작된 선체의 부재는 조립장으로 이송되어 선체 내부구조물에 보강재를 붙이는 소조립 과정을 거쳐 선체 외판재에 늑골을 붙이는 중조립 과정으로 이어지고, 다시 블록을 완성하는 대조립 과정을 거치게 된다. 대조립된 블록은 경우에 따라서 도크장 주변에서 도크에 탑재되는 크기로 블록끼리 가조립 과정을 거쳐 탑재되기도 한다.

① **용접** (Welding)

강철로 건조되는 선박의 모든 부위는 용접을 통한 접합으로 이루어지므로 용접은 선박의 품질을 좌우하는 근본적인 작업이라고 할 수 있으며 그 중요성에 걸맞게 용접의 품질은 시스템적으로 관리되고 있다. 모든 선급(Classification Society)은 조선소가 적용하고자 하는 용접사양에 대한 용접 절차서(Welding Procedure Specification, WPS)와 그 절차서에 따른 용접 시편에 대한 시험결과 기록(Procedure Qualification Record, PQR)을 유지토록 규정하고 있으며, WPS에 따라 작업이 가능한 용접사를 시험을 통해 확인하고 그 자격을 관리하고 있다.

② **비파괴 검사** (Non-Destructive Test) - NDT or NDE

앞에서 언급한 바와 같이 용접의 품질은 WPS, PQR, Welder Qualification 등의 시스템으로 관리되고 있다. 그러나 이 시스템이 실제 작업 결과를 보장해 주지는 않기 때문에 어떠한 방법으로든 실물에 대한 검사를 시행할 필요가 있다. 가장 간편한 방법은 용접부를 육안으로 검사하는 것으로 통상 모든 용접부에 대하여 용접사 자신이나 생산부 감독자 그리고 QC요원과 선주/선급 검사관 등이 일상적으로 사용하는 방법이다. 그러나 육안 검사는 용접부 내부나 미세한 표면 결함을 발견할 수 없는 한계를 가지고 있으므로 특별한 중요도를 갖는 부위와 결함이 의심되는 부위에는 아래에 기술된 비파괴시험 방식을 사용하여 별도의 검사를 하게 된다. 비파괴시험은 시험편에 적용하는 파괴시험(인장시험과 같은)에 상대되는 개념으로 제품을 손상시키지 않는 방법을 사용하는 시험을 의미한다.

③ **소조립**

소조립은 소조립 정반에서 내부판에 보강재나 브라켓 등을 취부하여 용접하는 과정으로, 여기서 완성된 부재는 중조립이나 대조립 과정으로 이송된다. 소조립 공사는 다양한 형태의 부재를 생산하는 과정으로 주로 인력에 많이 의존하고 있으며, 최근에는 컨베어에 의해 이송되고 취부된 부재의 용접에 자동설비가 사용되기도 한다.

④ 중조립 (Sub Block Assembly)

플레이트와 프레임을 조립하고, 절단/벤딩된 부재 및 소조립 부재들을 부착하여 블록의 한 면을 이루는 패널을 만드는 작업이다. 중조립은 평판 블록, 곡외판 블록, 상부구조 블록을 조립하는 과정으로 나눠진다.

㉮ 평판 블록

저판, 선측판, 격벽판 등과 같이 평면의 판재에 늑골을 취부하는 평판블록은 콘베어 위에서 판재를 이어 붙여 블록크기로 평판을 조립하고, 그 위에 늑골재를 취부한다. 이 작업은 전용 조립장치를 사용하여 자동으로 취부하고 용접한다. 늑골재를 취부한 후에 늑골재와 직각방향으로 플로어(Floor)를 취부하여 격자형식으로 블록이 보강되도록 한다. 이 평면블록 조립장을 일명, 판넬라인(Panel Line)이라 칭한다.

㉯ 곡외판 블록

선체의 선수부분, 선미부분 등은 외판이 곡면을 형성하고 있다.

이 부분에 포함된 블록은 곡면을 포함하고 있어서 판넬라인(Panel Line)에서는 조립할 수 없다. 곡면 블록은 곡면에 따라 높이를 조절할 수 있는 지그가 설치되어 있는 조립장에서 지그(Jig)의 배열 높이를 외판의 곡면과 같게 조절하고 그 위에 외판재를 조립하여 선체곡면을 형성하고 조립된 외판재 위에 늑골재와 플로어(Floor)를 조립, 용접하여 블록을 완성한다.

㉰ 상부구조 블록

상부구조 블록은 외판 블록에 비하여 비교적 박판으로 구성되며, 이 블록은 갑판 캠버(Camber)로 인하여 약간의 곡면이 있으므로 곡외판 블록의 조립과 같은 방법을 사용한다.

[그림 4-21] 중조립

⑤ 블록 조립 (Block Assembly) - 대조립

중조립품, 소조립품, 절단/벤딩된 부재 등을 종합하여 선체 공간의 한 구역을 조립하는 작업이다. 블록의 크기는 작업장의 설비능력과 작업의 효율성을 고려하여 설계단계에서 계획적으로 나누어진다.

중조립된 블록은 다시 입체적인 블록을 형성하여 도크에서 탑재될 수 있는 정도의 크기로 조립된다. 그리고 경우에 따라서는 대조립된 블록을 도크 주변에서 탑재하기 전에 더 큰 블록으로 조립하여 탑재하기도 하는데, 이 과정을 프리이렉션(Pre-erection)이라 한다. 조립공정에서 부재의 이동이나 블록의 이송에 컨베어, 크레인. 자주식 트랜스포터 등이 사용된다.

조립공정에서의 용접작업은 자동화가 많이 진척되어 있어 판넬라인에서의 용접은 거의 자동용접이 채택되고 있다. 그 외의 조립과정에서도 반자동 용접이 실행되어 용접 자동화율이 가장 높은 공정이라 할 수 있다. 현대적 조선소에서는 조립공정에 자동화가 많이 적용되고 있어 조립공사 대부분이 옥내 조립장에서 수행되고 있다.

[그림 4-22] 블록 조립

⑥ 선탑재 (Pre-Erection)

선박생산의 측면에서는 얼마나 경제적이며 효율적으로 공정을 개선하는가에 관점을 두어 발전되어 왔고, 이를 위해 어떻게 선대(Building Berth)나 선거(Dry Dock)에서의 생산기간을 줄여서 이의 회전율을 높이는가에 초점이 맞추어졌다. 선대나 선거에서의 생산기간, 즉 탑재공정을 단축시키는 근본적인 방법은 블록의 크기를 증대시켜 그 숫자를 줄이는 것이지만 여기에는 조립공정의 설비와 효율성을 고려해야 하므로 그 한계가 있다.

이러한 한계를 보완하기 위해 선탑재(Pre-Erection)방식이 적용되며, 이는 몇 개의 블록을 선대나 선거 부근의 육상에서 미리 조립하여 탑재할 블록의 크기를 대형화 하는 작업이다. P-E의 적용은 탑재공정의 기간을 단축하는 효과와 함께 상대적으로 좋은 작업환경에 작업하게 되는 잇점이 있지만, 탑재에 사용하는 크레인의 용량에 따라 블록의 대형화에 한계가 주어진다.

[그림 4-23] 선탑재

5) 탑재공사

탑재작업은 조립공정에서 이송된 블록들을 선대나 도크에서 서로 연결하여 선체의 전체 형태를 구성하도록 하는 선체공사의 마지막 공정이다. 그리고 탑재작업에서는 설계도에 제시된 선체의 형상이 완성되어야 하기 때문에 선체의 치수가 정확한지 점검해야 한다. 그리고 선체가 하나의 대형 중(重)구조물로 완성되면 수면에 떠야 하기 때문에 진수작업을 용이하고 안전하게 할 수 있도록 선대나 도크에서 조립작업을 수행해야 한다.

가장 일반적인 선미 기관실을 갖는 화물선의 경우 탑재의 진행은 선미에서 선수로 진행된다. 이는 기관실 구역이 작업량이 많고 그 위로 거주구역이 추가로 탑재되어야 하기 때문이다.

① 선대 탑재 방식

경사진 선대에서 블록을 탑재하는 방식으로, 선체를 수면과 일정한 기울기를 유지하면서 선체를 탑재한다. 블록의 탑재에는 기중기가 사용되며, 탑재된 블록을 용접으로 견고히 접합하여 수밀 작업이 완료되면, 선체와 선대 사이에 진수대를 설치하고 진수대에 기름(fat)을 도포하여 마찰계수를 낮추어 선체의 자중에 의해 경사진 진수대 위로 미끌어지게 하여 물에 진수시킨다. 이 방식은 종래에 많이 사용하던 방식으로, 아직도 소형, 중형 선박의 탑재 및 진수에 채택하고 있다.

② 도크 탑재방식

선체탑재를 도크에서 수행하는 방식으로, 물이 빠진 드라이 도크에 선체를 수면과 수평하게 탑재하여 선체가 완성되면 도크에 물을 채워서 선체를 뜨게 한 후 도크 밖으로 띄워 진수작업을 수행한다. 이 방식은 선체를 수평으로 탑재하므로 선체형상을 유지하기가 용이하고, 대형선박의 경우에는 진수작업에 위험요소가 거의 없어, 현대적인 조선소에서는 대부분이 도크탑재 진수방식을 채택하고 있다.

③ 기중기

선대나 도크 내에서 블록의 탑재에는 기중기를 사용한다. 블록의 무게가 가벼운 경우에는 집(Jib) 크레인을 사용하나 중구조 블록의 경우에는 갠트리 크레인의 일종인 골리아스(Goliath) 크레인을 사용하여 대형선박의 건조기간을 단축시켜 생산성을 높이고 있다.

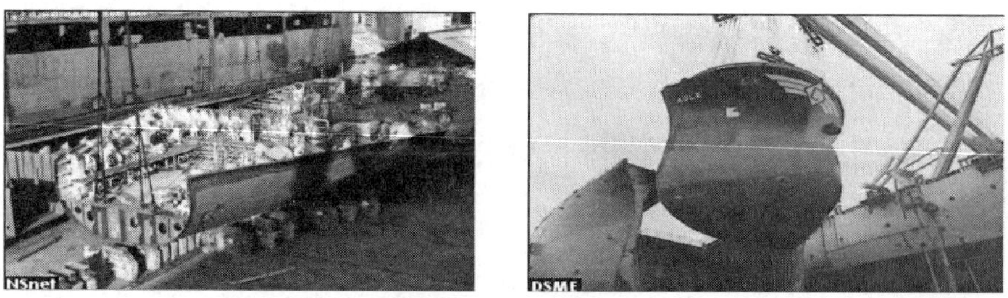

[그림 4-24] 탑재

④ 용골거치 (Keel Laying)

예전의 선박건조방식은 그림에서 보는 바와 같이 선저부 중안에 선수 선미 간을 가로지르는 용골(Keel)을 거치하고 나서 뼈대를 이루는 늑골(Frame)을 세우고 외판을 붙여나가는 순서를 취하였다.

용골을 거치하는 것은 실질적으로 선박의 형태를 잡아가는 시작점으로 큰 의미를 두어 무사한 작업을 기원하는 식을 거행하였다.

현재의 대형선 건조는 선체를 여러 개의 블록(Block)으로 나누어 이들을 연결해 나가는 방식으로 진행되므로 실제로 용골을 거치하는 절차는 없지만 첫 번째의 블록을 건조선대에 정위치시키는 것을 상징적으로 용골거치(Keel Laying)라고 하며 이는 탑재공정의 시작점이 된다. 그림은 골리아스 크레인으로 블록을 들어 Dry Dock 내의 건조위치로 이동시키는 모습을 보여주고 있다. Keel Laying 블록은 탑재 순서에 따라 정해진다.

[그림 4-25] 용골거치

4. 의장공사

선박을 건조하는 과정은 앞에 설명한 바 있는 선각공사와 의장공사로 구분한다. 의장공사는 선체에 선박의 운항에 필요한 주기관을 비롯한 각종 기계장치, 전기장치들을 부착하고, 이 장치들을 하나의 시스템으로 연결하는 배관공사와 배선공사 등의 작업, 선원의 거주설비 공사, 선체의 표면과 내면에 녹이 슬지 않도록 도장하는 작업 등을 총괄하여 말한다.

종래에 의장공사는 선체공사가 완료되는 시점이나 선대에 블록이 탑재된 이후에 수행하는 것이 관례였으나, 요즈음에는 선행의장 공사방식을 많이 사용하고 있다. 선행의장 방식이란 블록 조립작업부터 의장공사를 병행하여 블록의장을 시행하고 탑재작업이나 진수 후에도 의장공사를 시행하는 것이다. 이렇게 선대나 도크에서 혹은 진수 후 수상에서 선체공사와 의장공사를 병행하여 추진함으로써 전체적인 공사기간과 의장 공사량을 줄여서 종전의 방식보다 생산성을 높이고 있다.

도장공사도 선체 재료를 가공하기 전 단계에서 공장내에서 숏 블라스팅하여 녹을 완전히 제거하고 일차 도장한 후 가공 공정을 실행한다. 블록이 완성되면 다시 블록 도장을 시행하고, 도크에 탑재하여 최종 용접작업이 완료되면 진수작업 직전에 마무리 도장작업을 실시하는 등 공사 진행과정에 따라 도장공사를 수행한다.

이와 같이 현대적인 선박건조방식은 선체공사, 의장공사, 도장공사 등 모든 공사를 최대한 병행 수행하여 건조기간을 단축하고 작업 편의성이 좋은 단계에서 수행한다. 즉, 공장내에서나 조립장에서 선대나 도크에서의 작업을 앞당겨 수행함으로써 선박의 품질과 건조생산성을 높일 수 있는 방향으로 개선되고 있다.

5. 시운전

선체공사가 마무리되고 의장공사가 완성되면 선박에 설치된 각종 장비의 성능을 개별적으로 시험한다. 장비의 성능시험이 완료되면 선박 전체의 성능을 점검하고 설계시 목표로 한 성능이 만족되는지 여부를 확인하기 위하여 선주와 선급기관의 입회 아래 선박의 속력, 연료소비량, 조종성능, 주기관과 추진기의 성능 등을 시험한다.

이 시험은 공식 시운전(Sea Trial)이라 하며, 이 시험에 합격해야만 비로소 선주에게 완성된 선박을 인도할 수 있다.

4.4.3 선박 건조 사례

독일의 중형 조선소인 Flensburger(http://www.fsg-ship.de)에서 2,000년도에 건조한 2,700Lane Meter RORO선의 건조자료를 사례로 들어 선체가 어떤 식으로 Block으로 나뉘고, 또 어떤 식으로 Block들이 탑재되어 가는지 알아본다.

본선의 선체는 거구주 Superstructure를 포함하여 아래와 같이 85개로 나뉘어

Block으로 제작되고, 제작된 Block들이 탑재되어 선박의 형태를 이루도록 되었다.

각 Block에는 식별을 위한 번호가 붙여지고, 이 때 통상적으로 Block의 위치에 따라 A, B, H, ... (After, Bottom, House, ...) 등의 알파벳을 앞에 붙여 'A01 Block' 등으로 호칭한다.(출처 : Korea Maritime Links@MSL International)

1. Block 구분

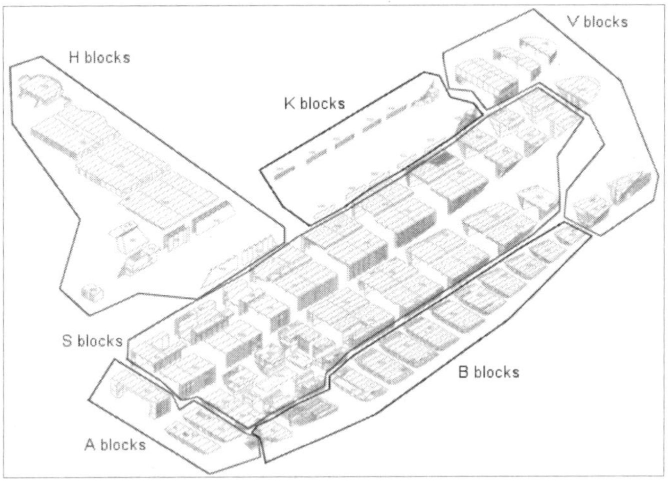

1) A03 Block - After Part

2) A05 Block - Lower Part

3) B13 & B17 Block- Double Bottom

2. 탑재과정

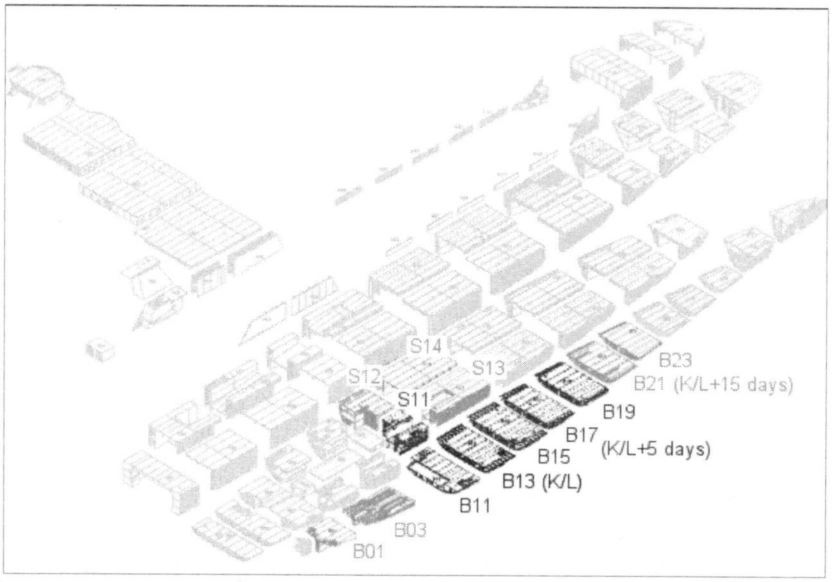

1) Keel Laying

2) Keel Laying + 5일

3) Keel Laying + 8일

4) Keel Laying + 10일

5) Keel Laying + 14일

6) Keel Laying + 16일

7) Keel Laying + 21일

8) Keel Laying + 23일

9) Keel Laying + 25일

10) Keel Laying + 29일

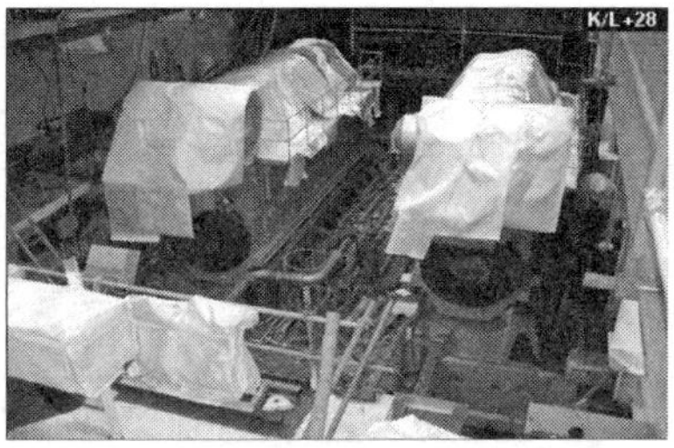

11) Keel Laying + 31일

12) Keel Laying + 36일

13) Keel Laying + 39일

14) Keel Laying + 45일

15) Keel Laying + 49일

16) Keel Laying + 53일

17) Keel Laying + 67일

18) Keel Laying + 78일

19) Launching

20) Keel Laying + 90일

4.5 선박의 정비

4.5.1 선박의 부식과 오손

선체는 항상 해수와 접촉하고 습기가 많은 공기 중에 노출되어 있어서 각종 물리적인 원인과 화학적인 원인에 의하여 손상을 입고 있으며, 특히 전기 화학적인 원인에 의하여 녹이 슬거나 썩게 되는데 이러한 작용을 부식이라고 한다. 따라서 선박에서는 항상 부식 방지에 노력하여야 한다.

1. 부식의 원인

1) 물리적인 손상

① 충돌(Collision), 접촉(Touching), 좌초(Aground) 등에 의한 충격
② 악천후(Bad weather)에 관련된 풍랑의 충격과 선체의 동요에 의한 종압력(縱壓力), 횡압력(橫壓力)과 굽힘(Bending), 비틀림(Twisting) 등
③ 안벽, Barge, Anchor chain, Mooring rope, 화물 등에 의한 마찰
④ 기관, 조타기, Windlass 및 Winch 등에 의한 진동
⑤ 폭발(Explosion) 및 화재(Fire)에 의한 것 등

2) 전기 · 화학적인 원인

화학적인 원인에 의한 손상, 즉 부식은 해수나 오수 또는 습윤한 공기에 접한 장소, 통풍이 불량한 장소, 열작용을 받는 장소, 악질 Gas가 축적된 장소 등에서 심하다. 또한 철강재는 전식작용(Galvanic action)에 의하여 부식이 진행된다.

금속의 부식은 그 대부분이 해수 등의 전해질 중에 금속이 양이온으로 되어 녹아 들어가 액체 중의 산소 등의 이온과 결합하여 산화물을 형성하기 때문에 발생하는

것으로 알려져 있다. 이 경우에 미약하지만 금속 표면에서 액체로 전류가 흐른다. 이 전류를 부식 전류라고 한다. 이러한 부식 전류를 없애려면 부식 전류와 반대 방향으로부터 부식 전류보다 더 강한 전류를 인위적으로 흘려주면 된다.

2. 선체 부식의 방지법

1) 보호 아연판 사용

철보다 저전위인 아연을 도선으로 연결하면 두 금속 사이의 전지 작용으로 발생하는 전류를 방식 전류로 이용할 수 있다. 이 경우 저전위인 아연으로부터 전류와 함께 금속 이온이 용출되기 때문에 시간이 흐름에 따라 아연판이 소모되게 된다.

보호 아연판의 적용 대상으로는 외판, 추진기, 빌지 킬, 발라스트 탱크 등이 있으며, 일반적으로 선체 등에 붙이는 방법으로는 철판에 12 mm 또는 16 mm의 볼트를 용접한 후 아연판을 붙이고 너트로 조이고 나서 남는 여백에는 비닐 퍼티를 채워 해수가 침입하지 않게 한다. 아연판이 다 달아서 바꿀 때에는 전에 사용하였던 볼트와 너트를 그대로 사용할 수 있기 때문에 비교적 간단히 교환이 가능하다. 그러나 볼트와 너트가 녹이 슬었거나, 아연판을 부착할 철판면에 이물질이 있는 경우에는 방식 효과가 없어지므로 주의하여야 한다. 즉, 아연판과 부착 면과의 전기적 접촉을 확실하게 하는 것이 가장 중요하며, 특히 아연판의 표면은 항상 금속면이 노출된 상태로 부착하여야 하며, 페인트나 기름 등에 의하여 오염되지 않도록 주의하여야 한다.

2) I.C.C.P(IMPRESSED CURRENT CATHODIC PROTECTION) SYSTEM

부식방지를 위해서는 일반적으로 PAINTING을 떠올리게 되고 나아가서 보호아연판(CATHODIC PROTECTION)을 관련시키게 된다. PAINTING이란 부식방지를 위한 가장 일반적인 방법으로 채택되고 있으며, 해수에 쉽게 침수되고 있는 선체 외판에는 우수한 품질의 TAR EPOXY 와 ANTI-CORROSION PAINT를 수회 도장하고 있다. 그러나 아무리 우수한 도료라 할지라도 기간경과에 따른 국부손상은 불가피하며 또한 선미에 설치되는 PROPELLER 및 RUDDER 등의 장비에 사용되는 금속재질이 선체 외판과는 서로 상이해 해수에 노출되는 선체 외판의 부식속도는 가속된다.

그리하여 이 같은 COATING에 의한 부식방지방법의 부족함을 보안키 위한 장치로 희생양극에(SACRIFICIAL ANODE) 의한 CATHODIC PROTECTION을 고안하게 되었으며, 선체 외판 주요 부위에 이런 희생양극을 부착하게 됐다. 그러나 이 또한 일정기간 내 소모된 희생양극(ZINC, ALUMINIUM, MAGNESIUM ANODE)을 매 도크 시 교체해 주어야 한다는 불편함과 비용 발생원인 해소 요구가 점증하게 되었으며, 그에 따라 희생양극방식을 대체하기 위한 장비의 필요성이 대두되게 되었다. 이 같이 지속적 사용 가능한 CATHODIC PROTECTION EQUIPMENT가 절실히 요구받게 된 결과 I.C.C.P가 개발되었다.

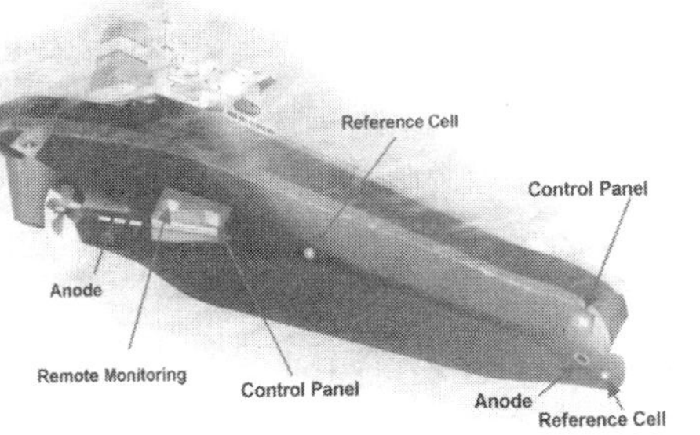

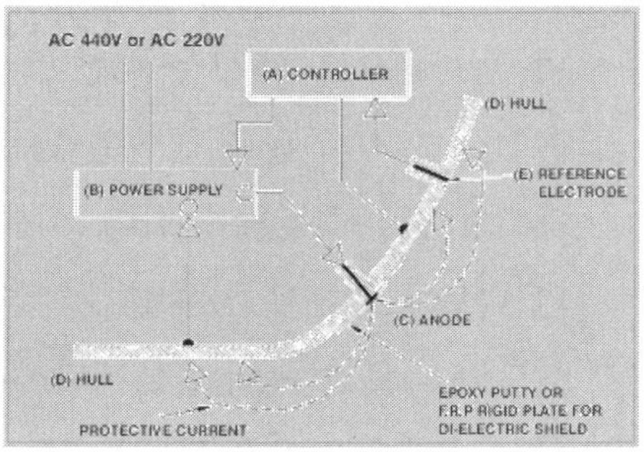

[그림 4-26] I.C.C.P 시스템

이를 그림으로 도해하면 ;

① CONTROLLER(A)는 REFERENCE ELECTRODE CELL(기준전극) 각각의 직류전압 신호치를 감지하여 POWER SUPPLY (B)로 보내준다. POWER SUPPLY는 수신된 신호치를 기준으로 하여 최적의 (+)직류전류를 ANODE(C)와 해수(전해액의 역할)를 통해 선체로 흘려주어 선체를 보호하게 한다.

② ANODE(C)는 WATER LINE 아래부위의 HULL(D)을 뚫어 설치하고 선체와 전기적 절연이 되어야 한다. 이곳에서 실제 방식전류(PROTECTIVE CURRENT)가 방출된다.

③ REFERENCE ELECTRODE(E)도 WATER LINE 아래부위의 HULL(D)을 뚫어 설치하고 선체와 전기적 절연이 되어야 한다. 이 장치는 선체가 보호되고 있는지를 감지하는 기준전극으로 감지된 전위는 끊임없이 CONTROLLER로 이송되어 적정 방식전류를 방출하게 해준다.

④ ANODE와 REFERENCE ELECTRODE는 선체와 절연상태여야 하며 이를 위해 F.R.P RIGID PLATE 또는 EPOXY PUTTY 작업이 이행되어야 한다.

3. 선체의 오손

선체 중에서 물속에 잠겨 있는 부분에는 시간의 경과와 함께 각종 조개류나 해조류 등이 부착하여 서식하게 되는데, 이들 생물이 선저에 부착하는 현상을 오손(Fouling)이라 한다. 해중 생물이 부착하면 마찰 저항이 증가하므로 동일 속력을 유지하기 위해서는 연료의 소비량이 증대된다. 또 기관의 냉각수 파이프나 소화 계통의 파이프 내부 혹은 선저의 해수 밸브 속에 부착하여 펌프의 효율을 떨어뜨리거나 경우에 따라서는 심각한 사고의 원인이 되기도 한다.

4. 선저도료

1) 1호 선저도료(anticorrosive paint ; A/C)

선저의 강판은 해수에 젖으므로 잘 부식된다. A/C 페인트는 방청용(防卽用) 선저도료로서 외판에 직접 또는 광명단 · 워시프라이머(wash primer) 위에 바르며, 그 위에 바르는 2호 선저도료가 다량의 독물을 함유하므로 독물에 의한 강판의 부식을 방지하기 위한 중간 도료로서의 역할도 한다. 따라서 건조가 빠르고 방청력이 커야 한다. 강판과 밀착도 잘되고 진동에 의하여 떨어지지 않아야 하며, 2호 선저도료와도 잘 떨어지지 않아야 한다.

2) 2호 선저도료(antifouling paint ; A/F)

경하흘수선(輕荷吃水線) 아래쪽 선저부에 발라 해중생물(패류 · 해조류)의 부착을 방지하는 선저방오용 도료이다. 성분 중에 유독한 수은과 구리의 화합물인 산화

수은 · 이산화구리를 함유하여 직접 강판에 바르면 이를 부식시키므로 A/C도장 후 약 2시간 경과한 다음 바른다. 따라서 A/F와 A/C는 잘 밀착되고 해수에 강하며, 건조가 빠르고 도막에 균열이 생기지 않아야 한다. 그리고 건조도막은 해수 중에서 독물이 서서히 표면으로부터 조금씩 녹아서 독물화합물 · 독물이온에 의하여 생물의 부착을 방지하고, 부착된 것은 탈락시킬 수 있어야 한다. 기존의 TBT는 선박뿐만이 아니라 해양구조물이나 어망, 어구 등에 부착생물이 달라붙지 못하도록 사용되어 왔으나, 독성 때문에 많은 국가들은 현재 사용을 금지하고 있는 실정이다. 선박표면에 해양생물이 부착되지 않도록 하기 위해 칠하는 방오도료는 두 가지 작용을 한다.

첫째는 선박운항시 화학반응을 일으키면서 아주 미세한 양이 균등하게 깎여 나감으로써 해양생물 부착을 방해한다. 둘째는 도료성분에 함유된 방오기능(주석 성분의 독성)을 이용하여 해양생물이 선체에 부착하는 것을 막는다. 보통 TBT 방오도료는 평균수명이 5년인데 비해 산화제1구리(아산화동)는 3년(실제로는 1.5~2년) 정도만 지나면 재도장작업을 해야 한다. 이에 따라 선박의 유지보수비(도장비)가 두배로 들어가게 되어 선주들은 TBT 방오도료 도장을 선호할 수밖에 없다.

하지만 대부분의 선진국들은 1982년 이후 선박의 방오페인트에 TBT 사용을 적극 억제하고 있는 추세이다. 프랑스의 아카숑만의 예에서 보듯 소형선박에 대한 TBT 사용을 규제한 이후 굴생산량이 증가한 사실은 연안의 TBT오염이 굴양식과 결코 무관하지 않다는 것을 잘 말해준다. 심지어 일본과 같은 일부 국가들은 소형선박에 대한 TBT 사용 규제에도 불구하고 연안의 TBT 농도가 감소하지 않고 있고 복족류의 임포섹스현상이 계속 나타나는 것은 아직까지 대형선박에 대한 규제를 하고 있지 않기 때문이라며 국제해사기구(IMO)에서 TBT의 전면사용금지를 강력하게 주장하고 있다.

3) 수선 도료(boot topping paint ; B/T)

수선부, 즉 만재흘수선과 경하흘수선 사이에 A/C 위에 바르는 도료이다. 수선 부근은 해수에 젖었다 말랐다 하며, 파도의 충격을 많이 받고 통선이나 부선 등이 마찰에 의해 마모되므로 선체 중 가장 부식마모가 심하다. 또 해중생물도 부착하므로 도료는 내구성과 함께 방오성 · 방수성이 있어야 한다. A/C, A/F와 함께 에나멜 페인트이지만 특히 방청과 내마모성에 중점을 둔 것이다.

4.5.2 선체의 도장

1. 도장의 목적

선박을 보호하기 위한 가장 효과적이고 경제적인 수단은 여러 가지 특성을 가진 도료들을 그 특성에 따라 각 부위별로 도장하여 부식으로부터 선체를 보호하는 것이다. 도장은 도료의 여러 특성에 따라 내수성, 내후성, 내방식성, 내약품성, 내열성, 방오성 등의 적절한 도장사양에 의해 정확히 도장함으로써 방수(防水), 방식(防蝕) 및 방오(防汚) 등의 효과를 얻게 되며, 그것은 선박의 성능과 수명을 보호하고 연장해 주며, 연료 및 시간 절감과 함께 아름다운 미관을 유지시킬 수 있는 것이다. 이러한 일련의 효과를 얻기 위함이 선박도장의 목적이다.

1) 장 식

선체에 도장하는 각종 페인트는 안료에 의하여 여러 가지 색깔을 나타낼 수 있다. 그러므로 선박의 종류에 따라서 선체의 각 부분을 적당한 색깔로 도장하여, 외관상 보기에 아름다움을 느끼게 한다. 그리고 그 선박에 승무하고 있는 선원들에게도 작업능률을 높이고, 선상 생활의 즐거움과 안락함을 느끼게 한다. 특별히 연돌이나 선측외판에는 그 선박회사의 로고를 표시하여 회사의 이미지 향상에 기여하기도 한다.

2) 방 식

강판이나 목판에 도장을 하게 되면 도막을 형성하여 물이나 공기와의 직접 접촉을 막아서 부식을 방지하는 역할을 한다.

3) 방 오

선체 중의 수면하에 잠기는 부분에는 수은과 같이 독성이 강한 화학물질을 도료와 혼합하여 도장함으로써 수중의 생물들이 부착하여 기생하지 못하도록 한다. 한편으로 도장에 의하여 강판이나 목판의 표면을 매끄럽고, 잘 더럽혀지지 않도록 하여 선속 증가의 요소로써 작용하고, 선체의 청결 유지에 도움이 된다.

2. 도장작업 절차

1) Job Planning

① 도장할 주요 구역을 결정한다.

② 보수 도장 안내서를 참고하여 제품 선정한다.

③ 사용할 Paint를 부위별로 구분한다.

④ 동력 공구 및 수공구를 준비한다.

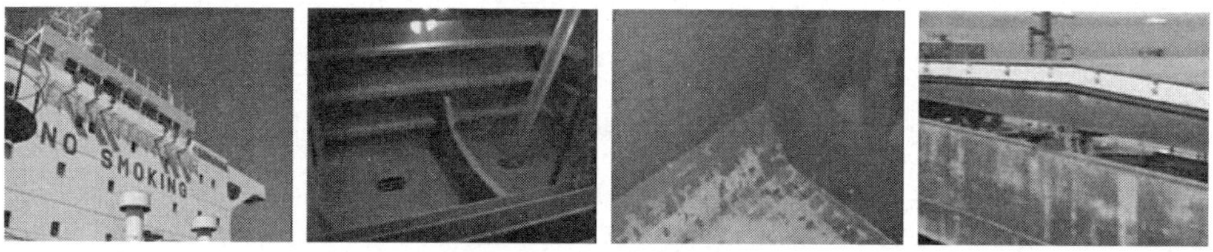

[그림 4-27] 도장 구역 결정

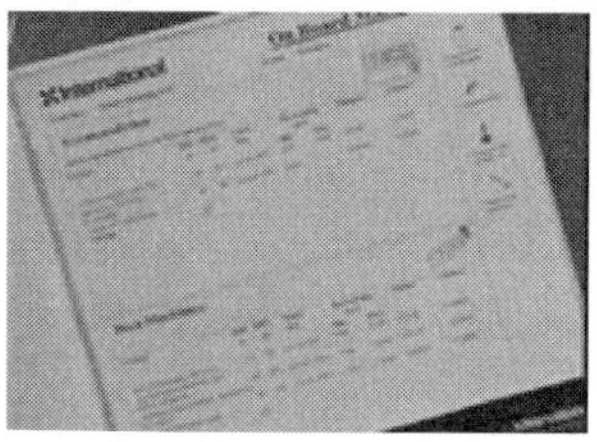

PAINT 사양

PAINT 구분

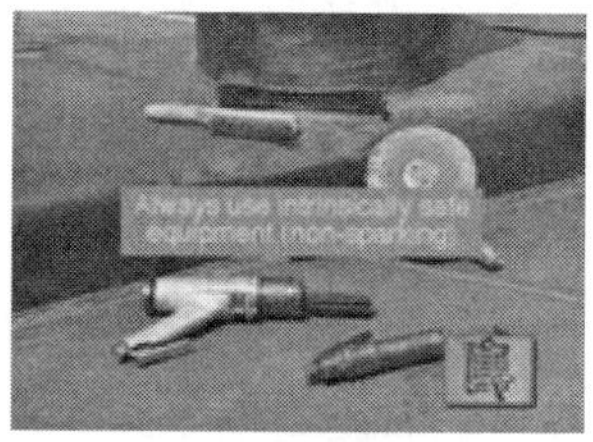

표면처리장비

2) Scraping & Chipping

느슨한 녹이나 구도막을 제거한다.

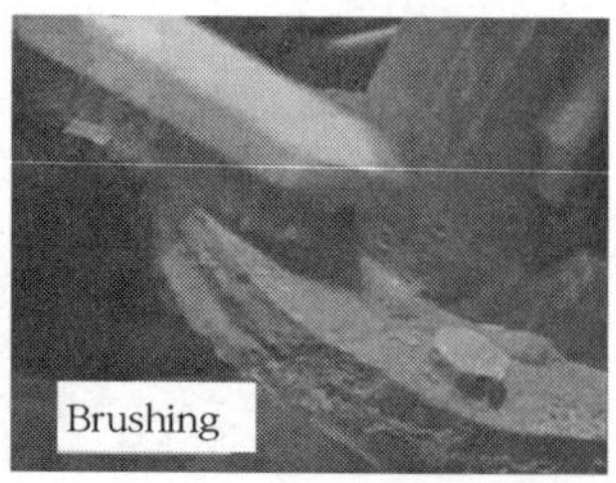

3) Degreasing (용제세정)

Oil, Grease등을 적절한 용제로 깨끗이 제거한다.

4) Washing (청수세척)

Salt, 먼지, 기타 오염물 등을 청수로 깨끗이 세척한다.

5) 표면처리

모든 이물질을 제거하여 도료가 양호하게 부착될 수 있도록 깨끗하게 처리한다.

6) Removal of Dust and Debris (먼지와 이물질 제거)

표면 처리 후 구도막 및 기타 이물질을 제거한다.

7) Checking weather condition (도장 조건 확인)

도장 전 표면의 수분 확인 및 이슬점 온도를 Check한다.

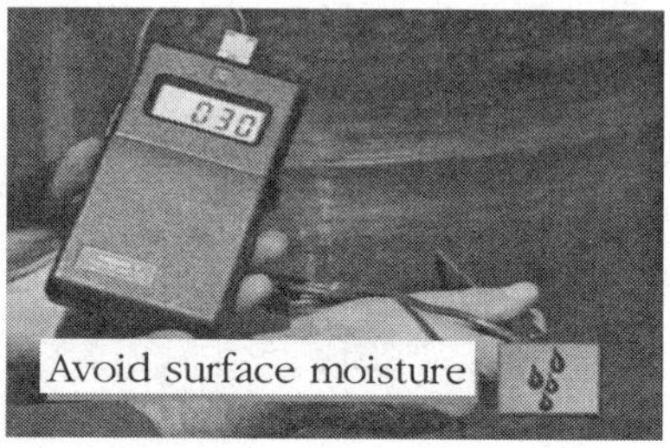

8) Applying the paint (도장)

① Paint 및 도장 장비를 준비한다.

② Paint Mixing을 잘 한다.(특히, 이액형 페인트일 경우 주제와 경화제를 잘 혼합한다.)

③ 규정된 신너를 사용한다.

④ 제품의 Data Sheet를 참조한다.

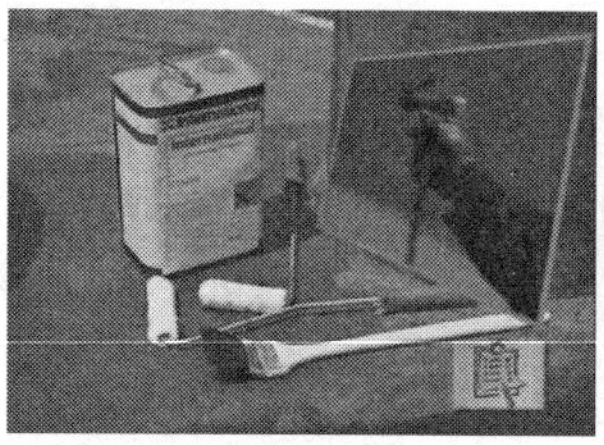

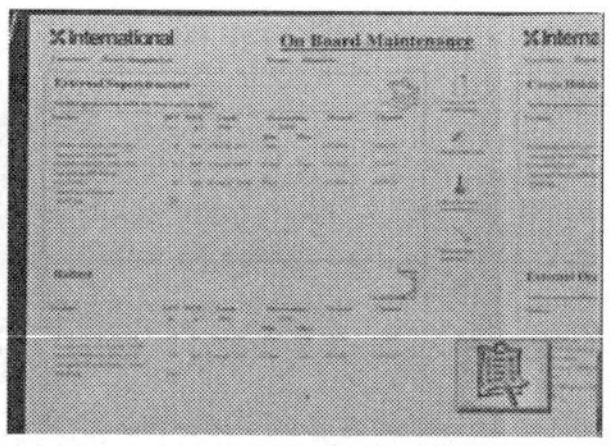

9) Paint Application

붓, 롤러, 스프레이를 이용하여 적정 도막으로 시공한다.

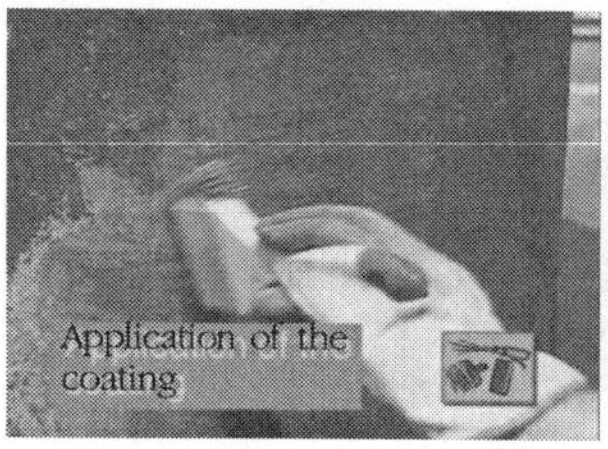

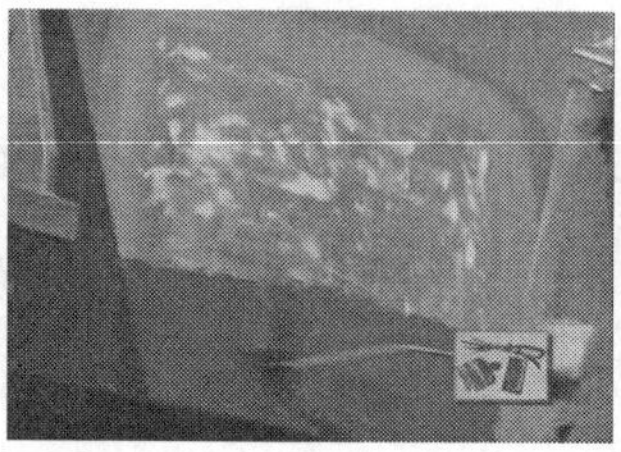

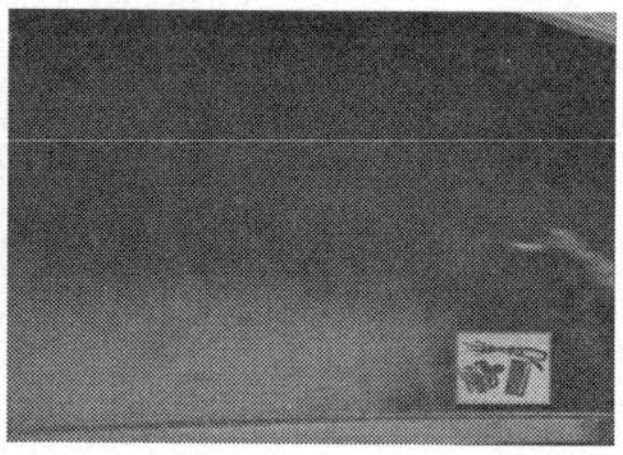

10) Checking film thickness(도막측정)

① 페인트 시공시 적정 도막을 준수해야 하므로 습도막(WFT)를 측정한다.
② 건도막(DFT)을 측정한다.
③ Data Sheet를 참고로 건조 시간 및 재도장 간격을 준수하여야 한다.
④ 장비 사용 후 신너로 깨끗이 세척한다.

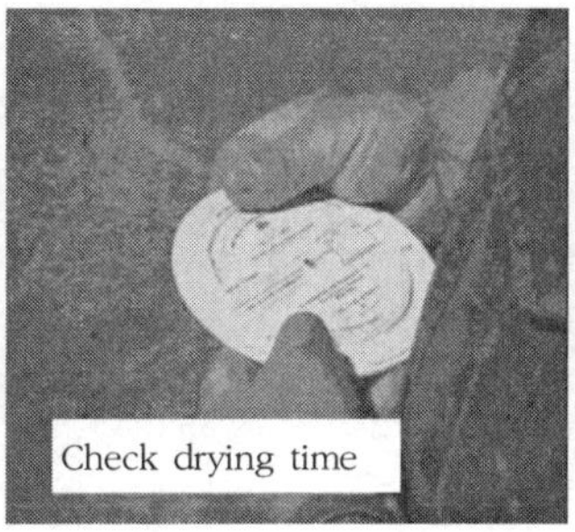

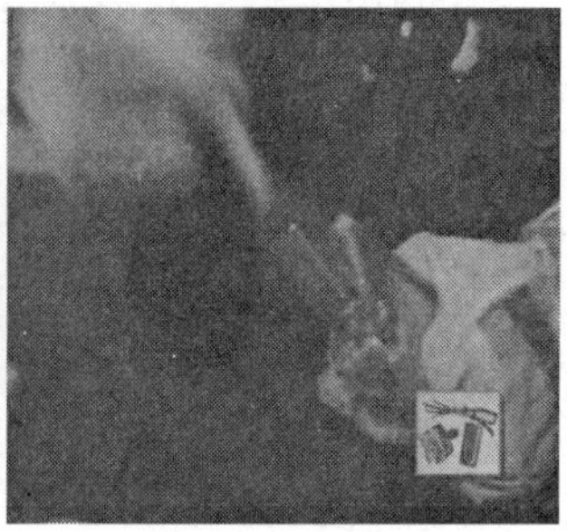

3. 표면처리

1) 표면처리의 개요 및 목적

선박에서 부식과 오손을 방지하기 위해 가장 많이 실시하고 있는 선박의 정비 방법으로는 선박의 강재 표면을 먼저 여러 가지 공구를 이용하여 Chipping이나 Grinding으로 표면처리를 한 후 일정한 기간에 따라 정해진 도료를 사용하여 몇 회의 도장을 하는 것이다.

도장의 내구기간은 적용한 도장 사양에 못지않게 표면 처리된 정도에 따라 크게 좌우되므로 표면처리는 신중한 검토가 요구되는 사항이다. 표면처리의 가장 중요한 역할은, 모든 이물질을 제거하여 도장되는 도료가 양호하게 부착이 될 수 있도록 표면을 깨끗하게 처리하는 것이다.

아래는 도장시 도막 수명에 미치는 영향을 보여주고 있는데 표면처리가 절반을 차지하고 있을 정도로 매우 중요한 역할을 하고 있음을 알 수 있다.

〈표 4-1〉 도장시 각 요인이 도막 수명에 미치는 영향

요 인	기여율 (%)
표 면 처리	50%
도 막 두 께	20%
도막의 종류	5%
기 타	25%

표면처리의 목적은 다음과 같다.

① 소지면을 불활성화(안정화)하여 내식성을 향상시킨다.

② 소지면에 부착, 생성된 이물질을 완전히 제거하고 표면의 조도를 형성시키므로 도료의 밀착성을 높인다.

③ 소지면과 도료의 친화력(affinity)과 습윤성(wetting)을 준다.

④ 소지면의 돌출부를 제거하여 소지면을 평탄하게 한다.

2) 표면처리의 종류

① 블라스트법 : 원심력, 압축공기(고압력) 등으로 임의의 입자를 소재 표면에 뿜어 표면의 불순물, 산화층 등을 제거하는 방법

㉮ 입자에 의한 분류

㉠ 샌드블라스트 : 돌가루, 모래

㉡ 쇼트블라스트, 글리드블라스트

㉯ 분사방식에 의한 블라스트법

㉠ 파워블라스트 : 건식 고압법

㉡ 하이드로블라스트 : 액압식

㉢ 베이큠블라스트 : 액체호닝

[그림 4-28] 샌드블라스트

② POWER TOOL 사용

㉮ NG MACHINE

㉯ ALING HAMMER(ELECTRIC / PNEUMATIC)

㉰ DISC GRINDER

㉱ DISC SAND PAPER

㉲ WIRE BRUSH

③ 손작업

㉮ HAMMER

㉯ SCRAPER

㉰ WIRE BRUSH

㉱ SAND PAPER

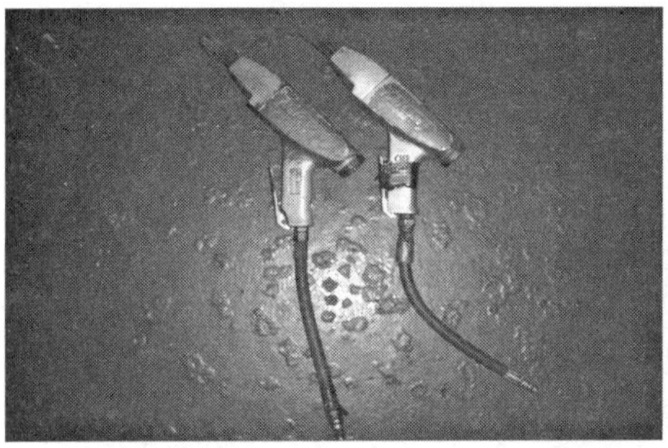

[그림 4-29] Chipping chisel

[그림 4-30] Grinder

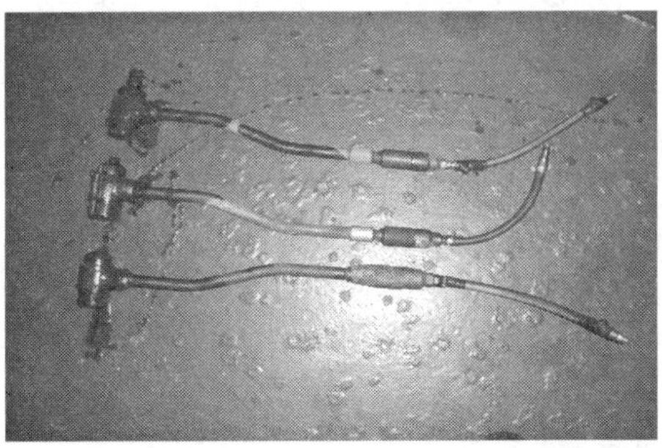

[그림 4-31] Chipping hammer

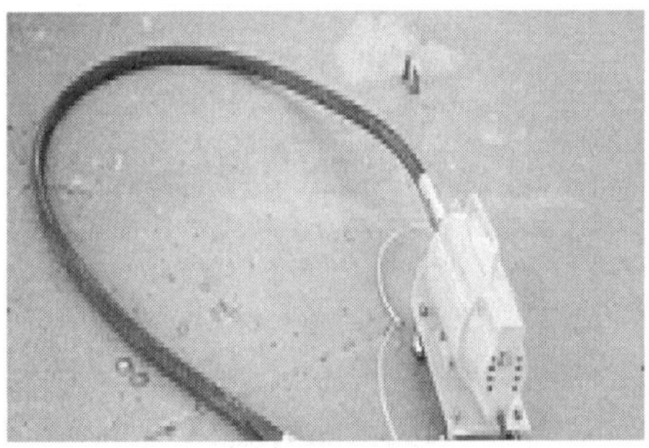

[그림 4-32] 전동 scaling machine

[그림 4-33] 각종 chipping 공구

[그림 4-34] Wire cup brush

④ 화학적 표면처리 : 용제로서 금속 또는 비금속표면의 수지 또는 오염을 제거
⑤ 화성 피막처리 : 금속표면의 방식을 향상시킬 목적으로 그 바탕에 화학적인 피막을 조성

4. 도장 방법

1) 붓 도장(Brush painting)

이 방법은 도장 속도가 느리기 때문에 Marking을 한다든가 또는 적은 면적을 도장할 때 사용되며, 사용하려는 붓의 모(毛) 접착용 본드가 용제나 신너(thinner)의 영향을 받는가를 확인해야 한다. 심하게 패인 표면과 나사 및 리벳 부위에 대해서는 둥근 붓이 가장 좋으며, 편평한 면에 대해서는 5인치 이하의 평 붓을 사용해야 한다. 거친 표면과 용접부분, 모서리 끝부분은 특히 주위가 필요하다. 도료가 흐르거나 뭉친 부분은 붓으로 제거해야 한다.

2) 로라 도장(Roller painting)

로라 도장은 붓 도장보다 속도는 빠르지만 일정한 도막 두께를 유지하기 어렵다. 따라서 1회에 너무 넓게 도포하지 않아야 하며, 특히 용접부분에는 거친 것을 사용하고, 기타의 표면에는 섬유가 긴 것을 사용해야 한다.

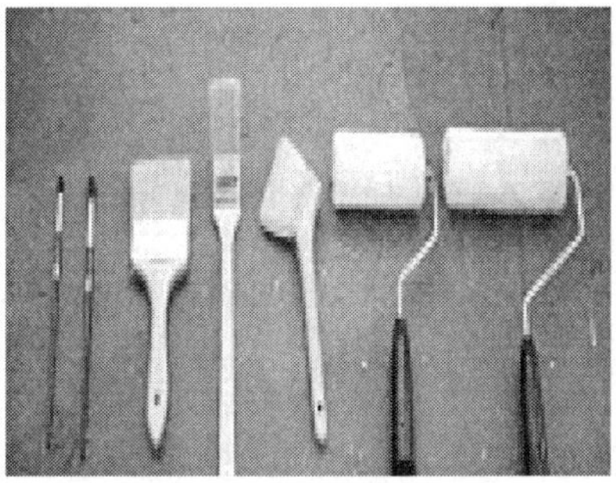

[그림 4-35] 각종 도장 도구

3) 에어스프레이 도장(Air spray painting)

넓은 면적에 도장할 수 있는 보편적인 방법으로 Air spray 기계는 조작이 간단하며 양호한 도막을 얻기 위해서는 공기의 양과 압력 그리고 유속이 삼위일체가 되어야 한다. 만약 Air spray 도장을 잘못하면 도료의 손실이 클 뿐만 아니라 도료가 물체 표면으로부터 튀어 올라 외관이 좋지 않게 된다. 또한 Spray 조작을 잘못하면 도장면이 매끄럽지 않고, 도료가 흐른다든지 도막에 구멍(Pin hole)이 발생할 수가 있다.

Air spray 도장의 단점은 도료 점도를 맞추기 위하여 용제로 희석을 해야 하기 때문에 1회 도장으로 두껍게 도장할 수 없다는 점이다.

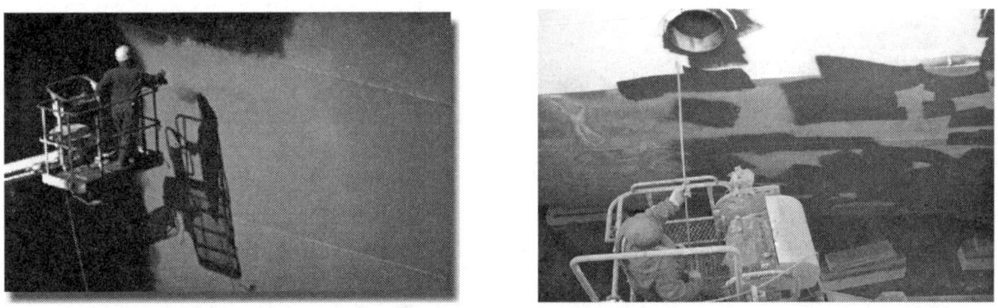

[그림 4-36] 에어스프레이 도장

4) 에어리스 스프레이(Airless spray) 도장

이 방법은 도료를 분사하기 위해 도료에 직접 공기를 혼합하지 않는 것이다. 분사방법은 압력을 이용하여 도료를 특수한 관이나 Tip을 통해 분출하는 것이다. 사용되는 압력의 크기는 내부공기압력에 대한 펌프의 공기 압력비로 계산된다. 펌프의 압력비율은 20 : 1에서 60 : 1까지 있지만 보통 80 : 1비율의 것을 사용하며 아연말도료 특히 무기질 아연말도료는 45 : 1비율의 것을 사용해야 한다.

Air spray 도장과 비교하여 가장 중요한 장점의 하나는 도료의 손실이 적고 독성을 감소시킬 수 있으며 폭발할 위험이 적다는 것이다. 또한 도료의 불출시 용제를 적게 사용할 수 있으므로 두꺼운 습도막 두께로 도장할 수 있으며 도료의 분사는 특별히 설계된 Tip의 종류에 따라 좌우된다. Tip이나 Nozzle은 Tungsten carbide로 만들어지며 분사량은 관의 직경에 따라 달라진다. 그러므로 여러 가지 각도로 만들어지고, 직경의 크기가 서로 다른 다양한 종류의 Tip들이 사용되어진다.

5. 도료의 종류 및 특성

1) 도료의 정의

우리가 흔히 말하는 도료란 고체 물질의 표면에 칠하여 고체막을 만들어 물체의 표면을 보호하고 아름답게 하는 유동성 물질을 총칭하는 말이다.

2) 도료의 구성

① 수지 (Binder) : 도료의 성격을 규정하여 주는 성분으로 건조 및 경화 반응을 한다.

② 안료 (Pigment) : 색상 및 물리적인 특성을 증가시킨다.

③ 용제 (Solvent) : 도장 작업성을 용이하게 하여 줌-VOC 방출 규제로 사용량 감소

④ 첨가제 (Additive) : 흐름 방지제, 건조 촉진제 등

3) 도료의 종류

① 페놀수지도료

이 도료는 내수성이 좋은 페놀수지바니시를 전색제로 한 도료이기 때문에 주로 내수성, 내약품성이 요구되는 도장에 적합하며 또는 알키드수지와 병용

해서 그의 내수성, 내약품성을 보완하는데 이용된다. 내폭로성(내후성)이 알키드 수지에 비해서 불량하며 그 백색도료는 황변현상이 있기 때문에 제한적으로 사용된다.

② 알키드수지 도료(Alkyd Resin Paints)

공기 중의 산소와 결합하여 건조되는 산화중합 건조형 도료로서 일반적인 환경조건하의 철 구조물용 중/상도로 주로 사용되고 있으며, 전색제 중의 주요소인 알키드수지가 오일과 무수프탈산을 주성분으로 합성되기 때문에 프탈산 수지계 도료라고도 한다. 알키드 수지에 사용되는 오일의 종류와 비율에 따라 도막 특성이 달라지며 오일의 양에 따라 장유성, 중유성, 단유성으로 구분한다. 그러나 최근 공업화에 따른 대기오염(산성화)에 따라 내산성이 약한 알키드계는 상도로서 가치가 점점 떨어지고 있다.

장유성 알키드수지는 유성도료보다 건조성, 내수성, 내후성 등이 좋고 작업성은 유성도료보다 다소 떨어지지만 붓 도장 등에 별로 지장이 없으므로 철강 구조물의 상도로 널리 쓰이고 있다. 그러나 내약품성 특히 내알칼리성은 매우 약하므로 알칼리성 재질 및 환경에는 부적합하며 내식성도 우수한 편이 아니므로 항상 물에 잠기는 침수부에는 부적합하다.

중유성 알키드수지 도료는 장유성 알키드수지 도료보다 광택, 내후성, 건조성, 내폭로성 등은 좋으나 붓 작업성, 도막두께, 밀착성이 좋지 않아 대형 구조물의 도장에는 잘 사용하지 않으며 기계, 기구 등의 도장에 많이 사용된다.

③ 실리콘 알키드수지 도료

이 도료는 실리콘으로 변성시킨 알키드수지를 전색제로 사용한 도료로서 알키드수지 도료의 광택 보지력, 내후성을 개량한 도료로서 특히 우수한 내후성이 장점이며 앞으로 장기 방식 도료의 상도용으로 기대된다.

④ 실리콘수지 도료

실리콘수지 도료는 내열성, 내한성, 내후성이 우수한 특성을 가지고 있어서 내열성이 우수한 알루미늄을 혼합하여 내열도료로 사용된다.

⑤ **에폭시 에스텔 수지 도료**

에폭시수지를 건성유로 에스텔화하여 만든 수지를 전색제로 한 도료로서 내수성, 내약품성 등은 페놀수지 도료보다 양호하나 내후성에서 쵸킹(Chalking) 현상이 있어 유색상도로서는 부적합하다.

⑥ **염화고무수지 도료**(Chlorinated Rubber Paint)

천연고무를 염소 함유량 60~70%로 염소화하여 얻은 수지를 주수지로 한 도료로 속건성, 난연성이며, 내약품성 특히 내산성과 내후성이 우수하여 오염환경이나 해안환경에서의 상도용으로 적합하다. 용제 증발형 건조 도료로서 장기 재도장시에도 층간 밀착성에 문제가 없어 재도장성이 우수하나, 내용제성은 약하다. 징크리치 페인트와 조합하여 장기방식이 가능하며 내수성, 내약품성이 우수하므로 해상구조물이나 공업지역에 적합하다.

⑦ **염화비닐수지 도료**

선박에 사용되는 비닐수지 도료는 염화비닐과 초산비닐의 공중합체가 많은데, 염화비닐이 다른 비닐수지와 비교해서 내후성, 내수성, 내유성, 내약품성이 우수하기 때문에 많이 사용된다. 비닐수지도료는 비닐수지를 녹이기 위해 많은 용제가 필요하기 때문에 도료의 건조도막이 얇아 도장회수를 많이 할 필요가 있다. 이 도료는 내수성, 내약품성이 우수하므로 철강 구조물, 선박 등의 내수성, 내약품성이 요구되는 곳에 사용된다. 매우 강한 용제를 함유하고 있으므로 유성, 알키드수지 도료 등의 구 도막위에는 도장이 불가능하다. 종전 도료는 살오름성이 좋지 않으나 최근 후 도막형 도료가 개발되어 중방식용으로 널리 사용되고 있다. 염화고무계 도료와 같이 속건성이며 층간 접착력이 좋으며 보수도장성이 우수하다.

⑧ **역청질계 도료**(Tar-Epoxy, Tar-Urethane, Vinyl Tar계 도료)

도장의 목적이 보호와 미관이라면 미관보다는 보호에만 중점을 둔 도료로서 도막은 견고하며 두껍게 도장이 가능하고 또한 소지에 대한 접착력, 경도, 건조성, 작업성, 살오름 등이 양호하나 색상이 제한적인 것이 단점이다. 이들 도료는 내수성, 내약품성 등이 우수하나 폭로시에는 내후성이 매우 약하여 주로 지중매설관 등의 도장에 널리 사용된다.

⑨ **에폭시수지 도료**(Epoxy Resin Paint)

에폭시수지와 포리아마이드수지, 아민어덕트 등의 경화제를 주성분으로 하고 있는 2액형 반응경화형 도료로서, 경화도막은 접착성, 방식성, 내충격성, 내마모성, 내약품성, 밀착성 등의 우수한 성능을 갖고 있어 바닥재, 특히 가혹한 환경에 처해있는 선박용 도료로 적당하고 특히 가혹한 환경하에서 방식성, 장기적 경제성, 도료자체의 품질개량이 우수하며 물, 약품, 오염가스 등에 대한 내성이 현 도료 중에서 가장 우수하다고 볼 수 있다. 그러나 온도변화에 따른 건조성이 민감하여 동절기에는 건조가 너무 늦고, 자외선(햇빛)에 노출시 쵸킹현상이 발생하므로 이것이 문제가 될 경우에는 무황변성 우레탄 도료를 상도로서 사용하는 것이 좋다.

⑩ **폴리우레탄수지 도료**(Poly Urethane Resin Paint)

에폭시수지 도료와 같이 중방식용 도료로서 급속히 시장화하기 시작한 도료로 특히 상도 마무리용으로 우수하며, 폴리에스테르, 아크릴, 알키드 폴리올 등을 주제로 이소시아네이트 폴리머를 경화제로 한 2액형 반응도료이다. 폴리우레탄 수지계 도료의 최대 특징은 무황변성인 경우 내후성이 특히 우수하며 내수성, 내약품성 및 접착성등도 우수하여 에폭시계 프라이머의 상도용으로 사용된다. 도장 후 광택 및 색상을 장기간 유지하며 오염 환경이나 해안 환경에도 우수하다. 건조시간은 저온시에도 에폭시 도료보다 빠른 장점이 있다. 폴리에테르와 우레탄 특성을 이용한 바닥재는 실내외 체육관, 사무실, 전산실, 옥상 방수 등 폭 넓게 사용되고 있다.

⑪ **아연말 도료**(Zinc Rich Paint)

아연 금속은 일반적으로 철보다 이온화 경향이 높아 두 금속이 전해질 속에 공존할 경우 국부전지를 형성하여 전자가 아연(양극)에서 철(음극)로 흐르게 된다. 이로써 아연(아연)이 부식됨과 동시에 철(음극)은 보호받게 된다. 이 원리를 이용한 도료가 아연말 페인트로서 방청 프라이머로 사용되며 방청 프라이머 중 가장 우수한 도료이다. 무기질 아연말 페인트(Inorganic zinc coating)와 유기질 아연말 페인트(Organic zinc coating) 두 종류가 있으며 무기질 아연말 페인트를 사용할 경우 중요한 것은 표면처리이다. 표면처리가 잘못됐을 경우에는 접착력이 불량해지며 단 시간에 발청이 일어날 수 있다.

아연말 페인트는 도료에 함유된 아연말이 대기 중에 수분과 반응하여 수산화아연으로 되며 강한 알칼리성을 나타내기 때문에 상도도료로서는 내알칼리성이 있는 도료를 선택해야 하므로 내알칼리성이 강한 염화고무계, 염화비닐계, 에폭시계, 우레탄계 등을 사용해야 한다.

⑫ 실리콘 아크릴 도료

실리콘 아크릴을 주성분으로 한 초내후성 도료로서 실리콘 성분이 반응하여 화학적으로 매우 안정한 실록산 결합을 이루는 특수도료이다. 특히 세라믹계(예 ; 타일, 유리 등) 재질과는 매우 우수한 접착력을 가지는 것이 특징이며 불소수지도료와 동등한 초내후성을 나타낸다.

⑬ 불소수지 도료

불소수지의 분자결합(C-F)이 화학적으로 극히 안정되어 초내후성, 초내구성, 내오염성이 기존 도료보다 탁월하므로 장기 내구력을 요구하는 부위에 사용되는 특수도료이다. 가열 건조형과 상온 건조형 2종류가 있다.

⑭ 알루미늄 페인트

페놀수지 바니시 또는 알키드수지 바니시 등을 주 전색제로 하고 알루미늄 분말을 안료로 혼합한 도료로서 알루미늄 분말의 리핑(Leafing)현상 때문에 도장하면 알루미늄 분이 도막위에 떠서 은색의 독특한 외관을 나타낸다. 알루미늄 안료의 효과로 내수성, 내후성 등이 양호하므로 옥내외의 철강 구조물 상도로 널리 사용된다.

4.5.3 도막의 결함과 대책

1. 백아화(chalking)

1) 현상

도막의 표면이 가루가 되어 광택을 잃고 손으로 문지르면 가루가 묻어나는 현상

2) 원 인

① 자외선의 영향(동절기 보다 하절기에 많이 발생)
② 자외선 흡수성이 큰 안료 사용
③ 평활하지 않는 도면은 수분이나 먼지를 흡수해서 도막의 붕괴를 촉진
④ 수지자체의 결함구조로 인하여 발생

3) 대 책

① 도료의 선정에 유의하고 수세, 연마를 실시할 것
② 안료 선별하여 사용
③ 도면을 균일하게 도장할 것

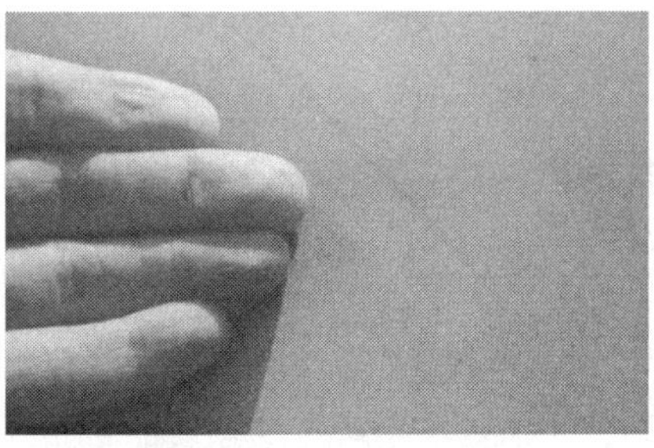

[그림 4-37] 백아화의 예 1

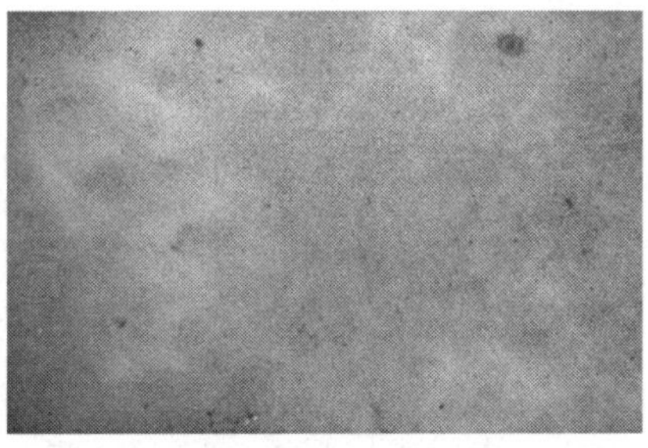

[그림 4-38] 백아화의 예 2

2. 부풀음 (Blistering)

1) 현 상

도막의 일부가 하도나 철판으로 부터 부풀거나 좁쌀알 크기, 또는 분산 불량과 같이 미세한 수포가 발생하는 것

2) 원 인

① 고온 다습한 상태에서 장기간 방치
② 도막아래의 부식에 의해 부풀음 발생
③ 피도면 표면이 땀, 지문 등의 염기에 의해 오염된 경우
④ 경화 부족으로 도막이 미건조된 상태에서 침수되었을 때

3) 대 책

① 도장물의 보관 상태에 유의
② 규정도료 사용
③ 맨손이나 오염된 장갑 등의 접촉을 피할 것
④ 완전 경화
⑤ 화성액 성분이 표면에 남지 않게 할 것
⑥ 표면을 깨끗이 수세할 것

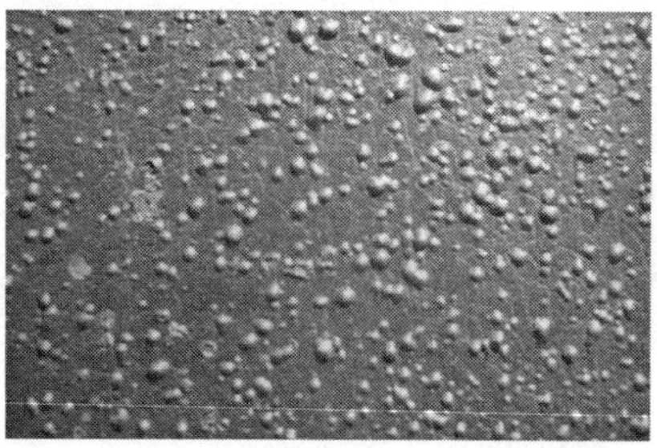

[그림 4-39] Blistering의 예 1

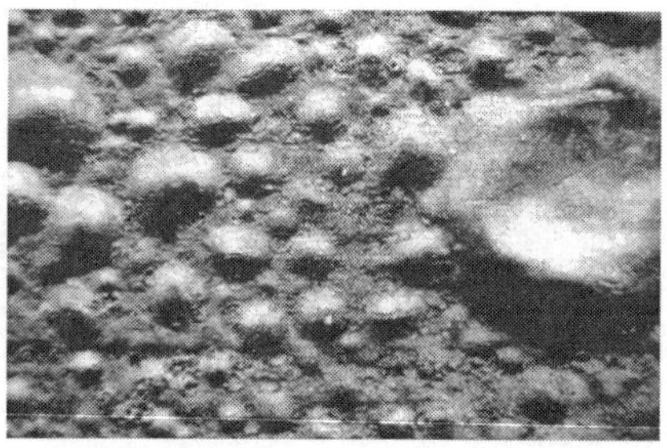

[그림 4-40] Blistering의 예 2

3. 균열(Cracking)

1) 현 상

도막에 금이 가는 현상

2) 원 인

① 하도 건조가 불충분한 상태에서 상도 도장했을 때
② 약한 하도에 용해력이 강한 상도를 도장했을 때
③ 온도가 급격히 저하되었을 때
④ 강한 직사광선하에서 급히 건조될 때(표면건조)
⑤ 기온차가 심할 때

3) 대 책

① 규정도막으로 도장하고 건조 후에 상도 도장할 것
② 강 용제 도료를 상도 도료로 사용하지 말 것
③ 도장을 피할 것

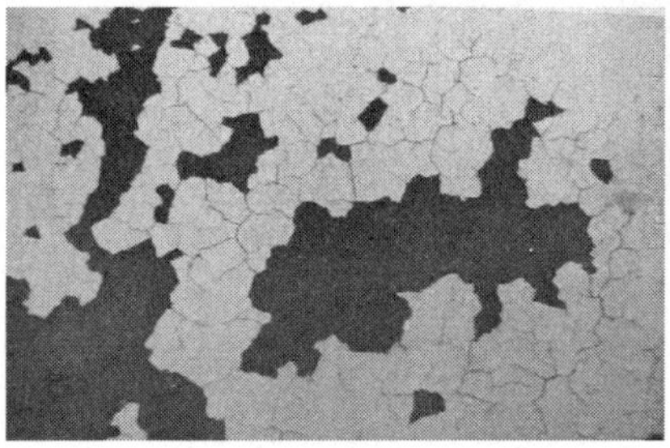

[그림 4-41] Cracking의 예 1

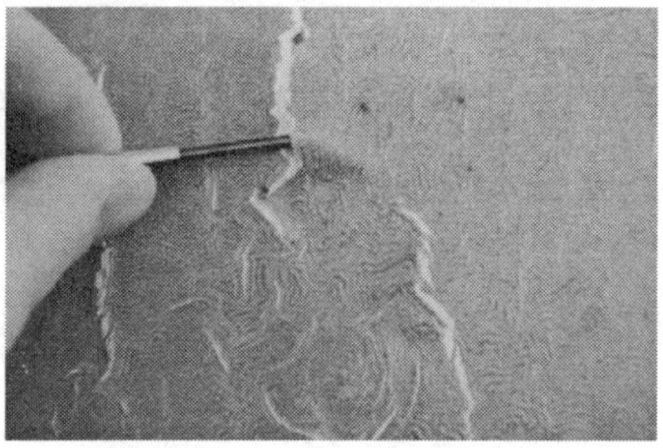

[그림 4-42] Cracking의 예 2

4. 핀홀(Pinhole)

1) 현 상

도료를 도장하여 건조 후에 도막에 바늘로 찌른 듯한 조그만 구멍이 생기는 현상

2) 원 인

① 하도 도막이 이미 핀홀이 있고 그 위에 도장시

② 급격한 온도 상승

③ 용제의 증발이 너무 빠를 때

④ 두꺼운 도막의 급격한 온도 상승

⑤ 피도물 자체 온도가 높을 때

⑥ 점도가 너무 높은 도료를 스프레이했을 때

3) 대 책

① 하도를 검토하여 하도의 핀홀을 제거한 후 도장

② 규정 신나 사용

③ 규정 도막 두께로 도장

④ 피도물의 온도를 40℃ 이하로 유지

[그림 4-43] Pinhole의 예 1

[그림 4-44] Pinhole의 예 2

5. 주 름(Wrinkling)

1) 현 상

단독 도막 중복 도장 시 건조 과정에서 도막에 주름이 생기는 것

2) 원 인

① 도막이 두꺼워서 도막의 윗부분만 건조될 때 (후 도막에서 표면 건조 후 하부

가 유동성일 때)

② 하도의 건조가 불충분할 때

③ 직사광선이나 급격한 과열을 받았을 때

④ 속건성 용제를 사용한 경우

⑤ 상도 도료의 신나 용해성이 하도 도료에 비해 지나치게 강할 때

3) 대 책

① 적당한 도막 두께로 도장할 것

② 충분히 건조시킨 후 도장할 것

③ 적합한 도료를 적용할 것

[그림 4-45] 주름의 예 1

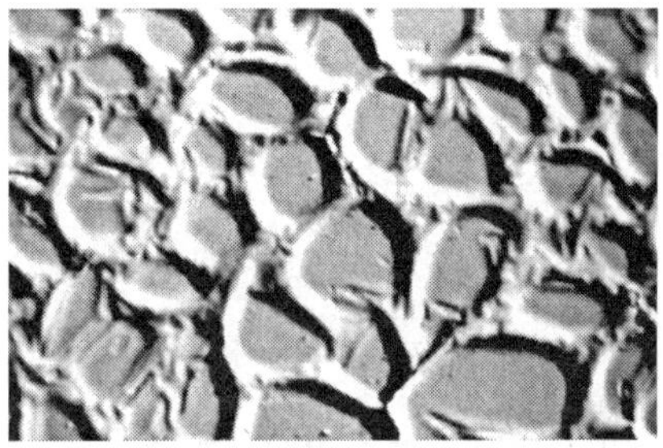

[그림 4-46] 주름의 예 2

이 이외에도 스프레이 도장 후 도료의 유전성 부족으로 인해 평활한 도막으로 되지 않고 표면이 귤껍질과 같은 모양으로 도막이 형성되는 오렌지 필(Orange Peel), 표면과 도막 사이 또는 중복 도장 시, 도막과 도막 사이에서 생기는 박리([Flaking, Peeling, Detachment, Delamination), 도막에 분화구 모양의 패임(구멍)이 생기는 크레터링(Cratering)과 같은 현상들이 있다.

4.5.4 선체 도장시의 유의사항

1. 안전수칙

작업장에서 작업의 효율을 최대한으로 얻기 위해서는 종업원 개개인이 작업장의 일에 익숙하고, 아래에서 설명되는 작업장에서의 특별한 수칙을 준수해야만 한다. 기초적인 안전 수칙은 다음과 같다.

① 작업의 마감 재료는 화기로부터 보호받을 수 있는 공간에 보관한다.
② 작업은 항상 안전하게 실시한다.
③ 사고의 발생시는 응급처치를 하고 즉시 보고한다.
④ 안전하지 못하다고 생각되는 것은 안전하게 수정하고 보고한다.
⑤ 무릎을 들어 올리거나, 구부리게 되는 경우 가해지는 무거운 하중에 신경을 써야 한다.
⑥ 보관 창고에는 방폭 전등 및 밀폐 스위치를 사용해야 한다.
⑦ 상품 표시는 적절하고 정확히 붙어 있어야 한다.
⑧ 적절한 덮개 없이 저장실에 마감 재료를 저장해서는 안 된다.
⑨ 바닥과 벽, 천정 및 도장실은 정기적으로 청소되어야 한다.
⑩ 보호 장비를 준비하여 양호한 상태로 유지시켜야 한다.

1) 신체위험

신체적인 위해의 가장 핵심적인 것은 도료가 유기 용제를 함유한다는데 있다. 방오 도료에서의 유해한 첨가 물질도 신체적인 위해 요소로 작용한다. 도료를 취급할 때나 도장중에 높은 밀도의 유기 용제증기를 흡입하게 되면, 자극과 마취효과로 인해 무의식 상태로 만들 수도 있다. 어떠한 도료의 성분은 피부가 오랫동안 노출되어 있을 때 중독 작용을 일으킬 수도 있다. 계속적인 피부 접촉은 피부병의 원인이 되며 어떤 용제는 피부를 통하여 유해량만큼 흡수된다. 만약 삼키게 될 경우에는 구토와 복통을 유발한다. 아래에 열거한 안전 수칙을 준수하면, 신체적 위해를 상당히 감소할 수 있다.

① 필요한 마스크나 인공호흡기를 착용한다. 유독한 증기의 흡입은 폐병의 원인이 된다. 기계적인 여과식 인공호흡기는 고형의 입자를 막아주지만, 금방 막히고 안전하지 못하게 된다. 벤젠 등의 휘발성 용제 증기는 기계적 인공호흡기에 여과되지 않는다.

② 적절한 환기, 조명과 송풍 설비가 준비되어야 한다. 적절한 환기는 화재, 폭발 및 신체적 위해를 방지할 수 있다.

③ 손과 몸을 외부로부터 차단해야 한다. 휘발성 용제가 접촉되었을 경우에는 중성의 세제로 씻어준다. 외부로 부터 적절히 피부를 차단하지 못했을 때는 건조하게 되어 갈라지게 된다. 유독한 화학물질이나 산을 취급할 경우에는 안면과 눈을 보호안경으로 보호하고 고무장갑과 앞치마를 착용해야 한다. 손과 팔, 얼굴에 자주 보호 크림과 로션을 사용해야 한다.

2) 화재위험

대부분의 도료는 인화성 용액을 함유하고 있기 때문에 화재의 위험이 있다. 인화성은 제품 라벨에 표시해야 한다. 인화성 물질의 점화는 담배나 과도한 엔진의 연소, 불꽃, 예열기구, 방전, 보호되지 않은 전기적 기구와의 접촉에 의해 발생된다. 아래에 열거된 안전수칙을 준수하면, 화재위험을 상당히 감소할 수 있다.

① 기름걸레는 밀폐된 철재 용기에 보관된다. 마감 공정에서의 대부분의 화재는 자연 발생적인 발화에 기인한다. 이러한 걸레는 큰 철재 상자에 보관하든지 화재위험이 없는 곳에서 태워야 한다.

② 도장실과 집진실은 깨끗이 청소되어야 한다. 도장실에서의 빈번한 화재 원인은 도료 증기와 과도장이다. 도장실의 청소에 고휘발 용제를 사용해서는 안 된다.

③ 노출된 불꽃이나 전기 스파크를 피해야 한다. 모든 모터와 전기 기구는 항상 최상의 상태가 유지되도록 해야 한다. 금연하고, 필요하면 담배를 피워도 괜찮은 장소를 지정해도 좋다. 스파크가 없는 기구를 사용해야 한다.

④ 모든 마감 재료는 용제와 함께 밀봉되어야 한다. 열려진 통에서 도료의 도막이 형성되지 않아야 하고, 화재의 위험뿐만 아니라 신체적 위해가 있는 증기의 공기

오염도 방지되어야 한다. 고휘발성 용액을 보관할 때는 승인된 용기를 사용하여야 하고, 용제의 증발을 방지하기에 적합하도록 기계적으로 밀봉되어야 한다.

2. 도장에 영향을 주는 요소

1) 온 도

모든 도료의 도장 온도범위는 4℃~49℃ 사이이며, 상대습도의 영향을 고려하여야 한다. 표면의 습기나 서리가 있는 경우 저온 상태에서는 나쁜 영향을 초래한다. 고온에서 도장하는 경우 도막이 너무 빨리 건조되어 핀홀(PIN HOLE)이나 도막의 누락부분의 발생 원인이 되므로 유의해야 한다.

2) 습 도

모든 도료는 소지의 온도가 이슬점(DEW POINT)보다 적어도 3℃ 이상이어야만 도장이 가능하며 통상적으로 무기질 아연말 도료를 제외하고는 상대습도가 10~80%가 적당하다. 건조가 느린 도료는 스프레이 도장 시 피도체 물의 온도에 영향을 받지 않으나 휘발성이 높은 용제가 포함된 속건성도료는 금속의 표면온도를 상당히 떨어뜨리며, 폴리우레탄 도료는 특히 습기에 민감하기 때문에 도장 시 유의해야 한다.

만약 금속표면의 온도와 이슬점 온도 사이가 3℃ 이상의 차이를 보이지 않는다면, 소지표면에 수분 응축이 생겨 부착력이 감소될 수 있으므로 주의해야 한다. 습도의 영향을 살펴보면 습도가 높을 경우 일반적으로 용제 증발에 의해 건조되는 도료의 건조시간을 상당히 지연시키는 반면 경화용 도료와 반응한 도료에 대해서는 습도의 영향을 거의 받지 않는다.

3) 바 람

옥외에서 도장하는 경우 바람이 시속 40km 이상으로 심하게 불면 도장을 하지 않아야 하며 바람이 심하면 도막의 조기 과건조와 주위의 환경에 의한 심한 오염현상이 발생하기 때문에 주의해야 하며 도료의 손실률도 그 만큼 높아지게 된다.

4) 환기 조건

깨끗한 공기의 계속적인 공급은 도료를 도장하는 동안과 도장 후 경화 과정 및 건조기간 동안 절대적으로 필요하다. 깨끗한 공기의 공급은 도장 시공 중에 있는 주위 대기조건의 보완을 위해서도 역시 필요하다.

5) 비, 눈, 진눈개비

옥외에서 도장할 경우 비, 눈, 진눈개비 등의 현상이 심하면 부착력의 감소, 도막의 박리, 외관 불량, 도막 성능의 저하 등의 도장 결함이 일어나므로 주의하여야 한다.

6) 인화 조건

휘발성 용제로서 화기 및 스파크 조건에서 인화 물질은 도료 조성물 가운데 화재 목발의 위험이 있다. 용접 혹은 불꽃 전단 작업 중인 장소로부터 50m이내에서는 도장을 피하여야 한다. 사방이 막힌 공간에서 도장 시공이 필요한 경우 모든 발화의 요인이 될 수 있는 소지를 제거하여야 한다. 용제 증기가 위해 수준까지 올라갔을 경우 도장을 중단하여야 한다.

7) 화학 물질의 오염 조건

화학적으로 오염 지역에서 도장할 경우 도장 간격을 최대한 줄여 도막의 오염을 방지해야 한다. 만일, 도막이 오염된 경우에는 물이나 용제로 깨끗이 제거한 후 완전히 건조시켜야 한다.

3. 도장시 일반적인 주의사항

1) 복장 : 옷에 페인트가 묻어도 괜찮은 옷차림을 준비한다.
   페인트가 생각하지 않은 곳에 튀거나, 옷에 묻는 경우가 있다. 이러한 것을 하나하나 신경을 쓰게 되면 제대로 페인트칠을 할 수 없다. 따라서 부담없는 복장으로 준비하여야 한다.
2) 기후 : 페인트칠은 맑고 습기가 없는 날을 선택한다.

흐린 날 특히 추운 날은 건조가 늦고 광택이 나지 않는다.

3) 통풍 : 통풍이 잘 되도록 한다.
사방이 둘러싸인 곳에서 페인트칠을 하게 되면 건조도 늦고, 페인트 냄새도 나게 되며, 질식의 위험이 있으므로 통풍이 잘 되도록 조치를 한 다음 페인트칠에 임하도록 한다.

4) 표면 처리 : 페인트칠하기 전에 소지(표면)처리를 잘 해야 한다.
도장 전문가도 소지처리를 하는데 하루 정도를 소비한다. 그러므로 소지처리를 할 때는 충분한 시간을 갖고 해야 한다. 때 · 먼지 · 녹 등을 잘 닦아내고, 갈라진 곳이나 구멍 등에도 충진제(빠데 등)로 잘 보수하여야 한다. 소지처리를 얼마나 잘 하느냐에 따라 도막의 수명이 좌우된다.

5) 페인트의 선택 : 소재에 따라 사용되는 페인트가 다르며, 재질, 용도에 맞는 페인트를 선택하여야 한다.

6) 희석제 : 희석액도 페인트 종류에 따라 틀리므로 페인트에 맞는 희석제를 선택하여야 한다.

7) 붓의 선택 : 서투른 사람일수록 좋은 붓을 선택한다. 좋은 붓일수록 여러 가지 장점을 지니고 있기 때문에 오히려 경제적이다.

8) 페인트가 묻어서는 안 되는 곳은 가려야 한다. 페인트가 묻으면 안 되는 곳은 낡은 신문지 등으로 가리고 경계 부분에는 마스킹 테이프를 붙인 후 칠하는 것이 요령이다.

9) 페인트는 잘 저은 후 사용 : 페인트는 성질상 기름 성분이 위에 뜨기 쉬우므로 잘 저은 후 사용한다.

10) 겹도장(2회 이상 칠하는 것) : 엷게 2~3회 겹도장하는 것이 좋은 도막을 얻을 수 있는 요령이다. 그러나 하도가 충분히 건조되기 전에 상도 도장을 하면 오히려 실패하게 된다.

11) 얼룩이나 붓자국 등이 염려되어 같은 곳을 반복해서 칠하게 되면 오히려 얼룩이 더해진다.

12) 뒤처리 : 길들여진 붓이 칠하기가 쉽다. 전문가의 능숙도는 붓의 뒷처리로 분간할 수 있다고까지 한다. 뒷처리는 도막의 수명은 물론 용구 등의 수명까지 좌우한다.

4.5.5 도장 용어

- **겔화**(gel, gelation, gelling, livering)
  액상인 것이 불용성의 젤리상으로 되는 것. 도료에서는 용기 속에서 굳어져서 희석제를 가하여 휘저어도 전색제가 고르게 녹지 않는 상태
- **경화**(curing)
  도료를 열 또는 화학적인 수단으로 축합 · 중합시키는 공정. 요구하는 성능의 도막이 얻어진다.
- **가사 시간**(pot life, pot stability)
  2액형 이상의 도료를 사용하기 위해 혼합했을 때 겔화, 경화 등이 일어나지 않고 사용하기에 적합한 유동성을 유지하고 있는 시간
- **경화제**(hardner, curing agent)
  도막을 경화시키는 물질
- **내후성**(weather resistance, weathering, weatherproof)
  옥외에서 일광, 풍우, 이슬, 서리, 한난, 건습 등 자연의 작용에 저항해서 잘 변화하지 않는 도료의 성질
- **녹**(rust)
  보통은 철 또는 강의 표면에 생기는 수산화물 또는 산화물을 주체로 하는 화합물, 넓은 의미로는 금속이 화학적 또는 전기 화학적으로 변화해서 표면에 생기는 산화 화합물
- **도포량**(quantity for application)
  일정한 면적에 칠하는 도료의 양 (kg/m², l/m²)
- **도포면적**(spreading rate, coverage)
  도료의 일정한 분량으로 칠할 수 있는 면적 (kg/m², l/m²)
- **평활성**(levelling)
  칠한 후, 도료가 유동해서 평탄하고 매끄러운 도막이 생기는 성질. 도막의 표면에 붓칠 자국, 오렌지 필, 파도와 같은 미시적인 고저가 많지 않은 것을 보고 평활성이 좋다고 판단한다.

- **건조(drying)**

칠한 도료의 얇은 층이 액체에서 고체로 변화되는 현상. 도료 건조의 기구에는 용매의 휘발, 증발, 도막 형성 요소의 산화, 중합, 축합 등이 있고, 건조의 조건에는 자연 건조, 강제 건조, 가열 건조 등이 있다. 또, 건조 상태에 따라 다음의 용어로 구분한다.

① **지촉건조(set to touch)**

도막을 손가락으로 가볍게 대었을 때 접착성은 있으나 도료가 손가락에 묻지 않는 상태

② **점착건조(dust free)**

- 손가락에 의한 방법손가락 끝에 힘을 주지 않고 도막면을 가볍게 좌우로 스칠 때, 손톱자국이 심하게 나타나지 않는 상태
- 솜에 의한 방법탈지면을 약 3cm 높이에서 도막면에 떨어뜨린 다음, 입으로 불어 탈지면이 쉽게 떨어져 완전히 제거되는 상태

③ **고착건조(tack free)**

도막면에 손끝이 닿는 부분이 약 1.5cm가 되도록 가볍게 눌렀을 때 도막면에 지문 자국이 남지 않는 상태

④ **고화건조(dry-hard)**

엄지와 인지사이에 시험편을 물리되 도막이 엄지쪽으로 가게 하여 힘껏 눌렀다가(비틀지 않고) 떼어내어 부드러운 헝겊으로 가볍게 문질렀을 때 도막에 지운 자국이 없는 상태

⑤ **경화건조(dry-through)**

도막면에 팔이 수직이 되도록 하여 힘껏 엄지손가락으로 누르면서 90°각도로 비틀어 볼 때 도막이 늘어나거나 주름이 생기지 않고 다른 이상이 없는 상태

⑥ **완전건조(full hardness)**

도막을 손톱이나 칼끝으로 긁었을 때 홈이 잘 나지 않고 힘이 든다고 느끼는 상태

- **건조시간(drying time)**

  도료가 건조하는 때에 따라 필요한 시간, 가열 건조에서는 가열 장치에 넣고부터 건조 상태로 될 때까지의 시간

- **리무버(paint remover)**

  도막을 벗기기 위해 사용하는 도료

- **마스킹(masking)**

  도장해서는 안 될 부분을 점착테이프 같은 것으로 씌우는 것

- **마스틱(mastic)**

  접착성분, 플라스틱 빠데, 접착제 등을 나타내는 말

- **바니시(varnish)**

  수지 등을 용매에 녹여서 만든 도료의 총칭이며 안료는 함유되어 있지 않다. 도막은 대게 투명하다.

- **방오성(anti-fouling property)**

  표면에 유해한 생물 등의 부착을 방지하는 도막의 성질. 주로 선저 도료의 도막에 생물포자, 갑각류, 균체, 해조류 등이 부착하는 것을 방지하는 성질

- **변색(discoloration)**

  도막의 색의 색상, 채도, 명도 중 어느 하나 또는 하나 이상이 변화하는 것. 주로 채도가 작아지고 또는 거기에 명도가 커지는 것을 회색이라고 한다.

- **부분도장(touch up)**

  도막의 홈 부분 등을 부분적으로 칠해서 보수하는 것

- **부착성(adhesive property, adhesion, adhesive strength)**

  도막이 하지면에 부착되어 잘 떨어지지 않는 성질

- **상도도료(top coat)**

  도료를 여러 번 칠하여 도장 마무리를 할 때 마감도료로 사용되는 도료

- **상용성(compatibility, compatible)**

  2종류 또는 그 이상의 물질이 서로 친화성을 가지고 있어서, 혼합했을 때에 용액 또는 균질의 혼합물을 형성하는 성질. 도료에 있어서는 2종류 또는 그 이상의 도료가 침전, 응고, 겔화와 같은 불량한 결과로 나타나지 않는 성질

- **샌드 블라스트**(sandblasting, blast cleaning)

  금속제품에 건조된 규사 등의 연마제를 고압의 공기와 함께 분사하여 표면의 녹을 제거하여 깨끗하게 하는 것

- **아연말**(zinc dust)

  금속 아연을 주성분으로 한 회색 분말, 방청 안료로서 사용한다.

- **언더 코팅**(under coating)

  중도용 도료나 상도용 도료를 칠하기 전에 하도용 도료를 칠하는 것

- **에칭 프라이머**(etching primer, pretreatment primer, wash primer)

  금속 도장을 할 때에 바탕 처리에 사용하는 프라이머 성분의 일부가 바탕의 금속과 반응해서 화학적 생성물을 만들고, 바탕에 대한 도막의 부착성이 증가되도록 한 금속바탕 처리용의 도료. 주로 인산, 크롬산을 함유한다. 보통은 전 성분을 물로 나누어서 만든 1조로서 공급하고 사용 직전에 혼합한다.

- **에러리스 스프레이도장**(airless spraying, airless spray application)

  에어리스 스프레이건을 사용해서 도료를 칠하는 것.

- **연마**(sanding)

  재도장하기 위해 연마하는 조작

- **용제**(solvent)

  도료에 사용하는 휘발성 액체로, 도료의 유동성을 증가시키기 위해서 사용한다. 협의로는 도막 형성요소의 용매를 말하고, 달리 조용제 · 희석제가 있다. 본래는 증발속도의 대소에 의해서 구분하지만, 비등점의 고저에 따라서 고비등점 용제 · 중비등점 용제 · 저비등점 용제로 분류되는 수도 있다.

- **유성도료**(oil paint)

  도막 형성요소의 주성분이 건성유인 도료의 총칭

- **인화점**(flash point)

  규정된 조건아래에서 가연성 증기를 발생하는 물질과 공기와의 혼합기체에 불꽃을 접촉시켰을 때 연소가 일어나는 데 필요한 최저 온도

- **자연건조**(air drying, cold curing)

  도료가 상온의 공기 속에서 건조하는 것

- **저장 안정성(storage stability, can stability, self life)**

  저장해도 변질이 잘 안 되는 성질. 도료를 일정한 조건으로 저장한 후 칠해볼 때, 칠하는 작업이나 형성된 도막에 지장 유무를 조사해서 판정한다.

- **중도(intermediate coat)**

  하도와 상도의 중간층으로서 중도용의 도료를 칠하는 것. 하도 도막과 상도 도막 사이의 부착성의 향상, 종합 도막층 두께의 증가, 평면 또는 입체성의 개선 등을 위해서 한다. 영어에서는 목적에 따라서 under coat, ground coat, surfacer 등으로 말한다.

- **촉진제(accelerator)**

  화학 반응속도를 촉진시키는 물질. 도료 공업에 있어서는 수지의 강화 또는 가교화를 촉진시키는 물질을 말한다. "활성화제", "촉매", "가교화제" 참조

- **프라이머(primer)**

  도장재 중에서 소지에 최초로 사용되는 도료 · 프라이머는 소지의 종류나 도장재의 종류에 따라 여러 가지 종류가 있다.

- **프라이머 서페이서(primer surfacer)**

  중도의 성질을 겸한 하도용의 도료, 도막은 연마하기 쉽다.

- **희석제(thinner)**

  도료의 점도를 낮추기 위하여 사용하는 휘발성 액체

실 습 NOTE

1 승선중인 선박의 주요 치수를 알아보자.

2 선체의 주요형상과 갑판기기의 각부 명칭을 알아보자.

3 선체가 받는 힘에는 어떤 것들이 있으며, 이러한 변형력에 견디기 위한 부재에는 어떤 것들이 있는지 선박에서 찾아보자.

4 Loading Computer를 이용하여 출입항시의 Condition을 구해보자.

5 승선중인 선박의 도면 보관 장소를 확인하고, 도면의 종류에는 어떤 것들이 있는지 알아보자.

6 일반배치도 등의 도면에서 늑골번호(frame number)와 늑골간격(frame space) 등에 대해서 찾아보고, 어느 한 지점의 늑골번호를 확인해 보자.

7 승선중인 선박의 Tank들에는 어떤 것들이 있으며, 그 중 F.P.T를 직접 확인해 보자.(안전수칙 준수)

8 승선중인 선박의 코퍼댐(cofferdam)을 확인해 보자.(안전수칙 준수)

9 빌지 웰(bilge well)을 찾아보고, 빌지를 배출하는 방법을 확인해 보자.

10 선박의 건조 과정에 대해서 알아보고, 국내·외의 조선소 현황을 살펴보자.

11 도장의 목적에 대해 기술하라.

12 도장 방법에 대해 기술하라.

13 도장을 위한 조건은 어떤 것이 있는지 조사하시오.

14 도막의 결함에는 어떤 것이 있으며 그 대책은 무엇인가?

15 도장 용구의 종류에 대해 조사하고 그 사용법을 기술하시오.

16 도료의 종류 및 특성을 알아보고 본선에서 사용 중인 도료는 어떤 것이 있는지 알아보자.

17 표면처리란 무엇인가?

18 표면처리의 목적은 무엇인가?

19 실습중인 선박에서 표면처리를 위한 작업 용구는 어떤 것이 있으며 그 사용법을 알아보자.

20 표면처리의 종류에는 어떤 것이 있는가?

21 도장 작업 절차에 대해 기술하고 관련 사진을 첨부하시오.

22 도장 작업시 지켜야 할 안전수칙에 대해서 알아보자.

23 승선 선박의 paint specification 도면을 확인하여 입거시 필요한 paint 종류 및 수량을 조사하시오.(수선상부, 수선부, 선저부)

24 다음에 해당하는 도장 용어를 알아보자.

- 경화(curing)

- 가사 시간(pot life, pot stability)

- 경화제(hardner, curing agent)

- 지촉건조(set to touch)

- 완전건조(full hardness)

- 리무버(paint remover)

- 완전건조(full hardness)

- 방오성(anti-fouling property)

- 부분도장(touch up)

- 상도도료(top coat)

- 샌드 블라스트(sandblasting, blast cleaning)

- 연마(sanding)

- 중도(intermediate coat)

- 프라이머(primer)

- 희석제(thinner)

제5장

항해기기의 유지

5.1 Autopilot(TOKIMEC) (including Gyrocompass)

5.1.1 Alarm 처리

본서에서는 가장 널리 사용되고 현재 실습선(한바다호)에 설비되어 있는 TOKIMEC 제품을 기본으로 하여 작성하였다.

1. Alarm의 식별

1) Alarm lamp

Autopilot steering stand 전면부에는 아래의 그림에서 볼 수 있듯이 중요 부분의 기능에 문제가 발생하였을 때 시각적으로 즉시 alarm을 식별할 수 있도록 lamp가 설치되어 있다. 또는 관련 alarm이 발생하였을 경우는 청각적으로도 인지 가능토록 alarm sound를 발생시킨다.

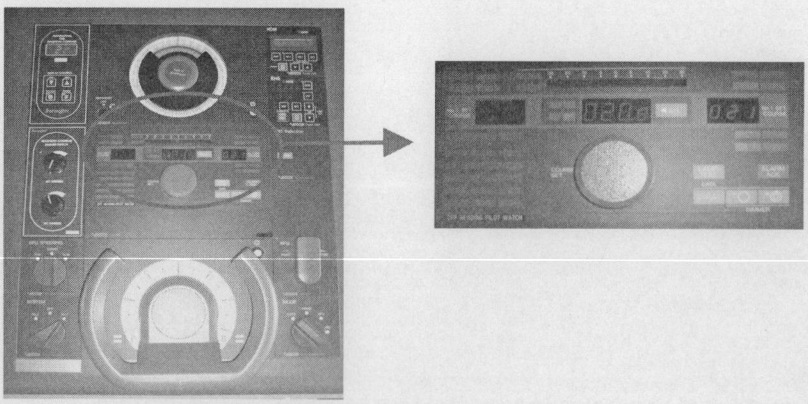

[그림 5-1] Autopilot steering stand 전면부

2) Alarm list

상기의 alarm lamp의 내용을 포함한 alarm의 정확한 원인을 code화하여 알려준다. 이러한 alarm code는 해당 code별로 〈표 5-1〉에서 보는 것처럼 alarm 명 및 그 원인을 알 수 있게 하여 보다 쉽게 발생된 alarm을 식별하고, 그 원인을 파악하여 해결할 수 있도록 도모하고 있다.

〈표 5-1〉 Alarm list

<table>
<tr><th rowspan="2">Alarm No</th><th rowspan="2">Name of individual alarm (display name)</th><th rowspan="2" colspan="2">Cause of alarm</th><th rowspan="2">Alarm detail display</th><th colspan="3">Group alarm display</th><th rowspan="2">Remark</th></tr>
<tr><th>SYSTEM FAIL</th><th>AUTO FAIL</th><th>CAUTION</th></tr>
<tr><td rowspan="8">1</td><td rowspan="8">AUTO unit display area is abnormal (INDICATE)</td><td colspan="2">MMA → PID Communication is invalid</td><td>E01. 1</td><td>–</td><td>–</td><td>(○)</td><td></td></tr>
<tr><td rowspan="7">MMA-Hard ware is abnormal</td><td>EEPROM error</td><td>E01. 2</td><td rowspan="7">–</td><td rowspan="7">–</td><td rowspan="7">○</td><td rowspan="7"></td></tr>
<tr><td>RTC SRAM</td><td>E01. 3</td></tr>
<tr><td>RTC battery</td><td>E01. 4</td></tr>
<tr><td>Memory-access overflow</td><td>E01. 5</td></tr>
<tr><td>WDT restart</td><td>E01. 6</td></tr>
<tr><td>S. I/O-I input</td><td>E01. 7</td></tr>
<tr><td>S. I/O-I Loop</td><td>E01. 8</td></tr>
<tr><td>2</td><td>PILOT WATCH (PILOTW.)</td><td colspan="2">Off course during course keeping in AUTO/NAV mode</td><td>E02. 1</td><td>–</td><td>–</td><td>○</td><td></td></tr>
</table>

2. Trouble shooting

1) Failure phenomena list

〈표 5-2〉에서 볼 수 있듯이 상기에서 언급한 alarm lamp과 연계하여 autopilot 작동상 발생할 수 있는 이상 현상을 쉽게 식별할 수 있도록 열거해 두었다.

〈표 5-2〉 Failure phenomena list

Trouble-shoot No.	Phenomena
TS-21	Rudder limit is invalid(in auto steering)
TS-22	Rudder motion is fast/slow
TS-23	Yawing is large(in auto steering)
TS-24	Ship sails on the deviated course from the set course (in auto steering)
TS-25	Course cannot be set in auto steering
TS-26	No data on the data display
TS-27	some display lamps or alarm indicators do not light in the lamp test
TS-28	Steering mode cannot be switched
TS-29	Bar graph display is strange
TS-30	Ship's speed display is strange
TS-31	Steering repeater is abnormal
TS-32	Illumination is too bright / dark
TS-33	SET. course display does not light
TS-34	Other than the set course is displayed in the SET. course display
TS-35	R.O.T. of the data selection indicator blinks
TS-36	Rate of turn in auto course changing is too large / small
TS-37	ADPT of the control mode indicator blinks
TS-38	Power failure indicator in the ALARM UNIT(option) lights. Display of power failure indicator in the ALARM UNIT(option) is depended on to the specification. Refer to PR-6000 Finished Plan.
TS-39	Individual alarm indicator in the ALARM UNIT(option) lights. [Group alarm indicator SYS.FAIL or CAUTION] Display of individual alarm indicator in the ALARM UNIT(option) is depended on the specification. Refer to PR-6000 Finished Plan.

2) Countermeasure table

상기에서 식별된 alarm 또는 failure는 그 현상을 조속히 파악하고, 그에 따른 조치를 취하여야 한다. 이러한 일련의 과정을 Troubleshoot No. 별로 〈표 5-3〉에서 보는 것처럼 Countermeasure table을 작성하여 두고 있기 때문에 신속한 대응이 가능할 것이다.

〈표 5-3〉 Countermeasure table

Trouble-shoot No.	Phenomena (contents)	Check procedure and action to be taken	Remark
TS-25	Course setting in auto steering cannot be done.	① Switch the system to another when the SET. course display does not change even by turning of coruse setting knob.	Setting course can be changed only in auto steering.
TS-26		① It is not abnormal if pressing the ◁ SEL. switch displays data.	Every pressing the ◁ SEL. switch changes data. No display (blank) in included as one of the display.
		② When alarm generates, take actions according to contents of the alarm troubleshoot number.	
		③ When lighting normally by the lamp test, raise illumination by pressing the +☼ switch.	
TS-27		① Some lamps are for optional specification. When the option is not installed on own ship, the lamps do not light by the lamp test. Refer to chapter 3, 3.3 NO.7 for details.	
		② When alarm generates, take actions according to contents of the alarm troubleshoot number.	
		③ When lamps do not light even by strong pressing the LAMP TEST switch, check for display lamps by positions of switches and control knobs, or for alarm indicators by alarm detail display of the data display.	
TS-28		① Use by switching the system to another.	
		② If the steering mode selection switch stops at the middle position between each steering mode, turn the switch to the correct position.	

5.1.2 정기적 점검

Autopilot을 항행중 24시간 사용되는 장비로 그 중요성과 항해에서 차지하는 그 비중은 언급할 필요가 없을 것이다. 이러한 이유로 제조사별로 기본적으로 점검해야 할 사항을 제시하고 있다. 또한 실무에서는 이러한 제조사에서 제시하는 점검사항과는 별도로 점검 사항을 작성하여 매당직 또는 매일 점검이 이루어질 수 있도록 하고 있다. 여기에서는 제조사에서 제시하고 있는 점검 항목을 살펴보기로 한다.

1. Daily check table

매일 점검이 이루어져야 할 사항을 제시하고 있으며, 제시된 점검 항목은 기본적으로 거의 모든 제조사의 점검 사항과 대동소이하기 때문에 그 내용을 명확히 파악하고, 실질적으로 점검표에 의해 점검이 시행되어야 한다.

〈표 5-4〉 Daily check table

Check mark ✓ : Normal
△ : Normal after rework or repair

(Example of note)

Date of check		Installation '97.05.01													
Inspector		TOKIMEC service ○○○○													
Check items															
		NO.1 system	NO.2 system												
a.	HAND mode Steering wheel PS 10°														
	Rudder angle receiver (indicator) indication (P, S 10°)	✓	✓												
	Indication HAND ON.	✓	✓												
	System selection and display	✓	✓												
b,	NFU mode, Operate steering lever leftward and rightward														
	Rudder angle indication moves in the direction above	✓	✓												
	Rudder motion stops with lever at center	✓	✓												
	Indicator NFU ON.	✓	✓												
c.	AUTO mode, setting course Press and turn knob leftward and rightward.														
	Setting course display changes.	✓	✓												
	Heading deviation bar graph display changes.	✓	✓												
	Auto course changing function	✓	✓												
	Indicator AUTO ON.	✓	✓												
d.	RC mode (option) Turn RC knob leftward, center, rightward														
	Rudder angle indication moves in the direction above.	✓	✓												
	Rudder angle 0 with knob at center	✓	✓												
	Indicator RC ON.														
e.	LAMP TEST Press switch														
	All display lamps and alarm lamps ON.	✓	✓												
	Buzzer sounds.	✓	✓												
f.	P/S indicator ON. Helm unit														
	In the direction of order rudder angle, Green (STBD) or Red (PORT) ON	✓	✓												
g.	Warning labels coming off, dirtiness (facia panel, remote control, inside stan)														
h.	Items to be dealt with Items to be informed	none													

2. A half yearly / yearly check table

6개월 또는 12개월을 주기로 하여 점검할 사항을 나타내고 있으며, 전문가에 의한 점검사항이 아닌 본선의 책임자에 의해 이루어져야 하는 점검사항을 제시하고 있다. 이 또한 제조사는 다르더라도 점검 항목은 대동소이함을 알 수 있으며, 앞서 언급된 전문가들에 의해 이루어져야 하는 점검항목은 별도로 작성되어 있으며, 이러한 항목은 본선에서 시행할 수 없는 부분이기 때문에 여기서는 언급하지 않는다.

〈표 5-5〉 A half yearly / yearly check table

Check mark ✓ : Normal
△ : Normal after rework or repair

(Example of note)

Date of check	'97.05.01													
Inspector	OOOO													
Check items														
	NO.1 system	NO.2 system												
a. Fixing screws in mechanical sections														
Connecting screws in terminal boards														
Check and retighten loosing parts	✓	✓												
Electronic (electric) parts mounting condition	✓	✓												
b. Connecting wires inside Root of mounting (being near cutting)														
c. Control knobs														
Loosened play in fixings Retighten loosened parts	✓	✓												
d. Switches														
Conditions of motion	✓	✓												
e. Repeater unit Open scale Loosened play in driving gears														
Loosened play yes or no	✓	✓												
Wearing play or no	✓	✓												
f. Taking rudder time (Read rudder angle indicator indication)														
HAND mode														
0 → P30° (sec)	12	12												
P30° → 0 (sec)	12	12												
0 → S30° (sec)	12	12												
S30° → 0 (sec)	12	12												
NFU mode														
0 → P30° (sec)	10	10												
P30° → 0 (sec)	10	10												
0 → S30° (sec)	11	11												
S30° → 0 (sec)	11	11												
g. Warning labels (all labels) (Cleanliness, coming off, dirtiness)	✓	✓												
h. Items to be dealt with														

5.1.3 기타 주요 점검 항목

1. Fuse 교환

선내 전원의 불안전, 갑작스런 과부하 및 오랜 시간 사용에 따라 fuse가 튀게 된다. 이러한 경우는 아래와 같은 적절한 절차에 의해 fuse 교환이 이루어져야 한다. 일반적으로 모든 선박에는 spare를 일정량 보유하고 있는데 교환시 필히 fuse의 ampere를 확인하고 해당 fuse를 사용하여 교환하여야 한다.

1) Steering stand에 전원을 차단 (일반적으로 bridge 주변에 전원 공급 switch board panel이 있는데, 해당 switch를 off시킨다.)
2) Steering stand의 전면부 cover를 open한다.
3) Steering stand 내부에 있는 service switch를 off한다.
4) 해당 fuse를 제거하고, new fuse을 넣는다.

2. Gyro repeater의 synchronizing

1) Autopilot steering stand 전면부 gyro repeater
   ① Autopilot steering stand 전면부에 있는 repeater용 power s/w를 off한다.
   ② Autopilot steering stand의 repeater 중심에 위치하고 있는 synchronizing knob을 pushing하면서 회전시켜 main gyrocompass의 bearing값과 일치시킨다.

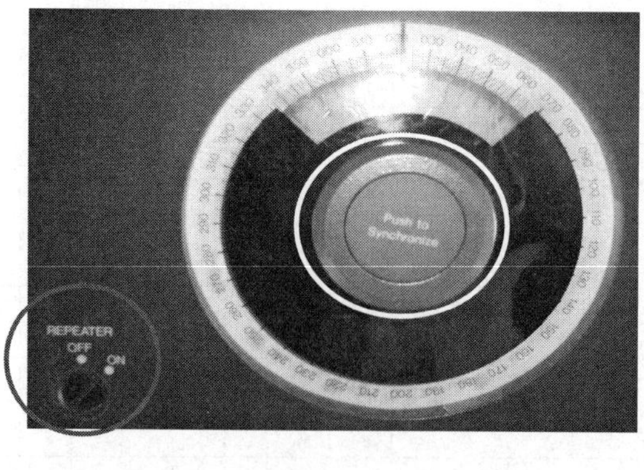

[그림 5-2] Autopilot steering stand 전면부 gyro repeater

③ Repeater의 지시치가 main gyrocompass의 bearing과 같아지면 repeater용 power s/w를 on한다.

④ Repeater의 bearing이 main gyrocompass와 추종하는지를 확인한다.

2) local gyro repeater (bridge내, wing bridge, steering gear room내)

① Local gyro repeater 하부에 설치되어 있는 power s/w를 off한다.

② Main gyrocompass의 bearing을 reading하면서 local gyro repeater 옆면부에 부착되어 있는 synchronizing knob을 pushing하면서 회전시켜 값을 일치시킨다.

③ Repeater의 지시치가 main gyrocompass의 bearing과 같아지면 repeater용 power s/w를 on한다.

④ Repeater의 bearing이 main gyrocompass와 추종하는지를 확인한다.

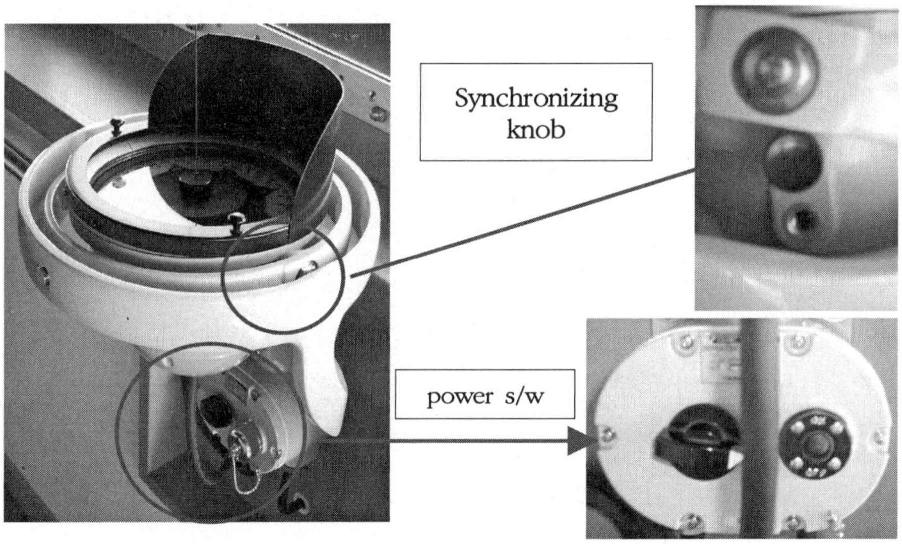

[그림 5-3] local gyro repeater

3. Gyrocompass error 수정

Gyrocompass의 error는 여러 가지 방법에 의해 계산 가능하다. 이렇게 계산된 gyrocompass의 error가 일정한 값을 유지하고 그 값의 크기가 크다면 수정을 하여야 한다. 수정 방법은 크게 다음의 방법과 같다.

1) Gyrocompass monitor상의 수정

① 최근에 설비되어지고 있는 gyrocompass에 적용되는 것으로 gyrocompass의 error가 측정되어졌다면 이 값을 보정한 값을 master gyrocompass에 직접 수정을 시행하지 않고, 이에 연결된 gyrocompass monitor상에서 display되는 gyrocompass 값을 수정하면 된다. 이렇게 gyrocompass monitor상에서 수정된 값이 다른 여러 장비에 정보를 보내게 된다.

② 일반적으로 장착되어 있는 gyrocompass monitor에 관한 수정방법은 instruction에 쉽게 설명이 되어 있기 때문에 필요시 instruction을 참조하여 수정을 하면 되며, 종종 maker별로 수정 방법을 명시한 steel plate를 monitor 부근에 부착한 경우도 있다.

2) Master gyrocompass의 수정

① Gyrocompass monitor가 설치되어 있지 않는 type의 gyrocompass로서 측정된 error를 보정하기 위해서는 master gyrocompass 자체에 수정을 시행하여야 한다.

② 여기에서의 자체 수정이란 autopilot의 하부 master gyrocompass가 격납된 부분의 cover를 open한 후에 master compass를 외부로 취외하고, master compass의 하부 지지대와의 고정 나사를 풀고 master compass 자체를 조금씩 회전시켜 error를 수정한 후에 앞서 푼 고정 나사를 tightening시키면 된다. Error가 수정된 master gyrocompass는 다시 원상 복구시키면 수정 절차가 완료된다.

5.2 Rudder angle indicator

5.2.1 Rudder angle indicator의 종류

기본적으로 rudder angle을 나타내고 있는 장치들은 여러 가지 type이 있지만 여기에서는 일반적으로 많이 채택되고 있는 type만을 언급한다.

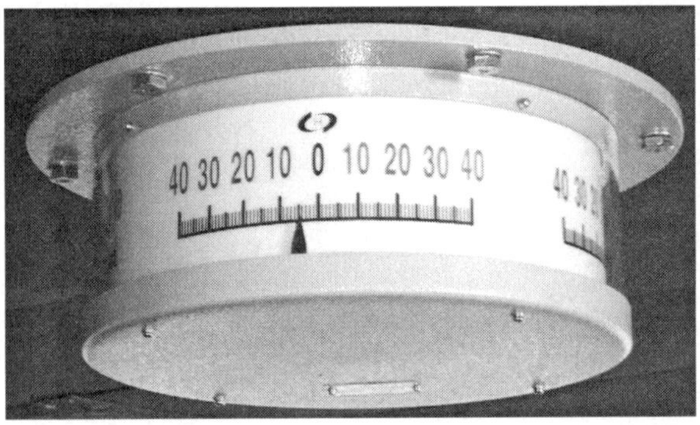

[그림 5-4] Panorama type

[그림 5-5] Flush mounting type

5.2.2 Zero setting

1. For panorama type

1) Autopilot의 steering mode를 hand mode로 전환하고, wheel을 중립에 둔다.
2) Indicator의 하부의 cover를 제거한다. (필요에 따라서는 전원을 차단하는 것이 바람직하다.)
3) Cover를 제거한 후에 indicating needle의 고정 나사를 푼다.
4) Indicating needle를 움직여 zero로 맞춘 후에 고정 나사를 tightening한다.
5) Autopilot의 wheel을 움직여 indicator가 정확히 추종하는지 확인한다.

6) 추종 확인 후 cover를 복구한다.

2. For flush mounting type

1) Autopilot의 steering mode를 hand mode로 전환하고, wheel을 중립에 둔다.
2) Indicator로 공급되는 전원을 차단한다.
3) Indicator의 전면부 glass cover를 제거한다.
4) Indicating needle을 움직여 zero에 setting한다.
5) Indicator에 전원을 공급한다.
6) 전원 공급 후에 autopilot의 wheel을 움직여 indicator가 정확히 추종하는지 확인한다.
7) 추종 확인후 cover를 복구한다.

5.3 Radar (JRC / JMA 9000 series 및 ATLAS 9000 series)

5.3.1 Routine maintenance

일반적으로 레이더에는 고전력이 공급되므로 이를 관리 운용하는데 상당한 주의가 필요하다. 이런 이유로 일상적으로 관리해야 할 부분은 다음과 같이 아주 제한적이다.

1. 각 장비의 먼지나, 녹 그리고 해수를 마른 헝겊으로 제거
2. 원활한 통풍을 위해 Air vent를 brush로 청소
3. Air vent filter가 설치되어 있다면 filter의 오염상태에 따라 신환

5.3.2 중요 부분의 maintenance

1. Scanner

1) Supply oil seal (every six months) - only for JMA

① Radar의 main power를 off한다.

② Scanner gear box를 open한다.

③ Grease nipple을 찾아 grease gun을 이용 instruction에 명시된 해당 grease 주입한다. (Oil seal로 grease가 약간 유출될 때까지 주입)

④ 주입 완료후 Gear box를 복구시킨다. 이때 bolt의 tightening은 적절한 절차(주로 instruction에 명시되어 있음)에 따라 시행하여야 한다.

2) Oiling gear (at least every six months) - only for JMA

① Radar의 main power를 off

② Scanner gear box를 open한다.

③ Brush나 spreader를 이용하여 instruction에 명시된 해당 grease를 main shaft drive gear의 표면에 바른다.

④ Gear에 greasing후 gear box의 cover를 복구한다. 이때 bolt의 tightening은 적절한 절차 (주로 instruction에 명시되어 있음)에 따라 시행하여야 한다.

3) Cleaning scanner and gear box

① Cleaning scanner

Scanner의 표면에 이물질이 고착되어 있는 경우는 radar beam의 방사를 약하게 하거나 반사시킬 수 있기 때문에 항상 청결하게 유지하여야 한다. 이때 이물질을 제거하고 할 시에는 물이나 알코올을 부드러운 천에 적셔서 시행하여야 한다.

② Cleaning gear box

습기나 해수 등에 의해 상당히 부식이 진행될 수 있기 때문에 주기적으로 점검을 실시하여 부식방지 정비를 시행하여야 한다. 일반적으로 이러한 부식을 방지하기 위한 최우선의 방법은 painting일 것이다.

2. Display unit

Display unit에 먼지가 쌓일 경우는 비디오를 어둡게 하고, 명확성을 떨어뜨리기 때문에 부드러운 천을 가지고 가볍게 문질러 청소를 하여야 한다. 강하게 문지르거나 gasoline 및 thinner 등을 이용하면 display unit에 damage를 발생시킬 수 있기 때문에 피하여야 한다.

3. Coaxial cable

Coaxial cable의 pipe grand는 철저하게 watertight가 이루어져야 한다. 이러한 watertight를 위한 가장 좋은 방법은 주기적 (every six months)으로 painting하는 것이 추천되어지고 있다.

5.3.3 Function check

일반적으로 레이더는 별도의 점검 수단을 강구하지 않고도 자체적으로 기본적인 function check을 할 수 있는 시스템을 구축하고 있다. 일반적으로 self-check라고도 부르는 이 기능은 쉽게 레이더 작동상의 condition check를 함과 동시에 문제가 있는 부분을 식별해주기 때문에 아주 유용하다. 이러한 function check에 포함된 점검항목은 maker마다 다소 다르기 때문에 충분히 사용 전에 instruction을 숙지하고 정기적으로 시행하여야 한다. 다음은 JRC사 JMA 9000 series의 function check에 포함된 내용이다.

〈Contents of function check〉

- Self check : check of memory, safety switch, various currents and voltages and communication lines
- Panel check : check of panel
- ARPA check : check of ARPA
- MAG current : check of magnetron current
- PM : check with performance monitor
- Error logging : error logging display
- System info : system information display

5.3.4 정기적인 부품 교환

1. Magnetron 교환

이극관으로서 양극은 매우 정확한 크기의 공동을 가진 원통형이며 음극은 막대기형으로 원통의 중심축에 있어 말굽자석이 원통축을 따라 강력한 자계를 만드는 장치로 소모성이다. 이는 maker 별로 표준 사용시간을 명시하고 있으며, 그 이상 사용시는 급격한 감도 저하의 원인되기 때문에 정확하게 사용시간을 check하고 적절한 시기에 교환을 하여야 한다. 교환 방법은 각 기종별로 instruction에 명확하게 나와 있기 때문에 절차에 따라 교환 작업을 시행하여야 한다. 앞서 언급한 바와 같이 레이더는 고압 전류를 사용하는 장비임을 한 번 더 명심하고, 항상 주의하면서 명확한 절차에 따라 모든 작업이 이루어져야 한다. 다음은 실무에서 가정 널리 사용되고 있는 JRC와 ATLAS의 radar instruction에 나와 있는 magnetron 교환 절차의 일부분이다.

1) JRC

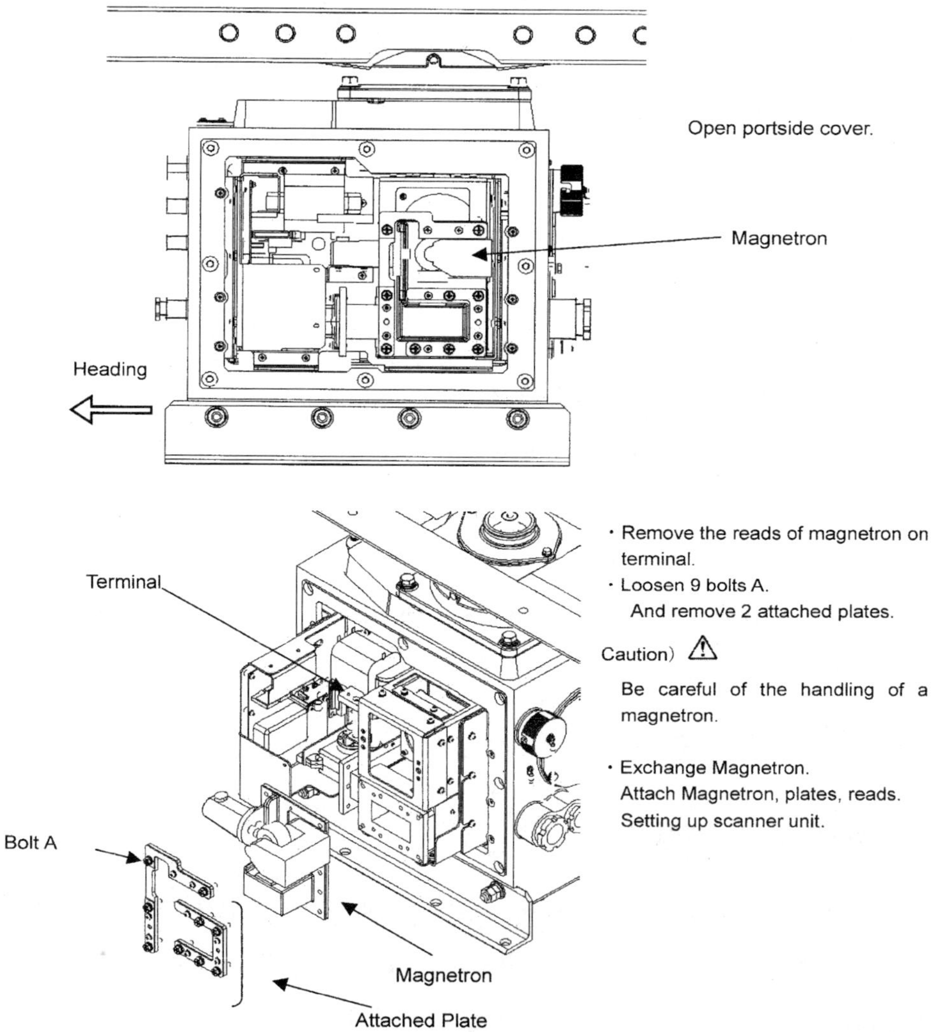

[그림 5-6] JRC magnetron 교환절차

2) ATLAS

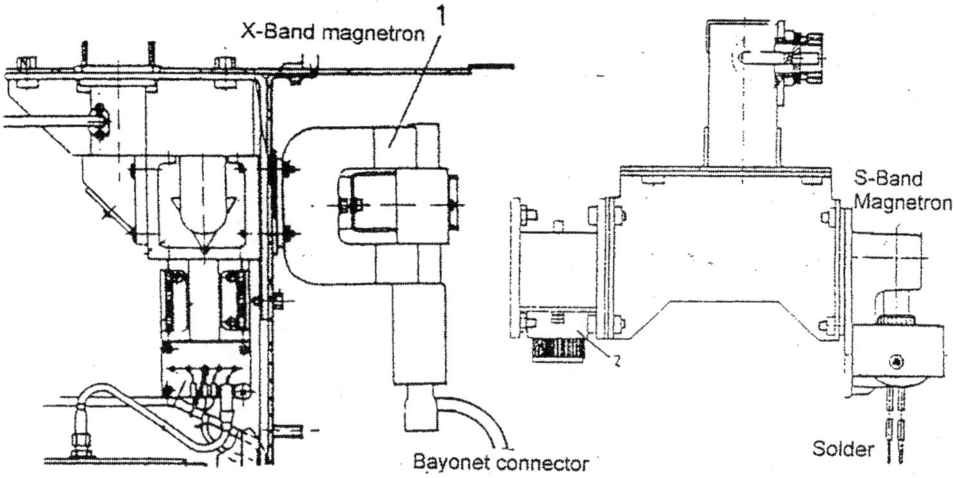

[그림 5-7] ATLAS magnetron 교환절차

① 레이더 전원을 OFF하고, Transmitter Unit의 Cover를 Open한다.

② Modulator Unit의 Screen Cover의 Screw 6개를 풀고 좌측으로 밀어서 Cover를 분리한다.

③ Magnetron을 교체한다.

㉮ X-Band의 경우

Bayonet connector를 반시계 방향으로 90°회전하여 분리하고 Magnetron은 6개의 너트를 풀어 취외하고, 역순으로 신품을 취부한다.

㉯ S-Band의 경우

Connector를 Unsolder하여 분리하고, Wire가 바뀌지 않도록 표시한 후, 고정대의 너트 6개를 풀어 취부하고, 역순으로 신품을 취부한다.

주의) Magnetron 교환 후, 즉시 Radar를 동작시키는 것보다는 1시간 이상을 STBY 상태로 Warming 하는 것이 Magnetron 수명을 연장시킬 수 있다.

2. V-belt 교환 - only for ATLAS

ATLAS radar의 gear box내부에 있는 scanner의 회전력을 전달하는 역할을 담당하고 있는 V-belt는 주기적인 점검이 이루어져야 한다. 장력이 적절하지 못한 경우나 V-belt의 자체에 손상이 발생한 경우는 scanner의 회전에 문제를 일으키고 이는 바로 레이더의 정상 기능 작동을 불가하게 만들 것이다. 다음은 V-belt 점검 절차의 일부분이다.

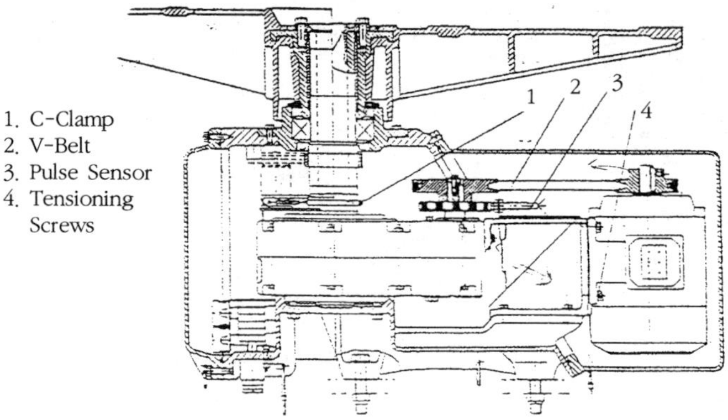

[그림 5-8] ATLAS V-belt 교환절차

① 전원 및 Antenna 용 Line switch를 OFF하고, Display에 Antenna 작업 중 표식을 한다.

② Gear bos casing의 스위치를 이용하여 Antenna Motor의 Power을 OFF 한다.

③ Antenna gear bos를 "Open" 한다.

④ 안테나의 V-Belt의 장력을 검사하고, V-Belt의 Tooth를 육안 검사하여 손상이 있는지 확인한다.

㉮ 손상 시는 V-Belt를 Gear-box 내의 Spare Belt로 교환한다.

㉯ V-Belt의 장력이 느슨하면 [그림 5-8]을 참조, Tensioning Screw를 이용 장력을 조절한다.

5.3.5 Radar limitations

레이더는 사람에게 있어 눈과 같은 역할을 하는 장비로 안전 항해에 있어 그 중요성은 언급할 필요가 없을 정도이다. 하지만 이러한 중요성에도 불구하고 안전 항해상 장비에 대한 과신은 반드시 피해야 한다고 명시하고 있다. 그런 이유에 있어서 radar의 경우는 기기 자체가 다음과 같은 한계, 즉 단점을 가지고 있기 때문이다. 이러한 한계는 반드시 사전에 충분히 측정되어야 하고, 항해사들을 이를 반드시 숙지하고 있어야 한다.

1. Blind sector

1) 원 인

선박에 있어서 레이더의 scanner는 일반적으로 accommodation 상부 radar mast에 설치하게 되는데 이러한 이유로 radar mast 및 주변에 있는 funnel 등이 다음의 그림에서 보는 것처럼 radar scanner에서의 beam의 송수신을 차단하게 된다.

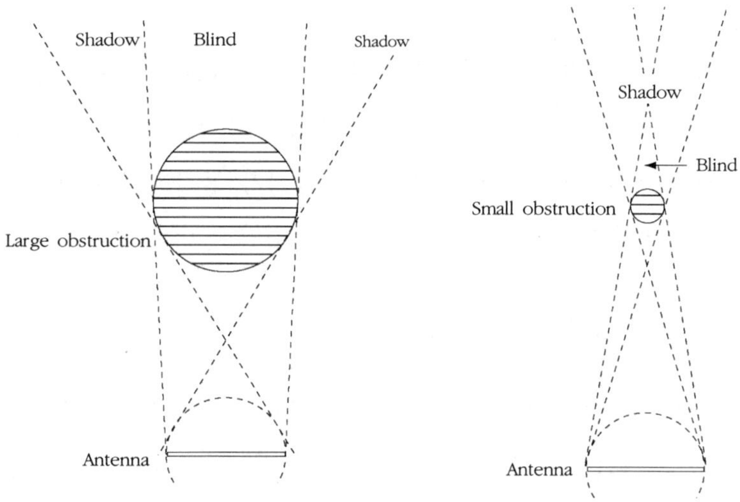

[그림 5-9] Blind sector

2) 측정방법

Radar의 scale을 small range에 설정하고 적절한 tune 값을 설정한 후 gain을 최대값에 setting을 한다. 이때 레이더 화면에는 이득률이 최대이기 때문에 화면 전체가 해면 반사파로 덮일 것이다. 이러한 가운데 해면 반사파가 전혀 잡히지 않는 구간이 나타나게 되는데 이 구간이 blind sector가 된다. 다음은 이러한 방법을 통하여 측정된 blind sector의 예이다.

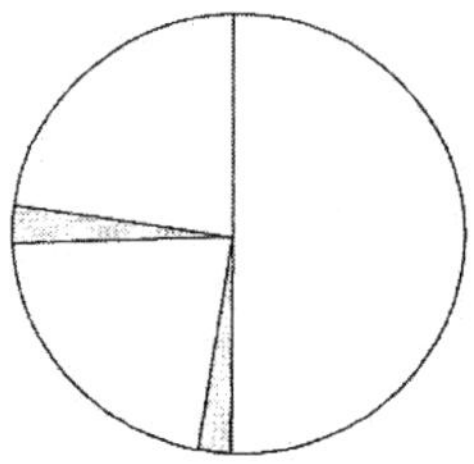

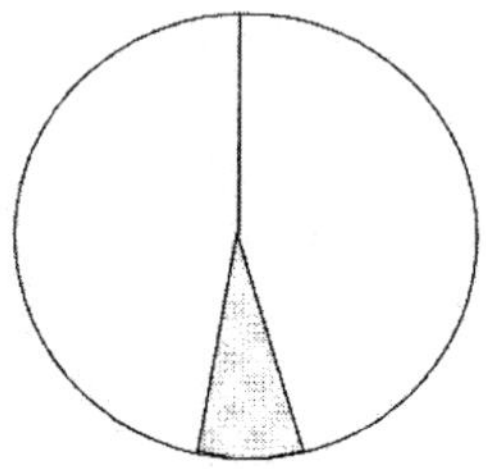

[그림 5-10] Blind sector 작성 예

3) 대응방법

레이더를 사용할 때 위의 방법에 의해 측정된 blind sector표를 레이더의 눈에 잘 띄는 곳에 부착하여 항해사에게 항상 숙지하도록 유지하고, 수시로 blind sector부분을 육안으로 감시하여야 한다. 또한 육안 감시가 불가한 상황에서는 가능하다면 선박의 선수를 좌우 회두시켜 blind sector를 감시하여야 한다.

2. Minimum detection range

최소탐지거리는 선박이 항행중에 근접 물표에 대한 탐지 능력을 말하여, 선박에 탑재되어 있는 레이더가 최소 얼마정도 떨어져 있는 물표까지 탐지가 가능한지를 계산하여 이를 숙지하고, 항해에 적극 활용하여야 한다.

1) 규 정

최소 50m 이내의 물표를 감지할 수 있어야 한다.

2) 계산법

본선에 장착되어 있는 radar의 small range에서의 short pulse의 duration을

instruction에서 찾아 그 short pulse의 duration의 1/2에 해당하는 값이 최소 탐지 거리가 된다.

예) short pulse duration : 0.1us

$0.1/2 \times$ 전파의 속도$(3 \times 10^8) = 15$ meters

3. False echoes

1) False echoes의 종류

① Indirect echo : 선박에 설비되어 있는 물체에 반사되어 수신된 경우 다른 위치에 물표가 있는 것처럼 display한다.

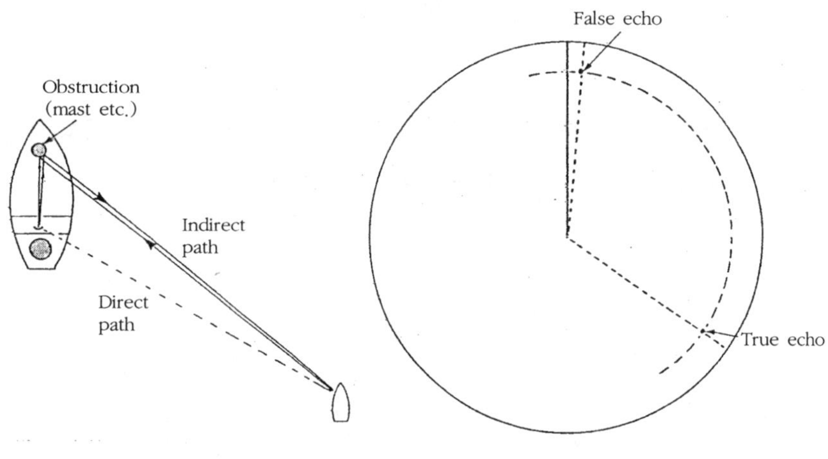

[그림 5-11] Indirect echo

② Multiple echo : 선박과 근접거리에 있는 선박간 다중 반사에 의한 수신으로 같은 방위에 등거리로 여러 개의 점으로 물표가 표시된다.

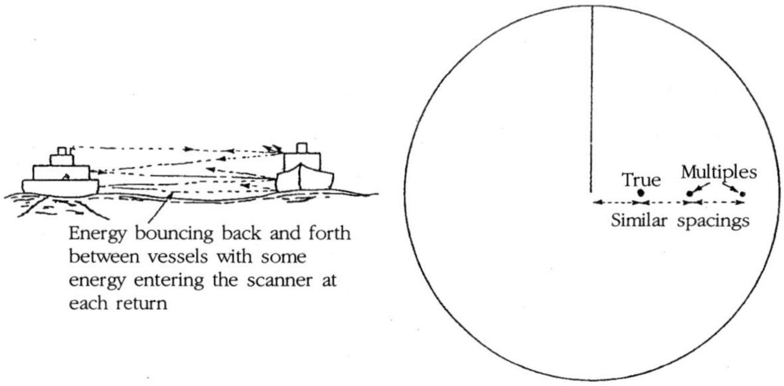

[그림 5-12] Multiple echo

③ Side echo : 선박의 근접거리에 있는 물표가 수신 이득률이 높아 side lope에 의해 반사 수신된 전파가 표시된다.

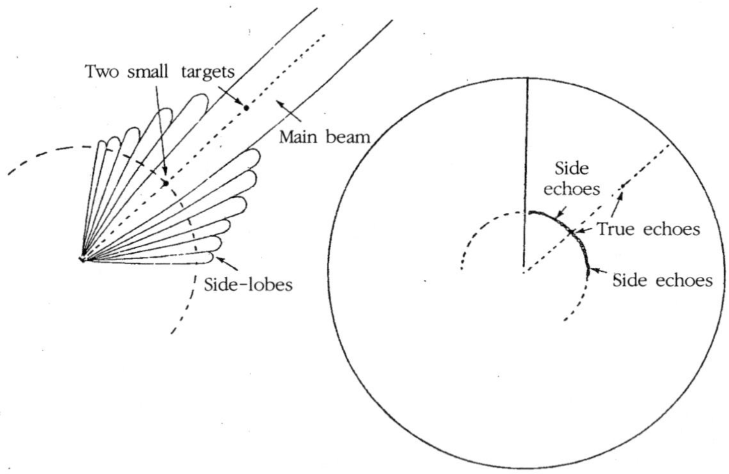

[그림 5-13] Side echo

④ Radar to radar interference : 주위를 항해하는 선박과의 같은 주파수대의 레이더를 사용함으로 인하여 전파간섭에 의해 레이더에 여러 개의 나선형의 점들이 나타난다.

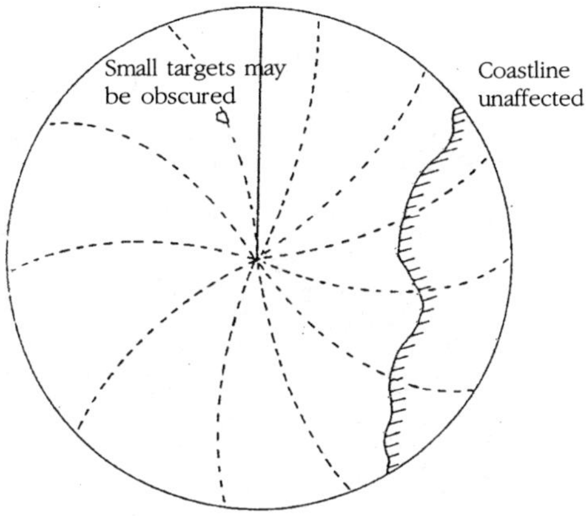

[그림 5-14] Radar to radar interference

2) 대 응

① Indirect 및 multiple echo의 경우는 수신 전파의 반사각이 우연히 맞아 선박의 scanner로 수신된 경우이므로 선박의 heading을 좌우로 회두시키고, gain 값을 다소 낮추면 감쇠시킬 수 있다.

② Side echo : 본선의 레이더의 수신 이득률이 너무 높아서 side lope에 의해 반사된 전파도 물표로 인지를 한 경우이므로 gain 값을 다소 낮추면 감쇠시킬 수 있다.

③ Radar to radar interference의 경우는 최근에 설비되는 레이더의 경우 자체적으로 interference rejection 기능을 갖추고 있어서 이 기능을 실행시키면 감쇠시킬 수 있으며, 만약 그런 기능이 없다면 레이더를 잠시 standby 상태로 전환한 후 다시 on시키면 감쇠시킬 수 있다.

5.4

Magnetic compass

[그림 5-15] Magnetic compass

5.4.1 Routine maintenance

일반적으로 magnetic compass는 특별히 정기적으로 점검해야 할 사항은 없다. 하지만 비상시, 즉 gyrocompass의 고장이 발생할 경우는 그 대용으로 사용해야 하는 이유로 최소한 다음과 같은 사항에 관해서는 점검이 이루어져야 한다.

1. Lamp 확인

Magnetic compass는 통상 선박의 외부(compass deck)에 설치가 된다. 이러한 이유로 해풍이나 직사광선에 노출이 되어 부식 및 경화가 촉진될 수 있기에 일반적으로 보호차원에서 cover를 씌워 관리를 하고 있다. 이때에 magnetic compass 내부에 설치되어 있는 lamp가 켜지지 않는다면 magnetic bearing 확인이 불가할 것이다.

2. 자차 확인

앞서 언급한 바와 같이 magnetic compass는 비상 대응의 차원에서 항상 관리가 되어야 하고, 항상 정확한 bearing 값을 갖도록 유지하여야 한다. 이런 연유로 항상 자차를 계산하고 log book에 기록을 유지하고 있는 것이다. 하지만 이러한 자차는 선박의 노후 및 기타 선체 변화(물건의 이동, 개조 등)에 의해 그 자차가 변화하게 되는데 이런 경우는 적절한 절차에 의해 자차를 수정하여야 한다. 일반적으로 실무에서는 +/− 5도 이상의 자차가 생기면 수정을 실시한다.

3. Bowl 내부의 bubble 확인

선박의 운항지역의 기온차 및 magnetic compass의 bowl sealing 부적절 등의 이유로 compass bowl 내부에 bubble이 생길 수가 있다. 이러한 bubble은 compass의 정확한 bearing 지시에 영향을 미치기 때문에 가능하면 조속히 제거하여야 한다. Bubble 제거 방법은 일명 de-aeration 작업이라고 하여 상당히 장시간에 걸쳐 복잡한 절차에 의해 이루어져야 한다.(통상 instruction에 자세히 명시되어 있음) 하지만, 통상 항해중 상당량의 bubble이 발생하였을 경우는 보유하고 있는 spare bowl로 교환을 하거나 만약 spare를 보유하고 있지 않다면 임시적으로 bubble을 제거하여야 하는데 그 절차는 다음과 같다.

1) Magnetic compass bowl을 분리시킨다.
2) Bowl을 다소 흔들어 bubble이 모이도록 한다.
3) Bowl을 천천히 수직으로 세워 bubble이 filler hole로 모이도록 한다.
4) Filler plug 및 gasket을 제거한다.

5) 주사기를 이용하여 지정된 liquid를 적당량 filler hole로 주입한다.

6) Bubble이 제거될 때까지 liquid 주입 후 fuller plug 및 gasket을 복구한다.

5.4.2 자차 수정

자차 수정의 필요성에 관해서는 앞서 언급이 되어 재언급은 피하겠다. 여러 교재 및 instruction에 자차 수정에 관한 절차가 명확히 명시되어 있다. 여기서는 가장 일반적으로 그리고 간편하게 자차를 본선 자체적으로 수정할 수 있는 방법을 제시하여 실무에서 직접 사용가능토록 하고자 한다.

1. 자차 수정법

1) 사전 준비

① 선박을 가능하면 Even keel상태로 유지한다.

② 방위의 기준이 될 gyrocompass의 error 값이 수정되어 있어야 한다.

③ 해면 상태가 양호한 즉 선박의 rolling 및 pitching이 최소가 되는 지점에서 시행되어야 한다. 만약 다소 compass card의 요동이 있다면 heeling magnet으로 상하 이동시켜 요동을 최소화시킨다.(경선차 수정)

④ 가능하면 편차가 적은 곳에서 실시하는 것이 유리하다.

2) 4점방위의 자차 수정

① 자침방위 090도에 steady하고 선수미 B-magnet를 넣거나 빼고, 또는 상하 hole로 이동시켜 자차가 최소가 되게 한다. (예 : 자차가 E일 때는 Red가 앞쪽으로)

② 180도에 steady하고 횡방향 C-magnet를 넣거나 빼고, 또는 상하 hole로 이동시켜 자차가 최소가 되게 한다. (예 : 자차가 E일 때는 Red가 왼쪽으로)

③ 270도에 steady하고 선수미 B-magnet를 움직여 자차를 반으로 줄인다.

④ 000도에 steady하고 횡방향 C-magnet를 움직여 자차를 반으로 줄인다.

3) 8점방위의 자차 수정

① 045도에 steady하고 연철구를 움직여 자차를 최소가 되게 한다.

② 135도에 steady하고 연철구를 움직여 자차를 반으로 줄인다.

2. 자차 수정시 주의사항

1) Gaussin error를 없애기 위해 상기의 여러 방위에 steady시 적어도 2분 이상이 경과한 후에 자차 수정 작업이 시행되어야 한다.
2) 통상 실무에서는 4점방위의 수정만으로도 충분히 정확한 자차수정이 가능하다.

3. Magnetic compass의 자차 수정 magnet

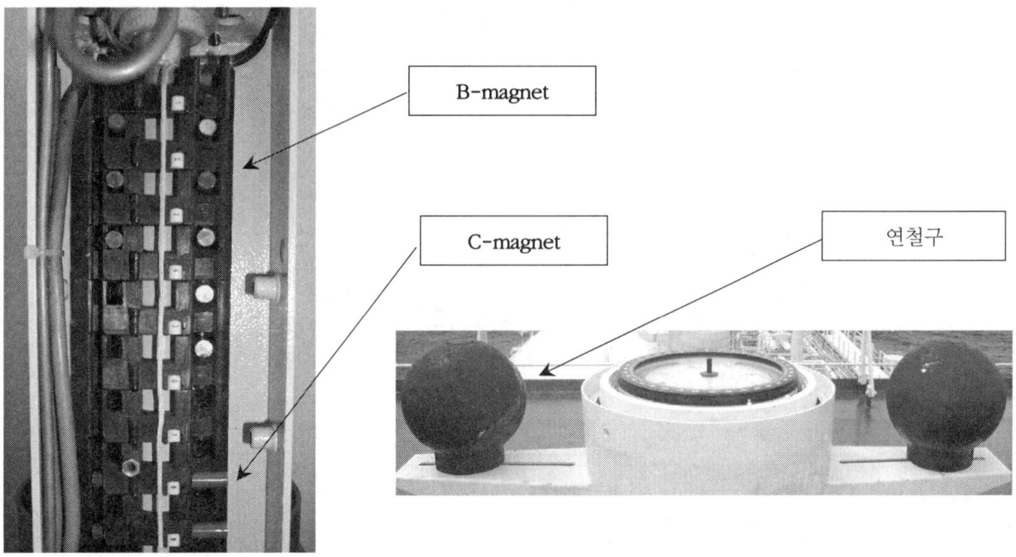

[그림 5-16] Magnetic compass의 자차 수정 magnet

5.4.3 자차 곡선 작성

상기에서 수정된 자차의 결과를 바탕으로 자체곡선을 그리고 선교에 게시하여야 한다. 이러한 자차곡선은 B, C 및 heeling magnet의 위치를 포함하여, 측정된 자차의 값을 연결하는 곡선형의 graph로 작도되어져야 한다. 다음은 이러한 기준을 바탕으로 작성된 자체곡선의 일예이다.

DEVIATION TABLE

SHIP'S NAME

STANDARD COMPASS

DATE ______ ADJUSTED AT *ARABIAN SEA*

WEATHER *BC* SEA *3* VARIATION *0.1° W*

SHIP'S HEAD		DEVIATION	
N	000°	1.0	E
NE	045°	0.1	E
E	090°	0.5	E
SE	135°	0.2	W
SE	180°	1.7	W
SW	225°	1.3	W
W	270°	0.5	W
NW	315°	0.3	E
N	000°	1.0	E

CURVE OF DEVIATION

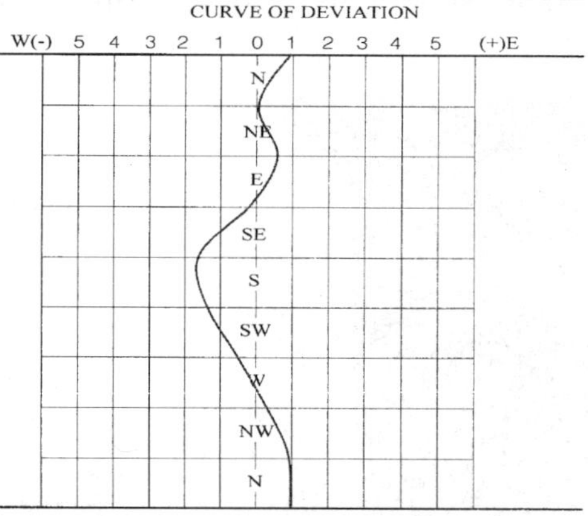

B(선수미)	*7*	MAGNETS RED	~~FORE~~ (PORT) AFT AT (STB'D)	*1 8* / *1 2 3 4 5* 6 8
C(정횡)	*2*	MAGNETS RED	PORT ~~STB'D~~ AT	*4*
D(연철구)	*2*	35cm OUT	FLINDER'S BAR :	38cm FORE ~~AFT~~
HEELING MAGNETS :		RED ~~BLUE~~ UP	*1*	PIECE(S)

■ CORRECTION HISTORY

① B MAGNET : PORT - 1,2,3에서 1,8로 수정. STB'D - 1~5부가하여 6,8 삽입 수정함.
② C MAGNET : 8,9번을 빼고 4번 1개소로 이동 수정함.
③ 뒷장의 자차 수정 전후 사진 참조.

2/O : CAPTAIN :

[그림 5-17] 작성된 자체곡선의 예

5.5

GPS receiver(including DGPS receiver)

[그림 5-18] GPS receiver

5.5.1 Routine maintenance

일반적으로 GPS receiver 또한 특별한 점검사항은 없으나 다음과 같은 검사의 실시는 본 장비의 최적 상태 유지 및 사용기간의 연장을 도모할 수 있을 것이다.

1. 장비가 적절한 설치 여부 및 고정용 screws들은 tightening 상태 확인
2. 각종 cable의 연결 상태 확인(power supply 및 antenna cable)
3. Fuse의 상태
4. 장비 자체의 어떤 손상 여부
5. 각종 연결 cable의 손상 여부

5.5.2 Critical problem

1. Power failure

1) 전원이 들어오지 않을 경우는 가장 먼저 fuse의 상태를 확인한다.
2) Fuse 상태가 양호하다면 전원 공급 cable을 분리하여 tester기로 전원의 공급여부를 확인한다.

2. 위치 수신 불가

1) 일반적으로 위치 수신 불가는 특정 지역에 있어서 종종 잠시 위치 수신을 못하는 경우가 발생할 수 있다. 하지만 이러한 현상은 본선에서 자체적으로 해결할 수 없는 것이지만 잠깐의 위치 수신 불가이므로 항해 안전에는 크게 영향이 없을 것으로 판단된다.
2) GPS receiver의 수신 antenna의 설치 위치가 다소 부적절하여 선체의 고정물에 의하여 전파수신이 잘 되지 않아 위치 수신이 종종 되지 않는 경우도 있다.
3) 상기와 같은 이유가 아닌 위치 수신이 전혀 되지 않는 경우의 주요 원인은 GPS receiver의 antenna가 일반적으로 선박의 가장 높은 외부에 설치되는 관계로 선체 진동이나 강한 해풍에 의하여 손상을 입는 경우이다. antenna의 상태를 직접 확인하는 것은 고소 지역에 설치되어 있는 관계로 위험성이 크기 때문에 일반적인 antenna 상태 확인 방법은 GPS receiver의 antenna cable을 분리하여 tester기로 antenna cable의 접점을 연결하여 antenna의 상태를 확인한다. 만약 antenna의 저항치가 무한대가 나온다면 이는 antenna에 손상이 발생하였다는 의미이다. 이때는 antenna를 직접 점검하여 손상부분을 수리하여야 한다.

5.6 Ship's clock

[그림 5-19] Ship's clock

5.6.1 Maintenance

1. Trouble shooting

1) 작동이 되지 않을 경우

① 전원 S/W 확인 : 아래의 그림에서 보이는 것처럼 먼저 control panel부의 작동 S/W(time on/off switch)가 'on' 상태에 있는지 확인한다. 그리고 ship's clock의 전면부를 개방하면 AC 및 DC power s/w가 상기의 그림처럼 보일 것이다. 이러한 power s/w가 'on' 상태에 있는지를 또한 확인한다.

[그림 5-20] Time on/off s/w

[그림 5-21] Power on/off s/w

② Fuse 상태 확인 : 상기의 Time on/off s/w가 정상상태에 있음에도 불구하고 작동이 되지 않을 경우는 [그림 5-22]에서 보이는 fuse의 상태를 확인하여야 한다. 이때 그림에서 보는 바와 같이 일반적인 전자 기기의 것과는 다른 type의 fuse가 설치되어 있음을 알 수 있는데 현재 거의 대부분의 ship's clock은 제조사에 상관없이 그림에서 보는 fuse를 사용하고 있다고 할 수 있다. Fuse의 상태확인이 용이하도록 하기 위하여 이러한 type을 채택하지 않았나 싶다. 상태확인 방법은 아주 간단히 아래의 사진에서 표시되어진 것처럼 fuse의 상단에 각각 hole이 있는데 이러한 hole은 정상 상태인 경우에는 아무런 표시가 없지만 fuse가 끊어진 경우에는 하얀색으로 표시가 되기 때문에 hole 내부의 색깔을 확인하면 간단히 fuse의 상태를 확인 할 수 있다.

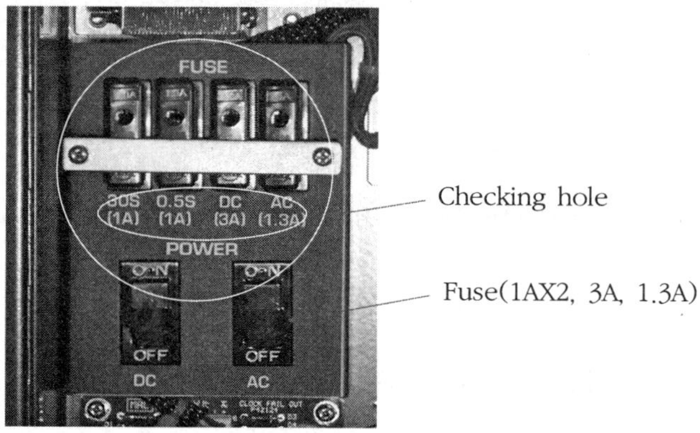

[그림 5-22] Fuse

③ 전원 공급 상태 확인 : 상기의 모든 상태를 점검한 후에도 작동이 되지 않을 경우에는 [그림 5-23]에서 보는 선내 전원의 공급부를 직접 점검하여야 하며, 만약 전원이 정상적으로 공급되고 있다면 이때에는 더 이상 본선에서 할 수 있는 다음의 점검항목은 없으며, board의 문제가 있는 것으로 판단할 수 있기 때문에 수리 신청서를 작성하여 service engineer에 의한 수리가 이루어져야 할 것이다. 하지만 만약 전원이 들어오지 않는다면 선내의 전원 및 ship's clock으로 들어오는 전원 계통을 모두 점검하여야 할 것이다. 점검 절차는 아래의 그림에서 보는 단자를 tester기로 점검을 하면 되는데 기본적으로 AC

220V 및 DC 24V가 정상 상태에서는 공급되어야 하므로 이를 점검하면 된다.

[그림 5-23] Ship's clock 내부

2) 시간이 잘 맞지 않는 경우

0.5sec. 및 30sec. logger signal 확인을 하여야 한다. ship's clock의 일정한 주기 즉 0.5sec. 및 30 sec. 주기의 pulse로 작동이 되는데 이들 logger signal은 +/− 24V의 전압을 형성하게 된다. 만약 이러한 pulse의 주기가 일정하지 않다면 이는 시계가 정상적으로 작동하고 있지 않다는 말과 같기 때문에 이 또한 board상의 문제로 간주할 수가 있겠다. 이러한 경우는 앞서 언급한데로 본선에서 수리할 수 있는 방법이 없기 때문에 board 문제에 관한 언급과 함께 수리 신청서를 작성하여 service engineer에 의해 수리가 이루어질 수 있도록 하여야 한다. Pulse의 점검 방법은 상기의 그림에 표시한 단자 부분을 tester기로 DC mode에서 stop watch를 같이 사용하여 pulse의 주기를 점검하면 된다.

2. Adjustment

1) 시간의 전・후진

① Ship's clock의 slave 조정

Ship's clock의 slave의 조정은 모든 선내의 시계가 연결이 되어 있어 함께 조정되게 되어 있다. 이러한 연유로 선내 시간의 변경이 있을 경우에는 ship's clock의 slave만 조정하면 선내의 다른 시계를 개별적으로 조정할 필요는 없게 된다. 조정 방법은 아주 간단하면 기본적으로 advance 및 reverse를 위한 s/w를 작동시켜서 조정하면 된다.

② 선내 전반의 slave clock 점검

앞서 언급한데로 ship's clock의 slave만 조정을 하게 되면 다른 선내 시계는 개별적으로 조정을 할 필요는 없지만 종종 시간이 약간씩 틀린 경우가 발생을 할 수 있기 때문에 주기적으로 stop watch를 사용, 선내 순찰을 통하여 필요에 따라서는 선내의 전반의 시계를 점검하고 조정을 하여야 한다. 조정 방법은 간단히 분침을 직접 움직일 수 있는 시계와 시계의 뒷부분에 조정 knob이 있는 시계가 있는데 간단히 조정하여 수정을 하면 된다. 이러한 개별적 시계의 조정을 다른 시계에 어떠한 영향을 미치지 아니한다.

2) 초침 조정

① Master clock의 초침 조정

Master clock은 아주 정교하게 제작된 시계이므로 특별히 조정을 할 필요는 없지만 간혹 초단위의 오차가 발생할 수 있는데 이때에는 시보 등을 청취하여 정확한 시간을 확인하고 master clock의 초침을 수정하여야 하는데 조정 방법은 앞서 언급한 Time on/off s/w를 이용하여 '0'점 조정을 한 후에 'off'하고 정확한 시간에 on시켜 조정을 하면 된다.

② Bridge 및 ECR의 slave clock의 초침 조정

이는 개별적 slave clock의 조정인데, 앞서 언급된 Time on/off s/w를 이용한다면 또 다시 master clock에 오차가 발생하게 되므로, 개별적 방법으로 오차 수정을 하여야 하는데 기본적으로 모든 선내 시계 중에 초침을 가지고 있는 시계의 경우는 [그림 5-24]에서 보는 바와 같은 second adjust.용 s/w가 별로도 설치되어 있는데 이를 이용하여 오차 수정을 하면 된다.(통상 bridge나 ECR control console의 각종 dimmer s/w가 부착 부분에 같이 설치되어 있음) 수정

방법은 아주 간단한데, 그림에서의 second adjust. s/w를 한 번 누르면 초침이 정지하고 한 번 더 누르면 다시 움직이기 시작한다. 이러한 기능을 이용하여 '0'점 조정을 하여 해당 s/w를 한 번 누르고, 시간을 확인하여 정확한 시간에 다시 해당 s/w를 한 번 더 누르면 된다.

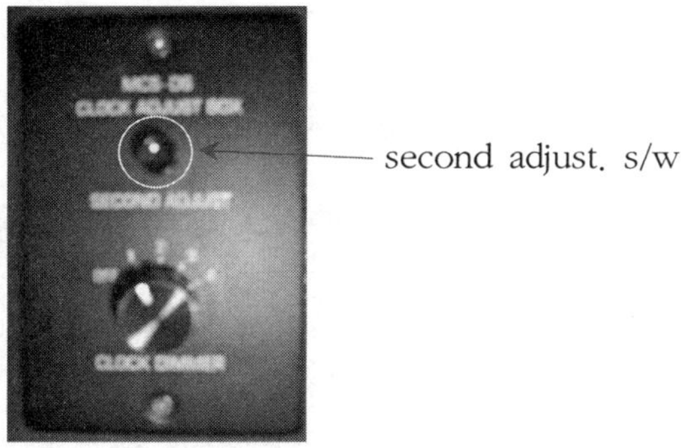

[그림 5-24] Second adjust. s/w

5.7 Doppler speed log(FURUNO DS-30)

[그림 5-25] Doppler log speed

Doppler speed log는 다른 장비와는 달리 특별히 점검을 해야 할 항목은 없으나 기본적으로 다음과 같은 사항에 관하여 숙지하고, 주기적 시행 및 적절하게 문제 발생 시에 대체할 수 있는 방법을 알아 두어야 할 것이다.

5.7.1 Self check

대부분의 doppler speed log는 앞서 언급한 바와 같이 특별히 점검을 할 사항이 없는 관계로 사용자가 기기의 상태를 확인하기가 어려울 것이다. 이러한 측면에서 스스로 자가 진단을 할 수 있는 self check기능이 대부분 부가되어 있다. 이러한 self check기능은 주요한 circuits의 상태를 진단하는 것으로 주기적으로 시행을 하여 상태를 확인하여야 한다. 만약 self check의 실행 결과 문제점들이 발생한다면 이는 본선에서 수리할 수 있는 사항이 아니므로 service engineer에 의해 수리가 이루어질 수 있도록 조치를 취하여야 한다.

이러한 self check 기능의 시행 방법은 대부분의 기종에서와 같이 간단히 MENU key를 실행하면 self-check항목이 나오게 되는데 바로 선택하여 실행하면 된다.

5.7.2 Error Warning

Doppler speed log는 작동 중에 발생하는 error를 code화하여 화면에 표시를 해 준다. 발생된 error code는 아래와 같이 Instruction에 나와 있는 error table을 확인하여 해당 error의 내용을 확인하고, 필요한 조치를 취하여야 한다. 여기서의 필요한 조치란 본선에서 점검할 수 있는 항목과 그렇지 못한 항목의 경우는 수리 신청을 하여 service engineer에 의해 수리가 이루어질 수 있도록 하는 것을 말할 수 있겠다.

〈표 5-6〉 Error table

Error Code	Error Status
000	Error in data communication with transceiver unit
001	Abnormal ship's mains voltage (outside ±15% of rated value)
002	Overheated transducer (transducer surface temperature more than 60℃)
003	Abnormal +B voltage
004	Abnormal TX voltage of beam 1
005	Abnormal TX current of beam 1
006	Abnormal TX voltage of beam 2
007	Abnormal TX current of beam 2
008	Abnormal TX voltage of beam 3
009	Abnormal TX current of beam 3
020	Abnormally high temperature in display unit
100	Heading data input error (gyrocompass)
101	Rate-of-turn data input error
102	High temperature in rate-of-turn gyro
103	Abnormal lazer in rate-of-turn gyro
104	Abnormal control in rate-of-turn gyro
200	Temperature sensor input error (transducer)
201	Clinometer pitching signal input error
202	Clinometer rolling signal input error

본 기기는 항해 중에 계속해서 작동을 시키는 장비 중에 하나로 그 중요성은 언급할 필요가 없을 것이다. 이러한 관계로 항상 수시로 작동 중에 error 발생 여부를 확인하여야 한다.

5.7.3 Troubleshooting flow chart

Doppler speed log의 작동시킬 때 발생할 수 있는 기본적인 error나 문제들은 간단히 본선에서도 일정한 절차에 의해서 점검을 하고 처리하여야 할 것이다. 이러한 일련의 절차를 사용자가 쉽게 접근하여 해당 error나 문제를 처리할 수 있도록 다음과 같은 Troubleshooting flow chart를 제시하고 있다. 이러한 flow chart는 대부분의 항해기기에서처럼 Instruction에 나와 있기 때문에 필요에 따라서는 숙지하고, 문제 발생시 절차에 따라 조치를 취하여야 한다.

〈표 5-7〉 Troubleshooting Flow chart

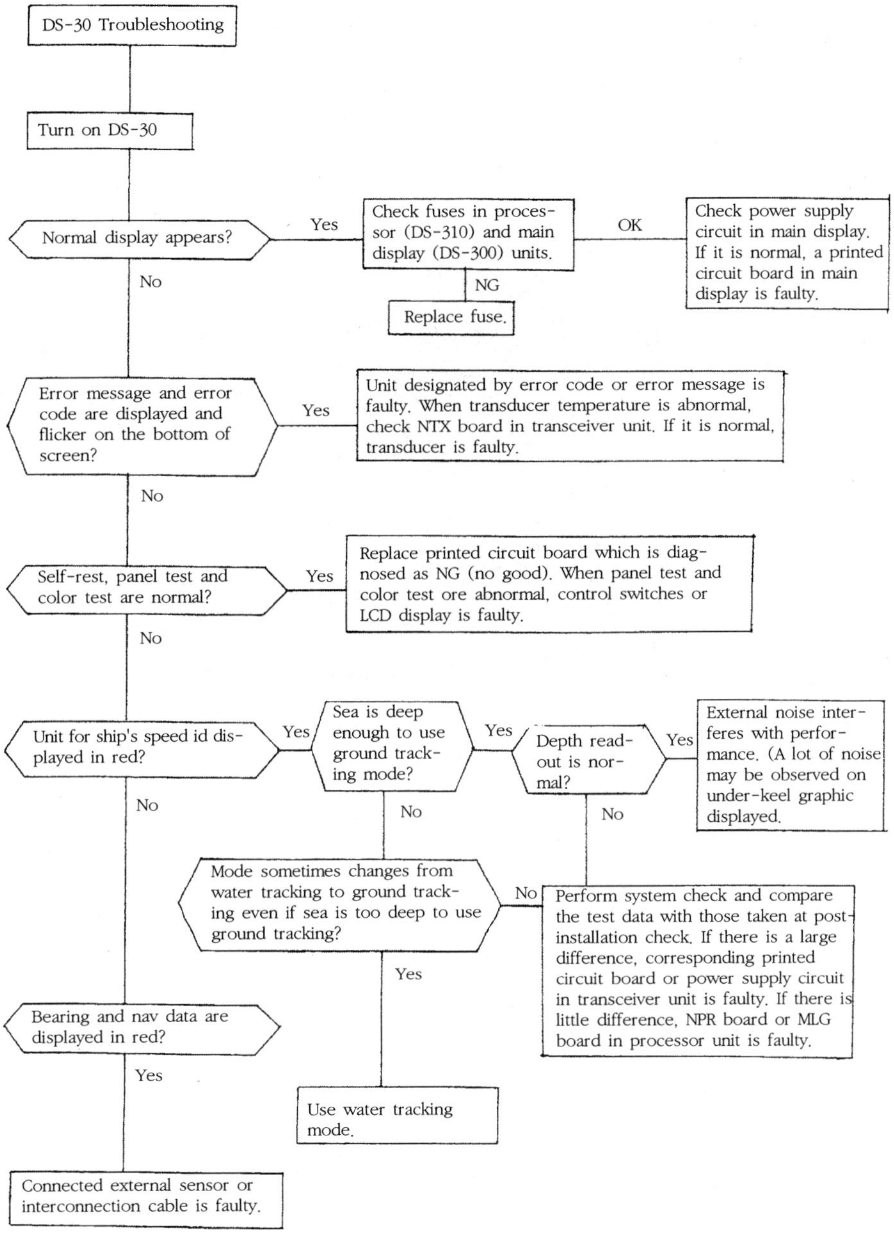

5.8
Echo sounder(FURUNO FE-700)

[그림 5-26] Echo sounder

Echo sounder 또한 speed log와 마찬가지로 특별히 다른 항해기기에 비해 점검할 사항은 없다. 이런 관계로 가장 기본이 되는 사항들에 관해서만 점검 및 관리가 되어야 할 것이다.

5.8.1 Maintenance

1. Self check

기본적으로 거의 대부분의 항해기기가 가지고 있는 기능과 같은 것으로 echo sounder 또한 이러한 기능을 가지고 있다. 주요 자가 진단의 목적은 ROM, RAM, color bar 및 keyboard의 작동상태를 점검하는 것이다. 실행방법은 간단히 MENU 상에서 선택을 하면 된다. 이 또한 해당 기능의 수행 후에 진단된 문제는 본선에서 조치할 수 있는 사항이 아니므로 수리 신청이 이루어져야 할 것이다.

2. Display unit의 cleaning 및 fuse, battery의 교환

장비의 청결상태 유지는 해당 장비의 사용 수명 연장에 기여할 것이다. 그리고 본선에서 정비할 수 있는 항목으로 fuse 및 battery의 교체인데, 기본적으로 전원이 on되지 않을 경우는 fuse을 확인하고 지정된 해당 fuse로 교체하면 된다. battery의 경우는 기기를 power off 했을 경우 memory data를 보전하기 위한 것으로 통상 수명이 3년 정도이므로 주기적으로 확인하여 지정된 해당 battery로 교체하면 된다.

5.8.2 Troubleshooting

다음은 본 장비를 작동시키는데 있어서 발생할 수 있는 문제에 관하여 그 현상 및 조치 사항을 나타낸 것이다. 문제 발생할 시 해당 항목에 맞는 조치를 취하고 만약 해당 조치를 취하였는데 정상상태로의 작동이 불가하다면 service engineer에 의한 점검 수리가 이루어지도록 조치하여야 한다.

〈표 5-8〉 Troubleshooting

SYMPTOM	PROBABLE CAUSES	REMEDY
No picture, no reading measure	Low power supply	Check the supply voltage.
	Fuse blown	Replace the fuse.
	Power cable damaged	Check the cable and repair.
No echo sounding picture	Transducer cable damaged	Repair the cable.
	Transducer cable connection loosened	Tighten the connections.
	Transmitter not working	Make sure the maximum output power is selected. (See section 3.2 System Menu 1.)
Irregular display	Low sensitivity	Increase the Gain by turning the GAIN control clockwise
	Low reflectivity from seabed	Suspect muddy seabed.
	Marine life on transducer	Remove marine life from the transducer when dry docked.
Loss of seabed display	Out of range	Check the range scale setting.
	Air bubbles caused by going astern or running over other ship wakes	This is normal, it is not a sign of equipment trouble.
Heavy noise	Wrong installation place of transducer	Find cause of noise. Relocate the transducer if noise persists.
	Other echo sounders nearby	If more than one echo sounder is working on the ship, there is no ideal measure to cure the problem.
Surface noise	Aeration in near surface area	Not an equipment problem.
	Rough weather	Not an equipment problem.

실습 NOTE

1 Autopilot steering stand 전면부에 있는 alarm lamp를 확인하고 alarm의 종류 및 그 내용을 알아보자.

2 Error 발생 시 조치 순서 및 error code 식별 방법을 기술하고, 해당 Instruction에 나와 있는 error code을 기술하시오.

3 다음의 점검 check list에 의거하여 autopilot을 점검하고, check list를 작성하시오.

〈표 5-8〉 Daily check list

(Example of note)

Check mark ✓ : Normal
△ : Normal after rework or repair

Date of check	Installation '97.05.01											
Inspector	TOKIMEC service OOOO											
Check items												
	NO.1 system	NO.2 system										
a. HAND mode Steering wheel PS 10°												
Rudder angle receiver (indicator) indication (P, S 10°)	✓	✓										
Indication HAND ON.	✓	✓										
System selection and display	✓	✓										
b. NFU mode, Operate steering lever leftward and rightward												
Rudder angle indication moves in the direction above	✓	✓										
Rudder motion stops with lever at center	✓	✓										
Indicator NFU ON.	✓	✓										
c. AUTO mode, setting course Press and turn knob leftward and rightward.												
Setting course display changes.	✓	✓										
Heading deviation bar graph display changes.	✓	✓										
Auto course changing function	✓	✓										
Indicator AUTO ON.	✓	✓										
d. RC mode (option) Turn RC knob leftward, center, rightward												
Rudder angle indication moves in the direction above.	✓	✓										
Rudder angle 0 with knob at center	✓	✓										
Indicator RC ON.												
e. LAMP TEST Press switch												
All display lamps and alarm lamps ON.	✓	✓										
Buzzer sounds.	✓	✓										
f. P/S indicator ON. Helm unit												
In the direction of order rudder angle, Green (STBD) or Red (PORT) ON	✓	✓										
g. Warning labels coming off, dirtiness (facia panel, remote control, inside stand)												
h. Items to be dealt with Items to be informed	none											

4 상기의 점검 check list외에 선박별로 별도 작성되고 시행하고 있는 check list가 있다면 직접 해당 check list에 의거하여 점검을 시행하고, 작성하여 그 내용을 기술하고 필요시 해당 check list를 유첨하시오.

5 Gyro repeater의 점검 절차 및 수정 방법을 각각의 type에 따라 기술하고, 직접 일정 값의 error가 있다는 전제하여 수정을 시행하고 그 결과를 기술하시오.

6 **본선에 설치되어 있는 gyro-compass의 type의 확인하고, 해당 gyro-compass의 error 수정 절차를 기술하시오. 그리고 gyro error를 수차례 계산한 후에 만약 error가 있다면 error를 수정하고 그 결과를 기술하시오.**

7 본선에 설치되어 있는 rudder angle indicator의 종류 및 위치를 확인하고, 그 종류 및 위치를 기술하시오.

8 각각의 rudder angle indicator의 작동상태 확인방법을 기술하고, 만약 지시치가 정확하지 않을 경우의 수정 절차에 관하여 각각의 type별로 기술하시오.

9 만약 zero setting을 실시하였다면 그 실시 절차를 자세히 기록하시오. (순서, 사용한 tool 등)

〈Radar〉

10 Air vent.의 위치를 확인하고 그 위치를 기술하시오. 또한 filter가 설치되어 있다면 그 모양 및 교환법에 관하여 서술하시오.

11 Scanner관련 관리 방법에 관하여 기술하시오. 또한 현장에서 점검 points를 직접 확인하고 그 위치 및 상태를 자세히 기술하시오. (필요에 따라서는 직접 점검에 필요한 spare part도 확인하고 종류를 기수하시오.)

12 Radar의 function check 기능을 확인하고, 그 기능의 내용, 실행절차, 시행시 나타나는 현상 및 시행 결과에 관하여 자세히 서술하시오.

13 본선에 설치되어 있는 radar type 및 해당 magnetron type의 확인하고, 교환 방법 및 점검 방법에 관하여 기술하시오. (magnetron의 사용 시간을 확인하기 위해 사용되고 있는 radar log를 확인하고 그 내용을 기술하시오.)

14 Radar가 가지고 있는 다음의 한계의 내용을 기술하고, 그러한 한계의 점검 방법 및 조치사항을 기술하시오. 또한 그 결과를 별도의 표로 작성하여 유첨하시오.

① Blind sector

② Minimum detection range

③ Echoes

15 Magnetic compass에 관하여 일반적으로 점검해야 할 항목을 기술하시오.

16 Magnetic compass의 자차 수정법 및 주의 사항에 관하여 자세히 기록하시오.

17 자차 수정을 직접실시 한 경우와 만약 본선에 자차 수정을 실시하였지 않았더라도 현재 본선이 가지고 있는 자치를 일정 기간 체크하고 그 결과를 가지고 〈표 5-9〉를 이용하여 그 결과를 기록하고 Deviation curve을 직접 작성하시오.

〈표 5-9〉 Deviation table

DEVIATION TABLE

SHIP'S NAME

STANDARD COMPASS

DATE ________ ADJUSTED AT ________

WEATHER ____ SEA ________ VAR, ________ 'LY

SHIP'S HEAD		DEVIATION	CURVE OF DEVIATION: W(-) 5 4 3 2 1 0 1 2 3 4 5 (+)E
N	000°		N
NE	045°		NE
E	090°		E
SE	135°		SE
S	180°		S
SW	225°		SW
W	270°		W
NW	315°		NW
N	000°		N

B	MAGNETS RED	FORE AFT	AT	(PORT) (STBD)
C	MAGNETS RED	PORT STBD	AT	
D		FLINDER'S BAR :		FORE AFT
HEELING MAGNETS :	RED BLUE	UP		PIECES

REMARK B MAGNETS : PORT →

STBD →

C MAGNETS : STBD →

CAPTAIN : COMPASS ADJUSTER :

18 GPS receiver의 일반적인 점검 항목을 Instruction에서 확인하고 그 내용을 기술하시오. 그리고 본선에 설치되어 있는 GPS receiver antenna의 위치를 확인하고, 그 상태에 관하여 기술하시오.

19 Ship's clock이 작동되지 않을 경우의 점검 항목 및 절차에 관하여 기술하시오.

20 Ship's clock에 설치되어 있는 fuse의 type을 확인하고 상세 규격에 관하여 기술하시오. 또한 그 구조를 그리고 본선에서 정비할 수 있는 방법에 관하여 기술하시오.

21 시간의 전·후진을 실시한 후에 취하여야 할 조치들에 관하여 기술하시오.

22 Master clock을 포함한 slave clock에 error가 발생한 경우 수정 방법에 관하여 상세히 기술하시오.

23 선내 시계 중에 초침을 가지고 있는 시계를 확인하고, 그 위치를 기술하고 그러한 시계에 error가 있다면 수정하는 방법에 관하여 기술하시오.

24 Doppler speed log의 self check 기능을 확인하고, 그 기능의 내용과 self check 기능 실행 시에 나타나는 일련의 변화에 관하여 자세히 기술하시오.

25 Doppler speed log의 문제 발생 시에 나타나는 현상 및 식별 방법에 관하여 기술하고, 일반적이 문제에 대처하는 방법을 troubleshooting flow chart와 연계하여 기술하시오.

26 Echo sounder의 self check 기능을 확인하고, 그 기능의 내용과 self check 기능 실행 시에 나타나는 일련의 변화에 관하여 자세히 기술하시오.

27 Echo sounder의 문제 발생 시에 나타나는 현상 및 식별 방법에 관하여 기술하고, 일반적이 문제에 대처하는 방법을 error code table과 연계하여 기술하시오.

부 록

1. 용어의 정의
2. 해상보안의 강화를 위한 통제 및 적합조치에 관한 잠정 지침

1. 용어의 정의

"회사"라 함은 SOLAS 제9장 제1조에서 정의된 회사를 말한다.

"선박/항만 인터페이스"라 함은 선박에 대한 또는 선박으로부터의 항만서비스의 공급, 인원 또는 물품의 이동과 관련된 행위에 의하여 선박이 직접적이고 즉각적으로 영향을 받을 때 발생하는 상호작용들을 말한다.

"항만시설"이라 함은 선박/항만 인터페이스가 발생하는 당사국 정부 또는 지정당국에 의해 결정된 장소를 말하며, 적절한 묘박지(Anchorage), 대기선석(Waiting Berth) 및 해상으로부터의 진입수역(Approach)을 포함한다.

"선박 대 선박 활동"이라 함은 어느 한 선박에서 다른 선박으로의 물품 또는 인원의 이동에 영향을 미치는 항만시설과 관련되지 아니한 활동을 말한다.

"지정당국"이라 함은 당사국 정부 내의, 항만시설의 관점에서 항만시설 보안과 선박/항만 인터페이스와 관련된 이 장의 실행확보에 대한 책임기관으로 식별된 조직(들) 또는 주관청(들)을 말한다.

"국제 선박 및 항만시설 보안 코드(ISPS Code)" 라 함은 2002년 12월 12일 1974 SOLAS 협약의 당사국 정부회의에서 결의 2로 채택한 A편(강제사항)과 B편(권고사항)으로 구성된 선박과 항만시설의 보안을 위한 국제 코드를 말하며, 다음과 같이 기구에 의해 개정될 수 있다.

1. 제1장 외의 부속서에 적용되는 개정절차에 관한 현 협약 8조에 따라 동 코드 A편의 개정이 채택되고 발효된 경우; 그리고
2. 해사안전위원회(MSC)에 의해 절차규칙(Rules of Procedure)에 따라 동 코드 B편의 개정이 채택된 경우

"보안사건"이라 함은 이동식 해상 구조물과 고속선을 포함하여 선박 또는 항만시설 또는 선박/항만 인터페이스 또는 선박 대 선박 활동의 보안을 위협하는 의혹행위 또는 상황을 말한다.

"보안등급"이라 함은 보안사건이 시도되거나 발생할 수 있는 위험정도를 정한 것을 말한다.

"보안등급 1"은 최소한의 적절한 방어적 보안조치가 항상 유지되어야 하는 수준을 말한다.

"보안등급 2"는 증대된 보안사건 위험성의 결과로서 일정기간동안 적절한 추가의 방어적 보안조치가 유지되어야 하는 수준을 말한다.

"보안등급 3"은 비록 구체적인 대상을 식별하는 것이 불가능할지라도 보안사건이 발생할 가능성이 있거나 긴박한 경우, 제한된 기간 동안보다 구체적인 방어적 보안조치가 유지되어야 하는 수준을 말한다.

"보안선언서"라 함은 각 주체가 실행하는 보안조치의 구체적 상호작용에 관한 선박과 항만시설 또는 다른 선박과의 합의문(agreement)을 말한다.

"보안심사대행기관"이라 함은 국제 선박 및 항만시설 보안 코드(ISPS 코드) A편에 의해 요구되어지는 평가 또는 심사 또는 승인 또는 증서발급업무의 수행권한이 있고 보안문제에 있어 적절한 전문기술이 있으며 선박 및 항만운용에 대한 적절한 지식을 지닌 단체를 말한다.

"선박보안계획서"는 보안사건의 위험으로부터 승선인원, 화물, 화물운송단위(Cargo Transport Units), 선용품 또는 선박을 보호하기 위하여 설계된 선상 조치사항의 적용을 보장하기 위하여 개발된 계획을 말한다.

"항만시설보안계획서"는 보안사건위협으로부터 항만시설내의 항만설비 및 선박, 인원, 화물, 화물운송단위 및 선용품을 보호하기 위하여 계획된 조치사항들의 적용을 확실히 하기 위하여 개발된 계획을 말한다.

"선박보안책임자"는 회사보안책임자 및 항만시설보안책임자와의 연락을 위하여, 그리고 선박보안계획서의 시행과 유지를 포함한 선박의 보안책임자로 회사가 지정하고 선장에게 보고할 책임이 있는 (승선)자를 말한다.

"회사보안책임자"는 항만시설보안책임자와 선박보안책임자와의 연락을 위하여, 그리고 선박보안계획서를 개발하여 승인을 위한 제출 및 이후 시행 및 유지를 위하여 회사가 지정한 자를 말한다.

"항만시설보안책임자"는 선박보안책임자와 회사보안책임자와의 연락을 위하여, 그리고 항만시설보안계획서의 개발, 실행, 개정 및 유지의 책임자로 지정된 자를 말한다.

2. 해상보안의 강화를 위한 통제 및 적합조치에 관한 잠정 지침

해사안전위원회 78차 회의에서 2004년 5월 채택된 지침으로 본 지침은 통제 및 적합조치에 대한 1974년 SOLAS 협약 제11-2장 제9조를 상기하며 협약 당사국들 내의 항만으로 입항하고자 하는 선박들에 대한 통제 및 이미 입항한 선박들에 대한 통제에 적용한다.

동 지침은 협약 11-2장 제9조에 규정된 통제 및 적합조치들의 이행과 관련, ISPS PART B/4.29항에서 B/4.46항까지 규정되어 있는 지침의 보완 필요성에 따른 것으로, 통제 및 적합조치의 통일되고 조화된 적용이 해상보안 강화에 기여할 것임을 인식하여 해사안전위원회에서는 다음과 같이 결의하였다.

1) 본 결의안 부록에 명시된 해상보안의 강화를 위한 통제 및 적합조치에 관한 잠정 지침을 채택한다.
2) 당사국들이 본 잠정 지침을 적용하기 위해 협약 제11-2장 제9조에 따른 통제 및 적합조치 등을 시행할 것을 요청한다.
3) 당사국 및 산업계에게 본 잠정 지침의 적용을 통해 얻어질 실제적 경험을 바탕으로 한 정보, 관찰 사항, 논평 및 권고사항을 제출할 것을 촉구한다.
4) 잠정 지침을 적용함에 있어 얻어질 수 있는 실제적 경험을 바탕으로 적절한 때에 필요하다면 본 지침을 검토 및 개정할 것을 합의한다.

1장 개 요

목 적

1.1 본 문서는 1974년 SOLAS 11-2장 제9조에 따른 통제 및 적합조치의 이행에 관한 기본 지침을 제공함을 목적으로 한다. 또한 본 문서는 선박보안계획서, 선박보안장비, 항만과의 인터페이스 또는 선원들로부터 감지된 부적합사항의 식별 및 시정을 돕기 위함이다. 선박보안계획서를 이행함에 있어 선박의 능력과 관련된 부적합사항들의 범위 그리고 그러한 부적합사항이 있다고 의심하는 명백한 근거(CLEAR GROUNDS)가 존재할 경우, 입항하고자 하는 선박 혹은 입항한 선박들의 통제 및 적합조치의 적용에 관한 지침을 제공한다.

1.2 본 지침은 선박이 SOLAS 제11-2장과 ISPS PART A를 따르고 있다 할지라도 여전히 선박이 인정할 수 없는 보안위험을 보유하고 있다고 판단될 경우, 사람, 선박, 항만 설비 및 다른 재산의 안전 혹은 보안을 확보하기 위한 국제법을 근거로 취해지는 조치에 대해서 SOLAS 당사국 정부의 권한을 침해하지 않는다.

적 용

1.3 본 지침은 SOLAS 제11-2장 및 ISPS 코드 PART A를 준수하여야 하는 선박에 대해서 통제 및 적합조치의 이행에 적용된다.

1.4 당사국 정부는 SOLAS 체약국과 1988년 SOLAS 의정서의 당사국이 아닌 기국의 국기를 게양하는 선박에 대해서 관대하게 대하여서는 아니된다. 따라서 SOLAS 제11-2장 제9조의 요건들, ISPS 코드 PART B의 지침들 및 본 지침은 비체약국 정부의 선박에서도 적용된다 (ISPS 코드 B/4.45).

SOLAS 협약 제11-2장 제9조의 개요

1.5 SOLAS 제1조, 제11-2장 및 ISPS PART A의 규정 하에, 당사국 정부는 법령 및 규칙의 선포 및 보안의 관점에서 선박이 적절한 조치를 충분히 따르고 있다는 것을 보장하기 위해 SOLAS 제11-2장 및 ISPS PART A를 완벽하게 실행하는 필요한 다른 조치를 취할 책임이 있다.

1.6 SOLAS 제11-2장 제9조는 제11-2장에 적용되는 선박에 적절한 통제 및 적합조치를 기술하고 있으며 다음의 분명한 3가지 조항으로 구분된다. 항내에 있는 선박의 통제, 다른 당사국 정부의 항만으로 입항하고자 하는 선박의 통제, 기술된 2가지 모든 상황에 적용될 수 있는 추가적 조항들(ISPS 코드 B/4.29)이다.

1.7 SOLAS 제11-2장 제9.1조는 항내에 있는 선박의 통제에 관해 어느 당사국 정부의 항만에 정박 중인 선박의 통제를 위한 시스템을 기술한다. 당국에 의해 정식으로 권한이 주어진

점검관은 적절한 국제선박보안증서 혹은 임시국제선박보안증서가 있는지를 확인할 권리를 갖고 있고 만일, 관련 규정을 어기는 명백한 근거(CLEAR GROUNDS)가 발견될 경우 선박 억류나 추가적 임검과 같은 통제 조치를 취해야 한다. 이 시스템은 SOLAS 협약 제1장 제19조에 표현된 PSC 점검과 같다. SOLAS 제11-2장 제9.1조는 이러한 조항들을 포함하며 정식으로 권한이 부여된 자가 그 선박에 대해 SOLAS 제11-2장 혹은 ISPS 코드 PART A의 요건을 충족시키지 못한다는 명백한 사실이 있다고 판단하면 추가적 조치를 취할 것을 규정하고 있다(통제의 한 방법으로 항구로부터의 추방도 포함한다). SOLAS 제11-2장 제9.3조는 이들 추가적 조치(ISPS B/4.30)의 공평하고 적절한 이행을 장려하는 보호조항이다.

1.8 SOLAS 제11-2장 제9.2조는 다른 당사국으로 입항하고자 하는 선박에 대한 적합성을 보장하고자 하는 오직 보안에만 적용되는 통제 방법을 규정하고 있으며, 항만국에만 적용 가능한 SOLAS 제11-2장의 통제와는 전혀 다른 개념이다. 이 규칙의 조치들은 선박이 항구 입항 전에 보안에 관한 확신을 갖기 위해 이행될 것이다. SOLAS 제11-2장 제9.1조와 같이 이 추가적 통제 시스템은 SOLAS 제11-2장 혹은 ISPS PART A를 따르지 않는다는 명백한 증거의 개념이 뒷받침되고 있으며 SOLAS 제11-2장 제9.3조 및 제11-2장 제9.2.2조와 제11-2장 제9.2.5조의 보호조항들을 포함한다.

1.9 SOLAS 제11-2장 제9조의 국제법적 영향은 상대적으로 SOLAS 제11-2장 제2.4조를 고려하여 이행되어야 한다. 왜냐하면, SOLAS 제11-2장의 범주를 벗어나 취해질 수 있는 상황 혹은 SOLAS 제11-2장의 범주를 벗어나는 선박의 권리 등에 대한 잠재적인 상황도 고려해야 하기 때문이다. 그래서 선박이 SOLAS 제11-2장과 ISPS PART A를 따르는 경우일지라도 사람, 선박, 항만 설비 및 다른 재산의 안전 혹은 보안을 확보하기 위해 당사국 정부는 SOLAS 제11-2장 제9조를 벗어난 국제법을 근거로 하는 다른 조치를 취할 수 있다.

1.10 통제조치의 적용을 위한 명백한 근거의 성립은 그 선박 자체만이 아니라 다른 선박과의 상호작용 및 항만과의 상호작용 등을 근거로 한다. 반면 SOLAS 11-2와 ISPS 코드 PART A를 준수하는 선박은 그 선박이 협약을 따르지 않는 항만이나 선박과 인터페이스를 하였다면 적절한 통제 조치를 받을 것이다. 그런 경우에 통제조치 부과여부를 결정함에 있어, 그 선박이 보안 위험(ISPS B/4.33.6)을 최소화 하기 위해 협약을 따르지 않는 항만이나 선박과의 인터페이스 동안 유지하고 이행한 특별하거나 추가적인 조치들이 고려되어야 한다.

1.11 언제라도 정박 중인 선박에 대해 명백한 근거를 증명하는 정보가 입수되어 통제조치가 요구되면 해당 선박에 대한 임검 없이도 즉각적으로 적용될 수도 있다.

1.12 ISPS PART A의 많은 조항들은 PART B가 비록 권고사항임에도 불구하고 PART B에 규정된 지침이 필요하다는 사실을 양지해야 하며, PART B는 PART A를 적용하기 위해 거쳐야 할 단계이다. 예를 들면, ISPS PART의 9.4절은 ISSC 발급을 위해 PART B의 8.1항에서

13.8항까지의 사항들이 고려되어야 할 것을 요구하고 있다(MSC/Circ. 1097).

1.13 당사국 정부는 어떤 선박에 대해 통제조치를 부과할 때, 기국의 주관청이 당사국 정부와 긴밀히 의견을 교환할 수 있도록 충분한 정보와 함께 지체 없이 기국의 주관청에게 연락하여야 한다(ISPS B/4.35).

1.14 본 지침은 통제 및 적합조치에 관해 다음과 같은 사항들을 기술한다.

1. 권한이 부여된 점검관의 교육 및 자격 요건
2. 다른 당사국의 항구에 입항하고자 하는 선박
3. 항만 내의 선박 통제
4. 명백한 근거가 존재하는 경우의 상세 점검
5. 보호조항 및
6. 보고절차

정 의

1.15 본 지침의 목적을 위해

1. "장(Chapter)"이란 의미는 협약의 장을 의미
2. 선박이 규정을 준수하지 않는다는 "명백한 근거"란 선박의 보안 시스템과 그와 관련된 보안장비가 ISPS PART B에 규정된 지침들을 고려한 ISPS PART A 혹은 SOLAS 제11-2장의 조건에 부응하지 않는다는 증거 또는 믿을 수 있는 정보를 의미한다. 그러한 증거 또는 믿을 수 있는 정보는 권한이 부여된 점검관이 ISPS PART A에 따라 혹은 다른 정보에 의거, 발행된 INTERIM ISSC 혹은 ISSC를 검토하는 동안 내려진 전문가적 판단이나 관찰된 사항에서 얻어질 수 있다. 비록 유효한 증서가 비치되어 있다고 하더라도 전문가적인 판단(ISPS B/4.32)을 근거로 그 선박이 규정을 준수하고 있지 않다고, 판단하게 되면 그 또한 명백한 근거로 간주될 수 있다.
3. "협약"이란 개정된 1974 SOLAS를 의미한다.
4. "정식으로 권한이 부여된 점검관"이란 협약 제11-2장 제9조에 따라 통제 및 적합조치를 수행하는 당사국 정부에 의해 적절한 권한이 부여된 협약 체약국의 공무원을 의미한다.
5. "ISPS 코드"란 SOLAS 협약 제11-2장 제1.1.12조에서 정의된 국제 선박 및 항만시설 보안규칙(ISPS CODE)을 의미한다.
6. "규칙"이란 협약의 조항을 의미한다.

1.16 이 장에서 규정되지 않은 용어는 ISPS PART A와 협약 제1장 및 제11-2장에서 부여된 의미와 같은 것으로 한다.

관련 자료

1.17 IMO는 본 지침 부록 1에 열거된 협약 제11-2장과 ISPS 코드에 관계된 다양한 이행 기준, 지침, 지령 및 해석을 채택하였으며 정식으로 권한이 부여된 점검관은 이런 내용에 충분히 지식을 갖추기를 권고한다.

제2장 권한이 부여된 항만국통제관에 대한 교육 및 자격

2.1 권한이 부여된 항만국통제관은 협약 제11-2장 제9조 하에 통제 및 적합조치를 이행하기 위해 당사국 정부에 의해 임명된 자이다.

2.2 정식으로 권한이 부여된 항만국통제관의 전문가적 배경은 다양하지만, 선박운항, ISPS 코드 및 협약 제11-2장의 조항에 대한 적절한 지식을 갖추어야 하며 그들에게 주어진 권한을 수행할 수 있도록 필요 수준으로 교육 및 자격을 갖추어야 한다.

2.3 정식으로 권한이 부여된 항만국통제관은 선장, 선박보안책임자 및 그 밖의 선박에 승선중인 다른 사람과 영어로 의사소통이 가능하여야 한다.

2.4 정식으로 권한이 부여된 항만국통제관은 비상대피 절차 및 폐위구역으로 진입을 위한 절차를 포함하여 특별히 선박이 해상에 있을 경우 승선 중에 혹은 승선 시의 안전절차에 능숙함을 보장하기 위한 적절한 훈련을 받아야 한다.

2.5 승선 시 정식으로 권한이 부여된 항만국통제관은 선박의 보안 조치와 절차가 특정 통제 조치 혹은 절차와 맞지 않는다면 그 선박의 보안 조치 및 절차를 따라야 한다.

2.6 정식으로 권한이 부여된 항만국통제관은 선박 보안을 위반하는 시도를 해서는 아니된다.

2.7 정식으로 권한이 부여된 항만국통제관은 승선 시 그들 권한을 나타내는 사진이 첨부된 신분증을 제시해야 하며, 정식으로 권한이 부여된 항만국통제관의 신분을 확인할 수 있는 절차가 있어야 한다.

2.8 정식으로 권한이 부여된 항만국통제관은 그들의 지식을 최신화하기 위한 교육을 주기적으로 이행하여야 한다. 세미나 혹은 그런 교육과정은 해상보안을 강화하기 위한 통제 및 적합조치에 관련된 법적 요구사항의 관점에서 그들의 지식을 최신화할 수 있도록 충분한 주기로 개최되어야 한다.

2.9 정식으로 권한이 부여된 항만국통제관은 당사국 정부에 의해 지정된 전문가에 의해 필요시 도움을 받을 수 있다. 그런 전문가도 마찬가지로 상기 기술된 적절한 교육을 받아야 한다.

제3장 다른 당사국 항만에 입항하고자 하는 선박

항만 입항 전 선박에 의해 제공되는 정보

3.1 협약 제11-2장을 준수함을 확인하기 위해 당사국 정부는 항만에 입항하고자 하는 선박에게 다음과 같은 정보를 제공할 것을 요구할 수 있다(제11-2장 제9.2.1조).

1. 유효한 국제선박보안증서 혹은 임시국제선박보안증서의 보유 여부 및 증서 발행기관(제11-2장 제9.2.1.1조)
2. 선박의 현재 보안등급(제11-2장 제9.2.1.2조)
3. 지난 10회 동안의 항만에서 유지했던 보안등급 (제11-2장 제9.2.1.3조)
4. 상기에서 명시된 기간 동안 선박/항만 간 인터페이스가 실행된 이전 항만에서 선박에 취해진 어떤 특별하거나 추가적인 보안조치(제11-2장 제2.1.4조). 예를 들면, 선박은 아래와 관련된 선박보안 기록부와 같은 문서상에 혹은 선박의 항해일지상에 기록되었을 정보를 제공하거나 제공하도록 요청될 수 있다.
   1) 당사국 정부가 아닌 나라의 항만시설을 방문하는 동안 취해진 조치, 특별히 당사국 내의 항만시설에 의해 통상적으로 제공되었을 특별 조치(ISPS B/4.37.)와
   2) 다른 선박들과 혹은 항만시설과 함께 작성한 보안선언서(ISPS B/4.37.2)
5. 지난 10회 동안의 입항 기간 동안 선박 대 선박 활동 중 유지되어진 적절한 선박보안절차의 확인(제11-2항 제9.2.1.5조). 예를 들면, 선박은 아래와 관련된 정보를 제공하거나 제공토록 요구될 수 있다.
   1) 당사국 정부가 아닌 기국선박과의 선박 대 선박 활동에 종사하는 동안 취해진 조치들, 특히 당사국 정부의 국적선에 의하여 취해진 조치들(ISPS B/4.38.1)
   2) 당사국 정부의 기국선박이지만 다른 규정에 의거하여 동 선박에 발행되어진 보안 증서와 같이 협약 제 11-2장 및 ISPS PART A의 규정에 따르는 것이 요구되지 아니하는 선박을 대상으로 선박 대 선박 활동에 종사하는 동안 취해진 조치들에 대한 기록 그리고
   3) 해상에서 구조된 인원이나 물품(GOODS)이 본선에 있는 경우 그러 한인원 또는 물품에 대하여 알려진 모든 정보. 이러한 정보에는 구조되어진 대상의 보안상태(SECURITY STATUS)를 입증하기 위하여 선박을 대표하여 수행되어진 점검결과 및 알려진 신분 확인 등을 포함한다. 제 11-2장 또는 ISPS PART A의 규정은 해상에서 조난을 당한 대상을 안전한 장소로의 이송을 지체하거나 방해하는 것은 아니며, 그 대상들의 보안완전성(SECURITY INTEGRITY)을 유지하기 위하여 충분하고 적절한 정보를 정부에 제공하고자 하는 것이 협약 제11-2장 및 ISPS PART A의 유일한 의도이다(ISPS B/4.38.3).

6. 다른 실제적 보안관련 정보(선박보안 계획서에 대한 너무 구체적이지 아니한)(제 11-2장 9.2.1.6규칙). 예를 들면, 선박은 아래와 관련된 정보를 제공하거나 제공하기를 요청받을 것이다.
   1) 선박이력기록부에 포함되어 있는 정보(ISPS B/4.39.1)
   2) 보고서가 작성될 당시의 선박 위치(ISPS B/4.39.2)
   3) 선박의 항만 도착 예정시간(ISPS B/4.39.3)
   4) 선원명부(ISPS B/4.39.4)
   5) 선박에 적재되어 있는 화물의 일반적 상세(ISPS B/4.39.5)
   6) 여객명부(ISPS B/4.39.6)
   7) 선박의 운항과 관련 본선에 현재 고용 또는 종사하는 선원 또는 인원을 임명하는 책임자에 관한 정보(ISPS B/4.39.7, 제11-2장 5규칙)
8. 선박의 고용을 결정하는 책임자에 관한 정보(ISPS B/4.39.7, 제11-2장 5규칙); 그리고,
9. 선박을 용선하여 사용하는 경우, 그러한 용선의 관계자들에 대한 정보 (ISPS B/4.39.7, 제11-2장 제5조)

입항전 선박에 관한 정보의 평가

3.2 다른 당사국 정부 항만에 입항하고자 하는 제11-2장에 적용되는 모든 선박은 그 정부에 의해 정식으로 권한을 위임받은 항만국통제관의 요구에 대해서 제11-2장 제9.2.1조에서 규정된 정보를 제공하여야 한다. 선장은 동 정보제공이 불충분하면 입항거부를 초래할 수 있다는 것을 이해하고 있어야 한다(제11-2장 제9.2.2조). 선박의 입항이 거절된 경우, 당사국은 선박의 입항이 거절된 사실과 그 이유를 주관청에 서면으로 즉시 통보해야 한다. 또한, 관련 선박에 증서를 발행한 보안심사대행기관에도 그 사실을 통보해야 한다(제11-2장 제9.3.1조).

3.3 선박과 관련 유용한 정보에 대한 평가에서 만일 선박이 제11-2장 혹은 ISPS PART A를 준수하지 않는다는 명백한 근거가 없는 경우, 당사국은 선박의 입항을 허락할 수 있다.

입항전 선박의 평가에 명백한 근거가 있는 경우

3.4 선박과 관련 유용한 정보에 대한 평가에서 만일 선박이 제11-2장 혹은 ISPS PART A를 준수하지 않는다는 명백한 근거가 있는 경우, 당사국 정부는 선박, 주관청 및 보안심사대행기관에 대하여 시정조치를 위한 연락을 취해야 한다(제11-2장 제9.2.4조).

3.5 상기 3.4항에서 언급된 연락방법으로 시정조치가 이루어지지 못한 경우, 혹은 당사국 정부가 선박이 제11-2장 혹은 ISPS PART A를 준수하지 않는다는 명백한 근거가 있다고 판단한 경우, 당사국 정부는 아래의 조치를 취할 수 있다.

1. 명백한 근거가 있음을 알리고 입항을 허가한다.

2. 선박으로 하여금 당사국 정부의 영해 또는 내수면에 구체적으로 명시되어진 장소로 이동할 것을 요구(제11-2장 제9.2.5.2조).
3. 영해에 있다면 선박의 입항 전 임검(제11-2장 제9.2.5.3조)
4. 입항거부(제11-2장 제9.2.5.4조)

3.5.1 본 지침 제3.8항부터 제3.8.4.1항까지는 명백한 근거가 존재할 경우 취해질 조치에 대한 개요이다.

3.6 어떤 조치를 취하기 전 당사국 정부는 그 의도를 선박에게 통보하여야 한다. 이러한 정보의 접수시 선장은 입항의도를 철회할 수도 있다. 이러한 경우에 있어서 SOLAS 11-2장 제9조는 적용되지 아니한다(제11-2장 제9.2.5조).

명백한 근거의 예

3.7 입항 전에 결정이 가능한 명백한 근거의 예는 다음 사항을 포함한다.

1. 보안장비, 문서 또는 협약 제11-2장 및 ISPS PART A에 의해 요구된 배치에 심각한 결함이 존재한다는 증거 또는 신뢰할만한 정보(ISPS B/4.33.2)
2. 정식으로 권한을 위임받은 항만국통제관의 전문적인 판단으로 선박이 협약 제11-2장 또는 ISPS PART A의 요건에 적합하지 아니함을 나타내는 신뢰할 만한 정보를 포함한 보고서나 불만사항(ISPS B/4.33.3)
3. 선박이 협약 제11-2장 또는 본 ISPS PART A에 위배되는 항만시설 또는 다른 선박으로부터 인원, 선용품 또는 화물을 선적하여 의혹이 제기되는 동 선박이 보안선언서를 완성하지 아니하였거나 적절한 특별 또는 추가보안조치를 취하지 아니하였거나 또는 적절한 보안절차를 유지관리하고 있지 아니하다는 증거 또는 신뢰할만한 정보(ISPS B/4.33.6)
4. 선박이 협약 제11-2장 또는 ISPS PART A를 따르도록 요구되지 아니하는 항만시설 또는 기타 공급원(예를 들어, 다른 선박 또는 헬리콥터 수송)으로부터 인원승선, 선용품 또는 화물을 선적하고, 동 선박이 적절한 특별 또는 추가 보안조치를 취하지 아니하였거나 또는 적절한 보안 절차를 유지관리하고 있지 아니하다는 증거 또는 신뢰할만한 정보(ISPS B/4.33.7); 그리고,
5. 만약 선박이 ISPS PART A/19.4에 설명되어진 사후 연속적으로 발행된 임시국제선박보안증서를 소지하고 있으며 정식으로 권한을 위임받은 항만국통제관의 전문적인 판단으로 선박 또는 회사가 그러한 증서를 요구하는 목적이 ISPS PART A/19.4.4에서 규정된 최초 임시증서의 유효기간을 넘어서 제11-2장 및 ISPS PART A에 대하여도 완전한 적합성을 피하기 위한 것일 경우(ISPS B/4.33.8); 혹은
6. 요구한 정보를 제공하지 않는 선박의 경우

명백한 근거가 존재할 경우 취하여야 할 조치

3.8 명백한 근거가 존재할 경우 당사국 정부는 본 지침 3.8.1항에서 3.8.4.1항에 기술된 조치를 취할 것이다.

3.8.1 명백한 근거가 있음을 알리고 입항을 허가(본 지침 3.5.1항)

3.8.1.1 당사국 정부는 해당 선박의 입항을 허가해도 좋다. 이 경우, 협약 제11-2장 제9.1.3조는 당사국 정부가 다음 사항을 포함하는 한 가지 혹은 그 이상의 통제 조치를 부과하도록 요구하고 있다.

1. 선박의 임검
2. 선박의 출항지연
3. 선박의 출항정지
4. 항내를 포함한 운항 제한; 및
5. 추가적 혹은 대체방안으로 완화된 행정조치 또는 시정조치 요구

3.8.1.2 본 지침 제5장에서 기술된 바와 같이 상세 점검 지침에 따라 선박점검이 시행된다.

3.8.1.3 최종적으로 항만에서 추방될 수 있다. 항만으로부터의 추방은 권한을 위임받은 항만국 통제관이 선박이 인명, 선박 혹은 다른 재산상의 안전이나 보안에 즉각적인 위협을 부과할 수 있다는 명백한 근거를 가지고 있을 경우만 부과될 수 있으며, 그 위협은 어떤 다른 적절한 방법으로 제거될 수 없는 경우이다(협약 제11-2장 제9.3.3조).

3.8.2 선박으로 하여금 특정 구역으로 이동할 것을 요구(본 지침 3.5.2항)

3.8.2.1 당사국 정부는 선박의 임검을 가능토록 할 목적으로 당사국 내의 지정된 해역상의 위치로 선박을 이동하게 요구할 수 있다.

3.8.2.2 선박의 임검은 본 지침 제5장에서 기술된 바와 같이 상세점검 절차에 따라 진행될 것이다.

3.8.2.3 최종적으로 선박은 입항이 거부될 수도 있다.

3.8.3 입항 전 선박 임검(본 지침 3.5.3항)

3.8.3.1 항외에서 선박 임검 여부는 그 선박에 의해 부과된 보안위협에 대한 평가에 따라 결정된다.

3.8.3.2 평가된 보안위협을 근거로 입항 전 선박의 임검은 본 지침 제5장에서 기술된 상세 점검 절차에 따라 시행된다.

3.8.3.3 최종적으로 입항이 거부될 수도 있다.

3.8.4 입항거부(본 지침 3.5.4항)

3.8.4.1 입항거부는 권한을 위임받은 항만국통제관이 선박이 인명, 선박 혹은 다른 재산상의 안전이나 보안에 즉각적인 위협을 부과할 수 있다는 명백한 근거를 가지고 있을 경우만 부과될 수 있으며, 그 위협은 어떤 다른 적절한 방법으로 제거될 수 없는 경우이다.

제4장 항내에서의 선박 통제

일 반

4.1 협약 제11-2장 제9.1.1조는 동 협약 제11-2장을 적용받는 모든 선박이 동 협약 1장 1제9조의 기능을 실행하는 자와 같은 권한을 위임받은 항만국통제관에 의한 다른 당사국에 입항 중일 때 통제 받는다는 사실을 제공하며 그러한 통제들은 ISPS PART A 혹은 협약 제11-2장의 요건들을 준수하고 있지 않다는 명백한 근거가 없으며 증서가 유효하다면, ISPS PART A의 규정에 맞게 발행된 ISSC 및 INTERIM ISSC의 유효성을 검증하는 정도로 제한된다.

4.2 그래서, 선박이 입항 전 명백한 근거가 발견되지 않은 경우일지라도 선박은 협약 11-2장 9.1.1규칙의 규정하에 통제되어질 것이다. 이는 개정된 항만국 통제절차 결의안 A881(21)와 같이 항만국 통제절차 결의안 A787(19) 및 협약 제1장 제19조의 조항들하에 이루어지는 항만국 통제점검과 결부되어 수행될 것이다.

보안관련 일반사항

4.3 협약 제11-2장 제9.1.1조의 목적으로 선박을 방문할 때, 권한을 위임받은 항만국통제관은 선박의 총체적인 보안 배치에 대한 인상과 이를 관찰하기 위해 다음 사항들을 고려해야 한다.

1. 선박으로의 접근 시와 승선 시 그리고 선박 순찰시 그 선박의 보안등급과 항만시설의 등급을 고려하여 4.4.1항에서 4.4.12항에 기술된 세부적 보안측면에 주의하여야 한다. 권한이 부여된 항만국통제관은 그의 통상적인 승선 시의 업무과정 중에 발생된 측면들만을 고려하여야 한다.
2. 국제선박보안증서 혹은 임시국제선박보안증서의 유효기간 및 그 발행기관이 주관청인지 보안심사대행기관인지 혹은 주관청이 승인한 다른 당사국 정부인지를 확인한다.
3. 선박의 보안등급이 당사국정부에 의한 항만시설보안등급보다 낮은지를 확인한다(협약 제11-2장 제4.3조).
4. 선박보안책임자를 식별한다.
5. 문서 점검 시, 보안 훈련이 적절한 주기로 행해지고 있다는 증거를 요청하고 선박이 참여한 연습에 관한 정보를 찾는다.
6. 지난 10회의 항만 시설에 대한 기록 및 그 기간 동안 선박 대 선박 활동에 대한 기록을 조사하고 그 기록들은 다음의 각각의 경우를 포함해야 한다.
   1) 선박의 보안등급(협약 제11-2장 제9.2.1.3조)
   2) 어떤 특별하거나 추가적으로 취해진 보안 조치(협약 제11-2장 제9.2.1.4조); 그리고
   3) 보안선언서(발행했다면)를 포함, 유지되었던 적절한 선박보안 조치들

(협약 제11-2장 제9.2.1.5조)

7. 선박보안 관련 주요 선박근무자들이 보안에 관련된 문제에 대해 서로 효과적으로 의사소통을 할 수 있는지에 대한 평가.

상세 보안측면

4.4 아래에 열거된 4.4.1항에서 4.4.12항까지의 상세보안측면은 점검목록으로 사용하기 위해 고안된 것이 아니다. 이들 사항은 권한을 부여받은 항만국통제관이 명백한 근거가 존재하는지를 결정하도록 하고자 고안된 것이다. 하지만, 권한 부여받은 항만국통제관은 선박 및 항만시설의 보안등급을 고려하여 자신의 전문적인 판단을 내려야 하며 아래 사항들에 제한될 필요는 없다. 하나의 혹은 그 이상의 특정측면에 있어서의 부적합 사항이 ISPS PART A 혹은 협약 제11-2장의 강제적 요건들을 준수하지 않는다고 해석되어서는 아니된다.

정박 중인 선박으로의 접근

4.4.1 보안등급 1의 선박에 대해 고려하여야 할 사항

1. 선박으로의 접근지점에 선박이 시행하고 있는 어떤 통제형태가 있는가? (ISPS A/7.2.2)
2. 선박에 승선코자 하는 사람들의 신원이 확인되고 있는가? (ISPS B/9.14.1)

4.4.2 추가적으로 보안등급 1의 여객선의 경우, 만일 선박 승선 시 다음 사항들을 관찰할 수 있다면 고려하여야 할 사항

1. 항만시설과 연계하여 수색을 위한 보안구역이 지정되어 있는가? (ISPS B/9.14.2)
2. 확인이 끝난 사람과 소지품이 미확인된 사람과 소지품과 구별되어 있는가? (ISPS B/9.14.4)
3. 승선중인 여객은 하선중인 여객과 분리되어 있는가? (ISPS B/9.14.5)
4. 여객 및 방문객의 출입지역 주변의 무인경비구역은 이상이 없는가? (ISPS B/9.14.7)

4.4.3 보안등급 2의 선박에 대해 만일 선박 승선 시 다음 사항들을 관찰할 수 있다면 고려하여야 할 사항

1. 접근 지점의 수가 제한되어 있는가? (ISPS B/9.16.2)
2. 해상으로부터의 접근을 방지하기 위한 조치가 항만시설과 연계하여 이루어졌는가? (ISPS B/9.16.3)
3. 선박의 육지 쪽에 대한 제한구역이 항만시설과의 연계하에 설정되어 있는가? (ISPS B/9.16.4)
4. 선박에서는 방문객을 에스코트하는가? (ISPS B/9.16.6)

5. 전체적 혹은 부분적 선박 내 검색이 수행되었는가? (ISPS B/9.16.8)
6. 어떤 추가적 보안 브리핑이 이루어졌는가? (ISPS B/9.16.7)

제한구역으로의 접근

4.4.4 보안등급 1의 선박에 대해 만일 선박 승선 시 다음 사항들을 관찰할 수 있다면 고려하여야 할 사항

1. 제한구역 표시가 되어 있는가?(ISPS B/9.20)
2. 선교 및 기관실은 잠금장치 혹은 보호될 수 있는가?(ISPS B/9.21.1)
3. 선교 및 기관실이 잠기거나 다른 방법으로 접근지점이 통제되는가?
   (예, 사람에 의해 혹은 감시 장비의 사용으로 해당구역 감시)(ISPS B/9.22.2)
4. 제한구역의 출입문은 잠겨 있는가?(예, 타기실, 기기설비구역, 에어컨 장치 등)(ISPS B/9.21.1에서 B/9.21.9까지)

4.4.5 보안등급 2에서의 여객선에 대한 추가사항. 많은 사람들이 번잡하게 모이는 것을 피하기 위해 접근지점 주변에 제한구역을 설치해 두었는가?(ISPS B/9.23.1)

선박보안의 감시

4.4.6 보안등급 1의 선박에 대해 만일 선박 승선 시 다음 사항들을 관찰할 수 있다면 고려하여야 할 사항

1. 방선 중 갑판 당직이 제대로 시행되고 있거나 선박감시를 위해 감시 장비를 사용하고 있는가?(ISPS B/9.42.2)
2. 선박에서는 육상측과 해상측으로부터의 접근을 모두 감시할 수 있는가?
   (ISPS B/9.42.2, B/9.46.2)

4.4.7 보안등급 2의 선박에 대해 만일 선박 승선 시 다음 사항들을 관찰할 수 있다면 고려하여야 할 사항

1. 감시 장비가 사용되고 있다면 자주 확인되고 있는가?(ISPS B/9.47.2)
2. 제한구역의 순찰 및 통제를 위해 추가 인원이 배치되었는가?
   (ISPS B/9.47.3)

선용품의 인도

4.4.8 보안등급 1의 선박에 대해 만일 선박 승선 시 다음 사항들을 관찰할 수 있다면 고려하여야 할 사항

1. 조작 및 변조여부를 확인하기 위해 선적 전에 선박의 선용품을 점검하는가?(ISPS B/9.33.3)
2. 선용품이 주문과 일치하는지에 대한 점검을 선적 전에 시행하는가?

(ISPS B/9.35.1)

3 선적된 후에는 확실하게 보관되는가?(ISPS B/9.35.2)

화물의 취급

4.4.9 화물의 조사는 다음과 같이 시행한다.

1. 시각을 이용한 외형점검 및
2. 스캐닝/탐지 장비, 기계적 장치 또는 탐지견을 이용.

상기관련 수배는 육상에서 화물의 점검 및 봉인이 시행될 수 있음을 참고한다.

4.4.10 보안등급 1의 자동차운반선, 로로(RO-RO) 및 여객선을 포함한 화물선에 대해 만일 방선 중 다음 사항들을 관찰할 수 있다면 고려하여야 할 사항

1. 화물, 화물운송수단 및 화물구역이 하역작업 전과 도중에 점검되는가?(ISPS B/9.27.1)
2. 화물서류와 대비하여 화물이 점검되고 있는가?(ISPS B/9.27.2)
3. 차량(VEHICLES)은 선적 전에 점검되는가?(ISPS B/9.27.3)
4. 봉인 및 기타 조작방지 방법 등이 점검되고 있는가?(ISPS B/9.27.4)

4.4.11 보안등급 2의 자동차운반선, 로로(RO-RO) 및 여객선을 포함한 화물선에 대해 만일 방선 중 다음 사항들을 관찰할 수 있다면 고려하여야 할 사항

1. 화물, 화물운송수단 및 화물구역이 상세조사되고 있는가?(ISPS B/9.27.1)
2. 계획된 화물만 적재되고 있는가에 대한 상세조사가 되고 있는가?(ISPS B/9.30.2)
3. 적재전 보다 광범위하게 차량점검이 시행되고 있는가?(ISPS B/9.30.3)
4. 봉인 및 다른 조작방지 방법에 대해 자주 그리고 상세한 점검이 시행되고 있는가?(ISPS B/9.30.4)

미휴대 화물의 취급

4.4.12 미휴대 화물은 선박이나 항만시설에서 스크리닝 및 검색될 수 있다. 선박에 의하여 스크리닝 및 검색이 시행된다면 다음 사항을 고려하여야 한다.

1. 보안등급 1에서 방선 중 관찰할 수 있다면, 미휴대 화물을 스크리닝 및 검색하고 있는가?(ISPS B/9.39)
2. 보안등급 2에서 방선 중 관찰할 수 있다면, 모든 미휴대 화물을 스크리닝 및 검색하고 있는가?(ISPS B/9.39)

명백한 근거의 성립

4.5 협약 제11-2장 제9.1조 및 제11-2장 제9.2조에 의거한 명백한 근거로 가능한 예는 다음을 포함할 수 있다.

1. 국제선박보안증서 또는 임시국제선박보안증서가 유효하지 않거나 유효기간이 경과하였다는 증거(ISPS B/4.33.1)
2. 보안장비, 문서 또는 협약 제11-2장 및 ISPS PART A에 의해 요구된 배치에 심각한 결함이 존재한다는 증거 또는 신뢰할만한 정보(ISPS B/4.33.2)
3. 정식으로 권한을 위임받은 항만국통제관의 전문적인 판단으로 선박이 협약 제11-2장 또는 ISPS PART A의 요건에 적합하지 아니함을 나타내는 신뢰할만한 정보를 포함한 보고서나 불만사항의 접수(ISPS B/4.33.3)
4. 정식으로 권한을 위임받은 항만국통제관의 전문적인 판단으로 선장 및 선박 근무자가 필수적인 선박보안절차에 익숙하지 못하거나 선박보안과 관련된 훈련을 시행할 수 없거나 그러한 절차 또는 훈련이 시행되지 않았다는 증거 또는 관찰사항(ISPS B/4.33.4)
5. 정식으로 권한을 위임받은 항만국통제관의 전문적인 판단으로 선박 근무자 중 핵심요원이 선박보안의 책임을 지는 선박 근무자중 다른 핵심요원과 적절한 연락을 할 수 없다는 증거 또는 관찰사항(ISPS B/4.33.5)
6. 선박이 협약 제11-2장 또는 ISPS PART A에 위배되는 항만시설 또는 다른 선박으로부터 인원, 선용품 또는 화물을 선적하여 의혹이 제기되는 동 선박이 보안선언서를 완성하지 아니하였거나 적절한 특별 또는 추가보안조치를 취하지 아니하였거나 또는 적절한 보안절차를 유지 관리하고 있지 아니하다는 증거 또는 신뢰할만한 정보(ISPS B/4.33.6);
7. 선박이 협약 제11-2장 또는 ISPS PART A를 따르도록 요구되지 아니하는 항만시설 또는 기타 공급원(예를 들어 다른 선박 또는 헬리콥터 수송)으로부터 인원승선, 선용품 또는 화물을 선적하고, 동 선박이 적절한 특별 또는 추가보안조치를 취하지 아니하였거나 또는 적절한 보안절차를 유지 관리하고 있지 아니하다는 증거 또는 신뢰할만한 정보(ISPS B/4.33.7)
8. 만약 선박이 ISPS PART A/19.4에 설명되어진 사후 연속적으로 발행된 임시 국제선박보안증서를 소지하고 있으며 정식으로 권한을 위임받은 항만국통제관의 전문적인 판단으로 선박 또는 회사가 그러한 증서를 요구하는 목적이 ISPS A/19.4.4에서 규정된 최초 임시증서의 유효기간을 넘어서 제11-2장 및 ISPS PART A에 대해서도 완전한 적합성을 피하기 위한 것일 경우(ISPS B/4.33.8)

명백한 근거가 존재할 때 취해질 조치

4.6 명백한 근거가 있을 때에는 본 지침 제5장에 기술된 상세점검 절차에 따른 상세점검이 시

행될 수 있다.

4.7 임검 결과에 따라 합리적 통제 수단을 결정할 때 정식으로 권한을 위임받은 항만국통제관은 선박이 아래 사항의 어느 정도까지 가능해야 하는가를 고려하여야 한다.

1. 항만시설과 통신을 유지
2. 선박 및 그 선박의 제한구역으로의 허가되지 않은 접근을 방지; 및
3. 허가되지 않은 무기, 발연 장치 혹은 폭발물을 선박으로 반입을 방지.

4.8 정식으로 권한을 위임받은 항만국통제관은 선장 및 선박보안책임자와 부적합을 나타내는 항목들에 대하여 협의하고, 모든 부적합의 시정을 확인하기 위해 노력을 기울일 것이다. 만일 선장 및 선박보안책임자가 정식으로 권한을 위임받은 항만국통제관이 만족할 정도의 시정조치를 할 수 없을 경우, 정식으로 권한을 위임받은 항만국통제관은 다음과 같은 조치를 취할 수 있다.

1. 부적합사항이 시정될 때까지 선박의 출항을 지연(협약 제11-2장 제9.1.3조)
2. 선박이 현재의 위치에 계속 남아 있을 경우 혹은 화물작업을 계속 할 경우, 선박에 아주 심각한 보안 위험이 존재하게 된다면 그 부적합의 시정조치가 완료될 때까지 선박운항의 제한하며, 부적합 사항들은 다른 덜 위험한 상태 또는 위치에서 시정될 수 있다. 선박운항의 제한은 항내의 다른 위치로의 이동, 화물작업의 변경 혹은 일시 중단 혹은 항만으로부터의 추방 등을 포함할 수 있다(협약 제11-2항 제9.1.3조).
3. 선박운항의 제한으로 부적합사항을 시정하기에 불충분하고, 선박이 인명, 선박자체 혹은 다른 재산의 보안 또는 안전에 심각한 위협을 초래할 경우, 부적합사항이 시정될 때까지 그 선박의 출항을 정지(협약 제11-2장 제9.1.3조).

4.9 이러한 통제조치는 완화된 행정적 조치 혹은 시정조치를 포함, 추가적 또는 대체적조치가 될 수 있다.(협약 제11-2장 제9.1.3조).

4.10 선박이 인명, 선박 혹은 다른 재산의 안전 및 보안에 즉각적인 위협을 초래한다는 명백한 근거가 있을 경우에 한해 선박의 추방을 명하며 다른 적절한 방법으로 그러한 위협이 제거될 수 없는 경우이다(협약 제11-2장 제9.3.3조).

제5장 명백한 근거가 있을 시의 상세 점검사항

일반사항

5.1 항만국통제관의 전문적 판단으로 선박이 SOLAS 협약 및 ISPS Code에 따르지 않고 있거나 선장 또는 선박 근무자가 필수적 선박보안대책과 절차에 익숙하지 않을 경우 하기의 상세 점검이 시행될 수 있다. 상세 점검을 하고자 할 때는 항만국통제관은 선장에게 이를 통보하여야 하며 SOLAS 협약 관련 조항이나 ISPS Code A편이 점검의 기준이 된다.

상세 점검항목

5.2 상세 점검항목은 하기사항을 포함할 수 있다.

1. 선장은 선장의 최우선적 권한을 포함하여 문서화된 자신의 책임과 권한을 제시할 수 있는가?(ISPS A/6.1);
2. 선박보안책임자(SSO)가 지정되어 있으며 선박보안계획서(SSP)에 명시된 자신의 직무를 이해하고 있는가?(ISPS A/12.1);
3. SSP는 선박의 사용언어로 작성되어 있는가? 그 언어가 영어가 아니라면 영어, 불어 또는 스페인어 중 하나로 번역되어 있는가?(ISPS A/9.4);
4. 선박 근무자들은 선박 주변지역, 제한구역 및 화물구역을 포함한 선박을 감시할 수 있는 능력을 가지고 있는가?(ISPS B/9.42);
5. 선박의 구성원들은 선박보안직무를 만족스럽게 수행할 수 있으며 선박보안통신절차를 알고 있는가?(ISPS A/7.2.1, A/7.2.7);
6. 출입자 및 그들의 소지품을 포함하여 출입통제가 시행되고 있는가?(ISPS A/7.2.2, A/7.2.3) 출입 인원에 대해서는 승선허가를 식별하는 수단이 있는가?(ISPS B/9.11);
7. 선박 근무자들은 화물과 선용품의 취급을 감독할 수 있는 능력을 가지고 있는가?(ISPS A/7.2.6);
8. 선박의 사관들은 SSO가 누구인지 식별할 수 있는가?(ISPS A/9.4.13);
9. 선박의 사관들은 CSO가 누구인지 식별할 수 있는가?(ISPS A/9.4014);
10. 본선에 교육, 훈련 및 연습 기록이 유지되고 있는가?(ISPS A/10.1.1);
11. 본선에 보안등급의 변화에 대한 기록이 유지되고 있는가?(ISPS A10.1.4);
12. 보안훈련이 시행된다면 선박 근무자들은 그들의 임무와 보안장비의 적절한 사용법에 익숙한가? 항만국통제관은 선장 및 SSO와 협의하여 선형, 선원교대 현황, 항만시설 등을 고려하여 훈련의 종류와 장소를 결정하여야 한다. 그러한 훈련은 가능한 한 실제 보안위협을 가정하여 시행하여야 하며 하기 사항이 포함될 수 있다(ISPS A/13.4, B/13.5, B/13.6):
    1) 보안위협 또는 보안사건에 대한 대응;
    2) 선박보안등급의 변화에 대한 대응;
    3) 밀항자를 포함, 허가되지 않은 접근의 탐지;
    4) 부적합의 명백한 증거로써 식별될 수 있는 성질의 기타 사건들;
13. 선박 근무자들 중 주요 인원들은 상호간, 항만시설 및 CSO와 의사소통할 수 있는가?(ISPS B/9.2.3);
14. 본선은 보안등급의 변화를 당사국 정부로부터 통보받을 수 있는 능력이 있는가?(SOLAS 제11-2장 제7조);

15. 본선이 선박보안경보를 발신할 능력이 있는지를 확인할 수 있는가?(SOLAS 제11-2장 제6조);
16. SSO는 적절한 교육을 이수하고 선박보안계획서 및 절차, 선박의 구조와 선박보안장비 및 시스템의 작동에 대한 적절한 지식을 보유하고 있는가?(ISPS A/13.2, B/13.1, B/13.2);
17. 특정 보안임무를 가진 선박의 근무자들은 그들의 직무를 수행하기에 충분한 지식과 능력을 보유하고 있는가? 또한 그들은 선박보안계획서에 기술된 선박보안과 관련한 자신의 책임을 이해하고 있는가?(ISPS A/13.3,B/13.3);
18. 직접적인 관찰을 통하여 자동침입탐지장치, 감시 장비, 검색장비, 조명 및 경보장치 등의 본선에 설비된 장비가 제대로 작동하는가?

선박보안계획서에 대한 점검

5.3 부적합사항을 검증하고 시정하는 유일한 방법이 선박보안계획서의 관련요건을 검토하는 것이라면 부적합사항에 관련된 선박보안계획서의 특정부분에 대한 제한적 열람을 예외적으로 허용될 수 있다. 보안계획서의 특정부분에 대한 열람에 대한 요청은 부적합사항에 대한 검증과 시정에 대한 상세를 포함해야 한다(ISPS A/9.8, A/9.8.1).

5.4 아래 표의 선박보안계획서에 열거된 부분은 당사국 정부 혹은 본선 선장의 동의하에 정식으로 권한을 위임받은 항만국통제관이 점검할 수 있다(ISPS A/9.8.1).

본선의 선장 혹은 당사국정부의 동의하에 점검할 수 있는 선박보안계획서의 조항	
선박보안계획서의 조항	ISPS 코드 조항
비인가된 물품의 반입 방지	A/9.4.1
비인가된 선박으로의 접근 방지	A/9.4.3
선박의 대피	A/9.4.6
보안활동 심사	A/9.4.8
교육, 훈련 및 연습(EXERCISE)	A/9.4.9
항만시설 보안활동과의 인터페이스	A/9.4.10
선박보안계획서의 검토	A/9.4.11
보안사건의 보고	A/9.4.12
선박보안책임자의 식별	A/9.4.13
회사보안책임자의 식별	A/9.4.14
보안장비의 검.교정 주기	A/9.4.16
선박보안계획서의 보안	A/9.6
ISPS 코드에 포함되지 않는 보안활동	A/9.51

5.5 아래 표의 선박보안계획서에 열거된 부분은 당사국 정부의 승낙하에서만 정식으로 권한을 위임받은 항만국통제관이 점검할 수 있다(ISPS A/9.8.1):

당사국 정부의 승낙 하에서만 점검할 수 있는 선박보안계획서의 조항	
선박보안계획서의 조항	ISPS 코드 조항
제한구역	A/9.4.2
점검 빈도를 포함한 보안위반 혹은 보안위협에 대한 대응	A/9.4.4
보안등급 3에서의 보안지침에 대한 대응	A/9.4.5
부여된 보안책임자에 따른 직무	A/9.4.7
보안장비 유지절차	A/9.4.15
선박보안경보시스템	A/9.4.17, 18

5.6 정식으로 권한을 위임 받은 항만국통제관은 선장 및 선박보안책임자와 부적합사항과 관련 있는 항목에 관하여 지속적으로 협의를 해야 하며 모든 부적합 사항의 시정조치를 확인하도록 노력해야 한다.

통제조치

5.7 본 지침 4.5항에 반영된 명백한 근거가 있을 때 정식으로 권한을 위임 받은 항만국통제관은 4.6항에서 4.10항까지 기술된 보다 구체적인 통제조치를 부과할 수 있다.

5.8 그러한 통제조치는 다소 경미한 행정적 조치이거나 시정조치를 포함하여 추가적, 대체적 조치이다(협약 제11-2/9.1.3).

제6장 보호 조항

일 반

6.1 통제 및 적합조치를 실시함에 있어 정식으로 권한을 위임받은 항만국통제관은 부과된 통제조치 또는 절차가 적절한지를 확인하여야 한다. 그러한 조치 또는 절차는 합리적이어야 하고 부적합사항의 시정 및 완화를 위하여 필요한 최소한의 난이도 및 기간을 가지는 것이어야 한다(ISPS B/4.43).

6.2 정식으로 권한을 위임받은 항만국통제관이 통제 및 적합조치를 이행할 때:

1. 선박이 부당하게 출항 정지되거나 지체되는 것을 피하기 위한 모든 가능한 노력을 기울여야 한다. 만약 선박이 부당하게 출항 정지되거나 지체된 경우, 그 선박에 대하여 초래된 모든 손해 및 손실에 대한 보상자격이 부여되어야 한다(협약 제11-2장 제9.3.5조); 그리고,

2. 긴급 상황 또는 인도주의적 이유 및 보안목적상 선박에 대하여 필요한 접근 또는 하선을 막아서는 아니된다(협약 제11-2장 제9.3.5조).

6.3 협약 제11-2장 및 본 지침에서 언급된 통제수단 및 조치는 선박 또는 주관청에 의해 제시된 조치사항을 고려하여 정식으로 권한을 위임받은 항만국통제관이 만족할 정도로 통제조치 및 절차를 야기한 부적합사항이 시정될 때까지만 부과되어야 한다(협약 제11-2장 제9.3.4조).

신뢰성 없는 정보

6.4 다른 출처로부터 얻어진 증거 및 정보에 의해 부적합사항을 잘못 판단하여 통제조치 혹은 절차를 시행할 경우가 있다. 당사국 정부는 접수되는 정보의 신뢰도를 확인할 필요가 있으며, 분명히 잘못된 정보를 이용한 경우 주관청 혹은 선박과의 가능한 협조를 통해 잘못된 정보로 발생할 사례를 방지하기 위한 추가적 조치를 고려해야 한다.

제7장 보 고

항만 내 선박의 통제에 대한 보고

7.1 정식으로 권한을 위임받은 항만국통제관은 항만 내의 선박에 대한 임검의 결과로서 선박 임검 결과 보고서, 취해진 조치에 대한 상세 및 선장, 선박보안책임자 혹은 회사에 의해 시정조치 되어져야 할 부적합 목록을 선장 혹은 선박보안책임자에게 제공됨을 확인해야 한다. 그러한 보고서는 부록1에 표시된 형태에 따라 작성되어져야 한다(협약 제11-2장 제9.3.1조).

7.2 정식으로 권한을 위임받은 항만국통제관이 통제 및 적합조치의 이행으로서 명백한 근거에 대해 임검, 출항지연, 운항제한, 출항정지 혹은 항만추방 조치를 내릴 때, 당사국 정부는 즉시 그 취해진 조치 혹은 부과된 통제수단에 대한 타당한 이유와 함께 빠른 방법으로 주관청에 서면으로 통보해야 한다. 아울러 그 사실을 증서를 발급한 보안심사대행기관에도 통보해야 한다(협약 제11-2장 제9.3.1조).

7.3 선박이 입항 거절 및 추방당할 때 당사국 정부는 그 선박이 기항할 차항의 관련 당국 및 적절한 연안국에 그 사실을 통보해야 한다. 이러한 통보는 적절한 보안 및 비밀 보호조치에 의해 보내져야 한다(협약 제11-2장 제9.3.2조).

항만에 입항하고자 하는 선박에 대한 보고

7.4 정식으로 권한을 위임 받은 항만국통제관은 통제 및 적합조치의 이행함에 있어 선박이 본 지침 3.1항의 접수된 정보에 의거 협약 제11-2장 혹은 ISPS PART A를 준수하지 않는다는 명백한 근거가 있을 경우, 정식으로 권한을 위임 받은 항만국통제관은 식별된 부적합 사항

을 시정하기 위해 선박 및 주관청에 연락을 취해야 한다(협약 제11-2장 제9.2.4조).

7.5 상기 연락에 의해서 시정조치가 취해지지 않을 경우 부적합사항을 시정하기 위한 적절한 조치가 취해질 것이라는 의도를 선박에 전달해야 한다. 선장은 이런 사실을 접수하게 되면 그 항만으로의 입항을 취소할 수도 있다(협약 제11-2장 제9.2.5조).

7.6 정식으로 권한을 위임받은 항만국통제관이 통제 및 적합조치의 이행함에 있어 입항하고자 하는 선박의 부적합사항의 시정조치를 위해 본 지침 상의 어떤 적절한 조치를 취할 때, 당사국 정부는 즉시 그 취해진 조치 혹은 부과된 통제수단에 대한 타당한 이유와 함께 주관청에 서면으로 통보해야 한다. 아울러 그 사실을 국제선박보안증서를 발급한 보안심사대행기관에도 통보해야 한다(협약 제11-2장 제9.3.1조).

항해실습(Ⅳ)

2013년 2월 25일 1판 4쇄 발행

편저자 윤 귀 호 외
발행인 남 승 우

발행처 도서출판 상尙 학學 당堂
서울시 동작구 사당로9가길 6(사당동)
TEL : 02) 595-1692~4
FAX : 02) 595-1394
E-mail : namdoo6@unitel.co.kr
신고 : 2-155호 (1968. 11. 29)

정가 25,000원

ISBN 978-89-85437-94-3 93500
ISBN 978-89-85437-90-5 (세트)

〈디자인〉 편집 엄해숙 / 표지 토틀컴